U0234209

中国科协高校科普创作与传播试点项目资助

电脑外编

樊孝忠　汤世平　许进忠　著

北京理工大学出版社
BEIJING INSTITUTE OF TECHNOLOGY PRESS

图书在版编目（CIP）数据

电脑外传/樊孝忠，汤世平，许进忠著．—北京：北京理工大学出版社，2015.8
（2016.5 重印）　ISBN 978 - 7 - 5682 - 0975 - 5

Ⅰ.①电…　Ⅱ.①樊…　②汤…　③许…　Ⅲ.①电子计算机 - 通俗读物
Ⅳ.①TP3 - 49

中国版本图书馆 CIP 数据核字（2015）第 175169 号

出版发行 / 北京理工大学出版社有限责任公司
社　　址 / 北京市海淀区中关村南大街 5 号
邮　　编 / 100081
电　　话 / （010）68914775（总编室）
　　　　　（010）82562903（教材售后服务热线）
　　　　　（010）68948351（其他图书服务热线）
网　　址 / http：//www.bitpress.com.cn
经　　销 / 全国各地新华书店
印　　刷 / 北京九州迅驰传媒文化有限公司
开　　本 / 710 毫米×1000 毫米　1/16
印　　张 / 21.25
字　　数 / 341 千字
版　　次 / 2015 年 8 月第 1 版　2016 年 5 月第 2 次印刷
定　　价 / 56.00 元

责任编辑 / 刘永兵
文案编辑 / 刘永兵
责任校对 / 孟祥敬
责任印制 / 王美丽

开卷致辞

　　鉴于电脑基础常识化、信息渠道多元化，作者基于多年的教学思考，历时五年终成此书。本书用章回小说的形式讲述电脑知识、励志故事、思维方法；讨论青少年读书习惯与文字素养的培养、信息环境下的学习方法等；通过主人翁冬毅等的相识、互助、爱慕、纠葛和冲突，勾勒出一个青年直面艰苦不懈求学的成长轨迹。书的主旨是要告诉读者：一是电脑可以这样学——重视结构明机理，熟练操作在效率，程序写尽千秋志，深悟思维酿奇迹；二是读书是成长的有效途径，意志是人生的必备软件。作者曾请学生、教师试读，也以课堂评书做过试讲。学生奖给几个字："创意、新颖、魅力"；教师认为"为计算机教学思路打开了一扇窗"。网上众筹支持踊跃，终以两倍计划额度顺利完成。本书的对仗标题、回末小诗，还有科幻、穿越、调侃、幽默，一扫技术语言之艰涩，遍布阅读之愉悦。开怀一笑之后，沉淀知识，悟些道理。你若"胆敢"翻开此书，定让你知此言不谬也！当你苦读教材倦怠之时，请浏览此书；担忧子孙读书热情不高之际，请您把书中故事讲给他听；教书同行，书中不少教学素材，可供参考。购得此书，我们即为朋友，或发 E-mail 或扫二维码，随时探讨求学之路，切磋教学方法。朋友，有缘相遇，敬请浏览！

序　言

近几年常思考两个问题：其一，计算机基础知识常识化，信息渠道多元化，怎样学习能更好些呢？对于常识，人们更多的是通过轻松的课外阅读渐进学习的。那么，电脑基础知识的学习也可以甚至更应该如此。所以，应该给青少年一些风格轻松、内容通俗又不失前瞻的书籍。其二，青少年的励志教育、文字素养等问题，目前更显迫切。怎样使民族传统文化与现代科学精神有机地结合起来？

笔者曾出版过几本教材，还弄了两顶"精品教材"和"畅销书"的小红帽。而这本书是按捺不住长期的冲动写出来的，真的是句句呕心，字字浸汗！因为，作为教师，我急于把自己的体验和感悟告诉年轻的朋友们。

《电脑外传》内含两条主线。一条是电脑知识线，串系着计算机的组成、运行原理、操作系统、文字处理、电子表格、网络使用、移动互联网、技术发展趋势、计算思维等。另一条是人物线，串系着几十个故事，包括怎样认识读书学习、怎样看待艰苦奋斗、怎样培养文字素养、怎样对待青春期的爱慕等，勾画出主人翁由中学到大学的成长轨迹。两条主线像双纽线一样交叉缠绕，组成二十八回情节自然连贯的章回小说。

用章回小说讲解技术知识是本书的一个探索，所有的知识点和小道理都承载在故事、笑话之中，旨在减少技术语言的艰涩，靠拢青少年的阅读兴趣，使读者在忍俊不禁的轻松阅读中，习得电脑知识，悟出些许成长的道理。同时，对信息时代的课堂教学也有探索意义。

如果你是小学生，希望你在学习电脑操作的同时，注意书中提示的或是自己总结的一些规律。比如，操作系统的窗口操作、Office 中的功能区（我们把它比作各类功能的门）等。如此不但可以事半功倍，也能培养比较科学的学习方法。

如果你是中学生或大学生，建议你在阅读中做些引申思考。比如，知道"存储程序"只能应对那些出奇宽容的 A、B、C、D 选择题，思考其重要价值——它使计算机得以自动执行——就会有进一步的理解，更重要的是当我们再遇到要解决的实际问题时，该怎么思考。而后者才是学习的真正目的。

如果你是个刚刚步入社会的青年，建议跳跃阅读那些励志故事，强化一下"苦难也是财富"的理念。你会看到，前辈和当今的许多人都是在勇敢地面对艰辛而不懈前行的。成功也许正在途中迎接你呢。如果你已是衣食无忧，除了祝贺还有个建议：浏览此书，不当书中的"王富贵"，而要参考"甘悟"的理念。因为你可能比一般人更容易成功，成为一个品味高尚、受人尊敬、为社会做贡献的人。

如果您已为人父母或正享天伦之乐，请您结合自己的人生经历，把书中的故事讲给孩子听，使他渐成坚毅、上进的人格，健康成长，至少可以避免忍痛让他去写"变形"日记。

本书第十二、十三、十四、十六、二十一、二十二回由汤世平撰写；第二、三、四、五、八、十、二十六回由许进忠编写；二位均系博士，现任大学计算机专业教师。第一、六、七、九、十一、十五、十七至二十、二十三至二十五、二十七、二十八回由樊孝忠编写，并负责统编全书。

历时五年，《电脑外传》终于出版了。在编写和成书过程中，杨运芳先生从文学专业的角度审视书稿并提出了有益的建议；北京理工大学计算机学院赵满老师以她的职业敏感鼓励作者并提供试讲机会；牛振东先生给予了许多鼓励和帮助；某出版社的周姓社长是第一位欣赏书稿并给以鼓励的朋友；北京理工大学校团委及尚松田先生，理工大学出版社李炳泉、王佳蕾、刘永兵编辑对该书的出版给予了大力支持；京工附中的金萍等老师和几位同学试读了书稿并提出了中肯的建议；我的爱徒张大奎博士提出了许多宝贵意见，魏楚原、尹德春、毛瑜博士等在校对方面做了许多工作。还有许多关心和支持此书的朋友，在此一并感谢！最后，感谢我的夫人自始至终的鼓励和照顾！

由于作者是第一次探索这种撰写形式，加之水平有限，书中定有错漏或不当之处，恳请广大读者批评指正。

欢迎通过邮箱：fxz@ bit. edu. cn 和《电脑外传》的"作者说"平台二维码联系和交流。

作者

2015 年 4 月于北京

目　录

第一回
老翁鼠标误文物，少年键盘识电脑

伏牛山，位于河南西部，西北东南走向，绵延五百余里（注：1 里 = 500 米），与黄河一起装点着中原大地。山南端东坡之下有一条澧河，出孤石滩古镇东下，经几个小镇后北岸又出现一座昆阳古城。城市不大，倒也美丽。东护城河边上有座魁星楼，琉璃瓦顶，飞檐斗角，红漆立柱，雕刻门窗，青石地基。结实的地基兼做河岸，流水只好侵蚀对岸，天长日久形成了一个足球场大小的水潭。岸边柳枝倒垂，芦苇丛生，看惯现代建筑的人们，更稀罕这里古典和幽静的韵味，也是垂钓的好去处。

这日，一位老翁撑着一只小船漂入潭中。几网撒过，三五条小鱼并没有让他在意，倒是一个黑乎乎的片状东西使他不禁睁大了眼睛：半个手掌大小，拖着长长的尾巴，背上似乎还有几道裂纹。老汉紧紧地抓着，小心地在水里涮净，此时才意识到，这并非活物。于是，一股强烈的兴奋涌上心头：这魁星楼下有不少文物，前些天听说有人在这里捞到一块瓷片就值好多钱，说是明太祖朱元璋喝"珍珠翡翠白玉汤"用过的碗。今儿这东西或许也是个什么宝贝……于是，小心收好，在褂子上擦干双手，向岸边划去。

岸边，一老人正在垂钓。头戴棕色鸭舌帽，身披蓝色中山装，一副金丝眼镜稳稳地架在鼻梁上，一看就是个识字人。此人姓关，名衡，字不摇，原是某大城市一家博物馆的馆员，退休后回昆阳城居住。由于"关""馆"同音，熟人都称他馆爷。

船还未到岸边，渔翁就大声招呼："关大哥，您有学问，看看俺这个物件是什么文物，值多少钱？"文物？馆爷放下鱼竿站起身来，小心翼翼地伸手去接。刚拿到手，就忍不住哈哈大笑起来："老弟，这东西倒是件宝贝，可惜你拿到得太晚了。"馆爷的笑声让渔翁有些丈二和尚摸不着头脑，也吸引了正在魁星楼上玩耍的几个小朋友。

其中一个女孩，姓夏，名莹，年方十三，初中学生。听到笑声，也仿佛听到"文物"什么的，就像一只滚落的彩色皮球一样蹦蹦跳跳地来到馆爷身边。

渔翁还在不甘地问："既然是文物，莫管早晚总该值些钱的，给老伴儿换台洗衣机该没问题吧？"馆爷此时又拿起鱼竿道："你这个'文物'，要是在几十年前，足够买个洗衣机厂的，可现在连小孩儿们都不拿它当玩意儿了。"说着，转身递给跑过来的夏莹说："看看，这是什么东西？""鼠标！"夏莹扑哧一声笑了，"老爷爷，这是计算机上用的。什么文物啊，您 Out 了，哈哈。"

渔翁有点儿不好意思，坐在小船上点起了旱烟袋说："老哥，您别笑话俺贪财，这也是有缘由的。您一定知道王莽撵刘秀的传说吧。"渔翁有板有眼地背起了评书段子：

"想当年，刘秀兵败南阳，带领残兵败将逃往昆阳城。天黑时分，来到旧县镇北头儿。安营扎寨已毕，传下命令：'明早鸡叫就走，不得有误。'王莽的追兵，二更天也赶到了旧县镇南头儿，相隔不远却谁也没有发现对方。莽军埋锅做饭，同样命令：'鸡叫就走！'

"也是天佑刘秀，刚过半夜，镇北头儿的鸡就开始叫了，刘秀率部拉马上路。可镇南头儿的鸡照常天亮才叫，所以王莽再也没有追上刘秀。从此以后，旧县镇的鸡北头儿叫得早，南头儿叫得晚，成了个千古之谜。"

夏莹听完有点儿扫兴，说："这个呀，俺奶奶、姥姥都说过八遍了。"渔翁却说："别着急呀，下面这一段你肯定没听过。"

"再说刘秀没走多远，就见一个穷教书先生端着一只大瓦碗跑了过来，要把家里仅有的几个窝头送给他做干粮。刘秀甚为感动，拔出短剑，唰唰唰在碗上写了个'刘'字，双手交给老人说：'以后我刘秀不得地，一笔勾销话不提，有朝一日我为王封侯，请老人家携此碗见我，定当厚报！'说罢，搬鞍上马，拱手而别。

"后来这件事被当地的一个豪绅知道了，千方百计想得到那只碗，最后竟要带领家丁去抢。老先生得知，半夜揣着那碗逃往昆阳。眼看到了昆阳城护城河边上，豪绅和家丁追上来了。老人转身怒斥：'老贼！为富不仁，贪天之功。我岂能容你这般小人亵渎人间重情。'说罢，从怀里掏出那只大碗，用力在膝盖上一摔，老人便和大碗一起玉碎护城河之中。"

　　"明白了，兄弟是把鼠标壳当成那大碗的碎片了。"馆爷笑笑，"那我也给你说说这鼠标的来历吧。

　　"1963年世上出现第一个鼠标，是一个叫道格拉斯·恩吉巴特的美国人发明的。不过不是现在的这个样子，那是个小木盒儿，里面有横竖方向两个轮子（见图1-1）。那玩意儿一下儿就卖了4万美元，合咱们人民币30万元左右。为什么那么贵呢？因为，它能改变计算机的使用方式——把原来由键盘逐步移动光标变成了直接滑向目标的简单操作，其意义堪比核能、宇航和癌症治疗。呵呵。现在，每台计算机几乎都配有鼠标了。"

　　馆爷指着那只鼠标说："普通鼠标，现在新的一般也就十几块钱一个。塑料碎片嘛，就不用说了。"

　　老渔翁点点头，慢慢地撑起小船，临走时从舱里拣了一条鲫鱼，扔到岸上说："老哥，耽误你钓鱼了，晚上下酒吧。"不一会儿小船上传来几声地方越调："劝君少做发财梦，致富还得靠劳动，啊，啊——啊。"

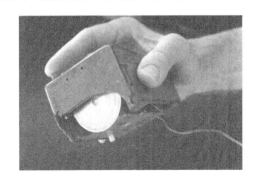

图1-1　世界上第一个鼠标

　　馆爷扭头朝夏莹说："还知道鼠标，常玩儿计算机吗？"小莹很大方地笑笑说："用过。不过我们城关二小就那么几台计算机，我们只能看看。姨妈家有一台，可表哥不让我动，抠门儿死了。刚去昆阳中学，也许……"

　　"呵呵。学习计算机是很需要的。有空你可以和小朋友们到爷爷那里看看。"馆爷一边撑起鱼竿一边说。夏莹听罢，高兴得跳了起来，朝着魁星楼上喊道："快下来，到关爷爷家看计算机去喽！"秋成、春妮一下子都跑了过来。夏莹连忙介绍："春妮、秋成，我们班的。她住在衙门北街，秋成家在西大街北边。"说着又向西南角一指，"我家就在护城河边上。我们常在魁星楼上玩儿。"馆爷笑道："好嘛，有意思。你们的名字春夏秋都有了，再有个冬什么的就够四季娃了。哈哈。"

县城东南角，一座方方正正的小院，馆爷的居所。院子西侧正中，一架葡萄好生茂盛，下面放着几把小椅子，围在水泥桌旁。东侧是一小块菜地，长着几畦小葱，绿得像要滴出水来。三间正房，堂屋的后墙和东墙上挂着字画，靠门旁窗前桌子上放着一台电脑。

"这就是一台微型计算机，也叫微机。你们以后常见的大多是这个样子。"馆爷一边指点，一边操作，一边讲解。

"这个像电视一样的东西叫显示器，它能把要告诉我们的信息自动地'写'（显示）在这块板子——屏幕上。"说着，馆爷轻轻按下显示器右下角的一个按钮，按钮变亮，圆圆的活像一只小眼睛，然后他加重语气说，"这是显示器电源开关，开机也叫启动计算机，要先打开它。"

"这个箱子叫主机箱，里面装着计算机的电源等主要部件，常用金属或塑料做成，对计算机部件有固定和保护作用。通常，在机箱的正面有个电源开关。"说着馆爷又轻轻一按，"机器启动了，一般要经过一两分钟。"他又指着屏幕说，"启动过程中，可能会出现一些提示信息，那就按它说的办吧。比如，要求输入用户名和密码。"

"爷爷，您的名字叫关衡。"夏莹脱口而出，又不禁伸了伸舌头。馆爷却说："用户名不一定是真名，可以自己设定；密码嘛，就更讲究了，是一组别人不易猜到的数字和字母的组合，也要自己设定。初学时，你们可以询问机器的主人。"说罢，便熟练地输入用户名和密码，机器继续启动，显示器上很快出现了信息。春妮指着显示器小声说："真的耶，就像电影院里的银幕一样，就是小一点儿。"馆爷笑笑说："屏幕是常见的，显示器有屏幕，电视机等电器、公共场合的广告牌等电子显示设备也有屏幕。"

"这是鼠标，打鱼爷爷的'文物'。"馆爷握着鼠标说。一阵笑声之后，馆爷继续解释：

"鼠标一般有两个键：左键和右键（见图1-2）。单手握着鼠标，把食指、中指分别放在两个键上即可。鼠标操作主要有：单击，即按下并放开左键一次；双击，连续两次按下和放开左键；右击，按下并放开右键；当然更常用的操作是滑动鼠标。"

图1-2 鼠标

馆爷让秋成握住鼠标，来回滑动，屏幕上有个"I"形箭头也随着来回移动。

"这个箭头叫光标，它指示我们将在这里进行操作。屏幕上不少花花绿绿的图案，叫图标，代表着不同的东西。需要哪个图标，就把光标移到它上面并单击，那个图标就会改变颜色。这叫选定。"

秋成发现屏幕上有个写着"梁祝"字样的图标，就选定了它。馆爷笑了："双击，快一点儿。试试看。"秋成紧张地按了两次左键，喇叭里竟响起了悠扬的古筝曲。原来那是一首古筝曲文件，双击它就开始执行——唱起来了。秋成略加思索地说："啊，要执行哪个程序，就双击哪个图标。"馆爷在他头上轻轻地做了个双击："对喽！"

馆爷接过鼠标，选定"梁祝"图标，并按下左键不放，同时滑动鼠标，便看到"梁祝"跟着他拖的方向移动，松开左键，图标就放在那里不动了。馆爷说："这叫'拖动'，可以把选中的项目移到需要的位置，也很有用的。"

春妮着急地说："爷爷，让我试试右键。"说罢，把光标对准"梁祝"就是重重的一下右键单击，只见"梁祝"图标吓得变了颜色，并展开一个方框，上写着"复制""删除""属性"等不少条目，好像在说就这些条目任你发落。馆爷说："出现的那些条目叫下拉菜单，根据需要选择其一，就可执行相应的操作了。"春妮这才明白，滑动鼠标就要选定"删除"，馆爷急忙阻拦道："手下留情，孩子。删除了就不能再听了。"春妮指着菜单问："那怎么办呢，挺难看的。"馆爷把光标移到空白处，轻轻一点，菜单就不见了。一直趴在桌子上看着的秋成若有所悟地说："啊，这鼠标简直就是魔棒，指哪儿打哪儿；还可以号令图标，点石成金。"说着直起身来，做着滑动鼠标的样子叫道："众图标听令！"几个孩子一起笑了，馆爷也点头赞许。

馆爷坐回椅子上，习惯地伸手去端茶壶。夏莹连忙端过水瓶把水倒上，双手递给老人。"哈哈，孺子可教也！"馆爷高兴地说，"好孩子，尊重和勤快是一把金钥匙。"然后他扶正键盘，又说：

"这是键盘，上面有许多小方块，每个方块就是一个键，键上标有一个或两个符号，敲击它就能把相应的符号输到计算机里。说话间，馆爷悄悄地双击了"Word"图标，屏幕变成了白色，酷似一张白纸，一个短竖线慢慢地闪动着。馆爷故意放慢速度，轻点几下，屏幕上立即跳出几个字母：asdf；又在屏幕右下角点了两下，接着一阵键响，屏幕上竟跳出一行字来："欢迎小朋友们！"馆爷又滑动鼠标，轻轻几点，那些字又一下子变大且成了红色。"慢点儿，爷爷。那几个字没看清怎么打的。"几个孩子异口同声地说。馆爷停下来说："键盘主要用来输入数据或命令，是我们和计算机'对话'的主要方式。键盘的使用，也有不少规矩，至于汉字的输入更是我们常用的操作，以后你们一定会比我打得快的。"

馆爷又郑重地说："我们一起看看怎样关闭计算机吧，关机也是使用计算机的一个常用操作。电脑，电脑，以电能作为运转动力，但不能像关闭电灯那样直接关闭计算机。""为什么呢？"一个小家伙学着小品里的腔调问。

馆爷解释说："计算机的运行是靠许多程序支持的，开启和关闭都要有个准备过程，直接关闭有可能对系统造成损坏。

"关机过程因使用的系统不同而有所不同，但基本原则是按照系统提示进行。比如，使用 Win 7 操作系统时，可以单击屏幕左下角的'开始'按钮；再从弹出的菜单中选中'关机'按钮。"

馆爷边解释边操作，只听"呜——"的一声，计算机自动关机了。小家伙们相互看了看齐声说："真的耶！好玩儿。"关老先生正要站起，不料夏莹开口问道："爷爷，我们看到过放在桌子上的微机。"馆爷轻轻插话："也叫台式机。"夏莹点点头继续说："有可以随身带的笔记本。还有别的什么计算机吗？它们又是什么样子？"

这个问题虽有些出乎馆爷意料，却使他心里一阵高兴——孩子们的求知欲还是很强的啊，而这又是很珍贵的。"好，我就再给你们说说其他的计算机。"于是老人家又兴致勃勃地讲了起来：

"自然，早年的计算机不像现在这样精巧，从只能进行简单算术运算的计算工具，到可以处理复杂信息的计算机，经历了漫长的发展过程，并出现了许多杰出人物和动人故事。

"或许人类最早的计算行为是一位母亲用手指点数自己的孩子，还有用石子、木棒、刻痕或绳结表示的。历史上就曾有记载：事大，大结其绳；事小，小结其绳，结之多少，随物众寡。

"我们的祖先早在公元前 770 年左右就发明了算筹，公元 8 世纪又发明了算盘，算盘直到今天还在广泛使用。

"算筹、算盘等计算工具的共同特点是：用物体的数量表示各位数字，数位由物体摆放的位置决定，执行运算就是按一定的规则人工移动物体。主要缺点是不能自动进位。

"随着科学的发展，商业、航海、力学和天文学的复杂计算问题越来越多，很多人都开始关心计算工具的发展。法国有个年轻人帕斯卡，立志要设计一种计算工具来减轻他父亲繁重的税务计算工作。1642 年，年仅 19 岁的帕斯卡发明了第一部机械计算机，取名 Pascaline（见图 1－3）。它由许多齿轮组成，可对所有数字做加减运算。为纪念帕斯卡这一贡献，后人就用他的名字命名一种程序设计语言：Pascal。"

图 1－3　帕斯卡机械计算机

小家伙们正听得入神，夏莹突然小声说："秋成，瞧人家帕斯卡。你为爸爸做过什么吗？"秋成诡秘地笑笑没有说话。春妮却认真地说："你不知道吧，他爸爸去年的年终总结，单位领导说写得挺好。叔叔一高兴就说了实话：'是俺家秋成替我写的。大家都夸秋成是个秀才呢。'""还有呢。"秋成接着说，"老爸算账时，我就递给他计算器，比帕斯卡的计算机还好用呢，现代的，哈哈。"秋成的调皮话儿把馆爷也逗笑了，他顺势又讲起现代计算机的发展来：

"现代计算机，全称是'电子数字计算机'，简称'计算机'或'电脑'。在迈向现代计算机的历史进程中，有几位著名科学家做出了历史性的贡献，他们的智慧和精神也一直为后人所传颂。

"查尔斯·拜比吉（Charles Babbage），英国数学家。他完成了第一台现代计算机——差分机的设计，遗憾的是当时的技术尚不能制造所需的部件而未能实现。有资料不无夸张地写道：当后人看到差分机的设计时就像原始人看到了望远镜一样（惊讶和不解）。尤为动人的是，为研制差分机，拜比吉呕心沥血二十余载，花费个人财产达13 000英镑之多。

"布尔（Boole），英国数学家和逻辑学家。他创立的逻辑代数（也叫布尔代数），把颇为神秘的逻辑问题简化成相当容易的公式初等运算，那些公式比中学代数的公式还要简单。布尔代数在自动化技术、电子计算机的逻辑设计等领域得到了广泛应用。令人深思和鼓舞的是，很多人都知道布尔的鼎鼎大名，却很少有人知道他成名时是在小学教书。

"图灵（A. M. Turing），计算机科学理论的奠基人。他在1936年发表的一篇论文中提出了一种计算机抽象模型，后人称为'图灵机'。为纪念图灵的杰出贡献，美国计算机协会于1966年设立了计算机界的第一个奖项，并以图灵的名字命名——'图灵奖'。该奖项被认为是'计算机界的诺贝尔奖'，专门奖励在计算机科学研究中做出创造性贡献、推动计算机科学技术发展的杰出科学家。

"到了1946年，世界上第一台计算机终于诞生了，取名为ENIAC（Electronic Numerical Integrator And Computer），每秒钟能完成300多次乘法运算，比当时最快的计算工具快300倍。只是它用了1 500个继电器、18 000个电子管，占地170平方米，重达30多吨，功率160千瓦。"

听到这里，小朋友们面面相觑，目瞪口呆。"好家伙，庞然大物！和我们家的院子差不多了。"秋成低声说。

看着他们吃惊的样子，馆爷也开玩笑说："不能放在桌子上，秋成这小伙儿，好像也背不动吧。哈哈。"

"还有一个问题。"馆爷端起桌上心爱的紫砂茶壶喝了一口，又说了起来，"ENIAC虽然计算速度很快，一个复杂的计算问题只需几分钟就能完成，但每次解题之前必须根据题目的需要，手工拨通开关连接相应的电路。而这些准备工作往往要几个小时甚至几天时间，这使ENIAC研制组的人在享受高速计算的同时，也感到几分尴尬。

"当时有个叫冯·诺依曼（J. Von Neumann）的数学家在参加原子弹的研制工作，需要进行大量的计算。他所在的实验室只好聘用一百多名女计算员，利用计算工具从早到晚做计算，还是远远不能满足需要。

"一个偶然的机会，冯·诺依曼得知ENIAC的研究计划并经人介绍参与了该项研究。之后他提交了一个研究报告，用'存储程序'的方法解决了ENIAC存在的上述问题，也对后来计算机的设计产生了决定性的影响。直到现在，人们使用的大部分计算机还被称作'冯·诺依曼型计算机'。所以，后人称他为'计算机之父'。"

夏莹低声问："存储程序？"馆爷点点头说："对，存储程序，这是个了不起的思想，正是它使计算机具有了自动运行的功能！呵呵，以后你们再理解这个问题吧。"馆爷稍微停顿了一下，又说，"对不起，我说得有些远了，差点儿把夏莹的问题给忘了。——别的计算机，其实这是计算机的分类问题。这个——"老人家稍加思索，又说了起来：

"计算机发展到今天，已是琳琅满目、种类繁多，可以从不同的角度给它们分类。依据计算机的体积、计算速度、处理能力、大致价格等特性进行分类，是目前最常用的分类方法，据此可分为个人计算机、工作站、小型机、大型机和巨型机。

"个人计算机是最常见的，包括微机、笔记本，还有掌上机——可以握在手中的计算机，比如'个人数字助理'（Personal Digital Assistant PDA）、现在流行的把手机和电脑功能结合在一起的平板电脑等。

"工作站是一种价格较贵的台式机，通常用在需要复杂计算或较强图形处理功能的场合。比如制作动画、播放或制作电影等。

"小型机比工作站要大，功能也强得多。最明显的特点是，一台小型机可以连接几十个或更多的终端，并支持终端上的用户同时上机。所谓终端就是包括显示器和键盘的一组设备，它们本身并没有处理能力，必须连接在小型机上才能发挥作用。小型机多用于生产过程控制、事务处理和科学研究等，将来你们到企业工作会看到的。"

"至于大型机和巨型机，呵呵，"关先生自嘲地说，"我们一般人只能用照片饱饱眼福了。

"大型机，规模大、功能强、速度快、价格高，配有齐全的外部设备和丰富的软件，可供几百甚至上千个用户同时上机。通常用于大型商业管理或大型数据库管理系统中，也可用作大型计算机网络中的主机。

"巨型机，也叫超级计算机，价格昂贵，为数不多，号称国家级资源（见图1-4）。要求特殊的环境条件和专业的维护队伍。一般用于诸如气象、太空、能源、医药等重要研究领域里的复杂计算。'银河''曙光''深腾''神威蓝光'和'天河一号'都是我国自行研制的超级计算机。"

"巨型机，究竟有多大呀？什么时候能看看就好了。"半天很少说话的春妮充满好奇地问。秋成顺口答道："嗨，那好办。我长大了，去那个研究机构当保

图1－4 天河一号超级计算机

安，顺便溜进去看看就是了。"夏莹扑哧一声笑了出来，说："是想学唐伯虎的混入法吧，哈哈。你不知道唐伯虎最后还是靠才华赢的？与其那样，还不如将来报考那里的研究生，还愁看不到巨型机？"

听着小朋友们的议论，关先生知道他们对计算机的"巨""大""小""微"的理解还是有偏差的，可也清楚这些只能在日后不断的学习中慢慢理解。于是，轻咳一声说："还有一种对计算机分类的方法——依据制造计算机所用的元器件分类，也是计算机界对计算机分代的观点。

"社会需求是计算机发展的动力，而基于电子技术的元器件的发展则是计算机发展的保障。所以将以电子管为主要元件的计算机叫作电子管计算机，称为第一代计算机；用晶体管制造的计算机叫晶体管计算机，称为第二代计算机；用集成电路制造的计算机叫作集成电路计算机，称为第三代计算机。

"从1971年至今，计算机多采用大规模集成电路（LSI）和超大规模集成电路（VLSI），这种计算机被称为第四代计算机。"

关先生回过头来问孩子们："你们见过电子管吗？"小家伙们一起摇摇头。"那就打个比方吧。"馆爷又认真地解释起来，"电子管像十五瓦的电灯泡大小，把两千多个电子管装在不同的电路板上，自然是一大片、一大堆了，机器也就是庞然大物了；晶体管，像黄豆大小，所以电路板和制成的机器就会小得多。至于集成电路，就像在纸板上印花一样做成电路，所以，才能有笔记本、掌上机等，或者用不很大的体积做成具有很多很多电路、功能丰富的计算机。"

夏莹和春妮点点头。不料秋成却突然说："爷爷，您少说了一种吧。"关先生回头看了一下秋成说："第五代计算机，是吗？我本想这个留给你们以后自己看书的。呵呵。"秋成却诡秘地说："不是。您少说了一种——叫'木有管'计算机。"

夏莹轻轻地推了秋成一下说："又胡诌，什么是'木有管'呀？"秋成却得意地说："你忘了，爷爷刚才讲过：拜比吉设计的计算机，就是因为当时'木有'可用的元件而没能实现。所以，那个计算机就该叫'木有管'计算机呀。"

春妮和夏莹对秋成的奇谈怪论没有在意，馆爷却突然产生了一个念头：这些孩子们理解问题的思路有时候还真的很别致，如果能给些有益的建议，也许他们学习电脑的效果会更好一些……

一阵思索，又是一阵。春妮看着关老先生轻声问道："爷爷，怎么了？累了吧？""啊。没事，没事。"关先生一边说着，一边拿起钢笔工工整整地写了四句话。

秋成手快，馆爷刚刚停笔就伸手拿起来，大声地有模有样地念了起来：

"一学结构明机理，熟练操作在效率；

程序写尽千秋志，深悟思维酿奇迹。"

"爷爷作诗了！快给我们看看。"夏莹嚷着从秋成手里抢过来。关老先生慢慢站起来伸伸胳膊自嘲道："哈哈，算不上诗的，最多是有点儿'潮气儿'。权当对你们学习电脑的一个建议吧。"

告别馆爷，小朋友们高高兴兴地回家了。只有秋成若有所思，原来他一直在想着一个问题，这个问题竟难住了不少大人。

欲知秋成提出个什么问题，且听下回分解。

第二回
秋成提问惊四座，闫硕游戏释原理

话说秋成回家之后还一直琢磨一个问题——为什么计算机与其他机器不同，既能打字、算账，又能唱歌、画画儿？听说电影《西游记》《阿凡达》中许多奇妙的镜头也是用计算机制作的。于是，盼望着下次再去馆爷家问个究竟。

这天，秋成拉上夏颖、春妮去见馆爷。"关爷爷！"三人推开大门叫着，但见堂屋里坐着一个青年、一个中年，两位客人正与馆爷说话，就不好意思地要往回走。馆爷却招招手说："来，来，进来。小朋友客人，呵呵。"夏莹停下脚来，抢先说明来意："秋成有个问题，憋得连玩儿都没有精神了，就来找您请教。"青年客人见两个小孩打断了他们的谈话，就说："小朋友先到外边玩儿去吧，我们正在开会。"中年客人却看着年轻人说："商量得也差不多了，就让几个小朋友陪老爷子休息一会儿吧，你也借光接触接触学生嘛。哈哈。"馆爷轻轻地说："谢谢。"又转身对几个孩子说："有什么问题，这位叔叔可以当你们老师的。"但秋成还是腼腆地把目光投向馆爷，问道："一般机器都只能做一件事情，比如煤厂里的机器只能做蜂窝煤，轧面机只能做面条……"没等听完，年轻人就差点儿笑出声来，小声说："当然了。蜂窝煤机器做窝头，太大了；轧面机轧钢筋会烫手的。"秋成听了，小脸通红，不再说话了。夏莹却不服气地用胳膊捅了一下秋成，要他继续说。馆爷也用目光鼓励他，秋成便鼓足勇气接着说："那，那计算机为什么能够做许多不同的事情呢？"

屋子里一下子静了下来。馆爷捋着胡子说："这倒是个很有意思的问题呀。"青年客人也合上了手中的记录本，脸色马上变得郑重起来。这小毛孩儿竟提出这么个问题，确实使人意外。中年客人看着年轻人半开玩笑地说："小伙子，知道孔融拜谒河南尹的故事吗？今天就由你来回答这个同学的问题吧，权当在关老先生这里做个试讲。"年轻人先是一阵紧张，转念又想："这个问题，嘻嘻，从上大学到研究生毕业，不知听过多少遍了，小菜儿一碟呀。"于是稍加思索，就十分自信地讲了起来：

"这个问题啊，应该从计算机的基本原理说起。20世纪50年代，有个数学家冯·诺依曼在一篇重要论文里提出：计算机应由输入设备、输出设备、存储器、控制器和运算器五个部分组成；并提出了存储程序原理，就是把程序和数据均用二进制的形式存放到存储器里。计算机运行时从存储器逐条取出指令，执行一系列的基本操作，直到完成预定的任务。该原理确立了计算机的基本结构（见图2-1）。现在人们常用的一般都是这种冯·诺依曼型计算机。大名鼎鼎啊。"

再看三个小家伙却一脸茫然，还不时地摇摇头，显然是这一大串新名词使他们既新奇又不解。中年客人又带着玩笑的口气说："小伙子，要是论文答辩，你的发言会很精彩，'结构''原理'，名词倒是不少，哈哈。可对几个小朋友就不一定合适了。"

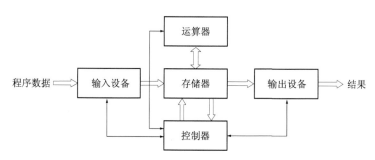

图2-1　冯·诺依曼型计算机基本结构

年轻人似乎此时才意识到问题有点儿严重，立刻面露尴尬。他转念一想：今天在这两个重要人物面前绝不能失败。于是摸出一块纸巾擦了擦手中的汗说："小朋友们，要不咱们做个游戏吧，我来准备道具。"说完转身走向馆爷的书桌。

这时，坐在门槛上的春妮突然举起手来问："关爷爷，您刚才说的孔融拜谒什么'河南人'的，是什么故事啊？"春妮还把"河南尹"说成了"河南人"，逗得中年客人笑着说："关爷爷的肚子里，除了刚喝的毛尖茶外都是故事，要他讲讲吧。哈哈。"说罢，站起来走到桌旁，看年轻人准备道具去了。

馆爷看年轻人还在那儿忙乎，就对三个孩子讲了起来：

"这是《三国演义》中的一个小故事。孔融十岁时去拜见河南尹李膺。'尹'，而不是'人'，是古时候的一种官职。可是，看门的不让他进。"

夏莹插话说："那时候也有保安呀！""对，就算保安吧。"馆爷笑着附和，接着又讲起来：

"孔融对'保安'说，他们家与那位大官家是世交。看门人一听，就带着孔融进去了。李膺问孔融：'我们两家有什么交往啊？'孔融说：'孔子曾问礼老子，讨论礼教问题，两家早是好朋友了。'"

秋成听到这里小声说："对了，老子是姓李。"

"李膺听罢，对孔融的机智大为惊奇，就对旁边的一个官员陈炜说：'这孩子真聪明，将来一定成才。'可陈炜却说：'小时候聪明长大了不一定聪明。'孔融听了也说了一句话：'看来大人小时候一定很聪明了。'逗得在场的人都笑了。"

说到这里，馆爷指着那位中年客人说："这位伯伯今天说到这个故事，是要那位叔叔注意尊重你们小朋友，说不定你们中间也有孔融呢。"

这时候，年轻人走到馆爷身边说："关老先生，我准备好了。"老先生点点头，就带着大家一起来到屋外葡萄架下。年轻人拿出一个算盘对小朋友们说："学过珠算吧。现在我要做加法，先打上 1234，再加上 1234。"夏莹嘴快，立即背起加法口诀来："一上一，二上二，三下五除二，四下五去一。"秋成也故作惊奇地小声说："啊，原来'三下五除二'是从这里来的呀。哈。"年轻人完成了加法，接着说："咱们一起回顾一下刚才的操作：我们打上了 1234，实际上是在算盘上输入了一个数；接着我们打上了第二个数，当然也是输入；同时我们进行了加法计算，计算也可以叫作处理。哈哈，'处理'这个词在计算机领域很时髦的。还有，我们看到了相加的结果 2468。为什么呢？可以认为那是算盘的输出——显示出来了。如果我们需要在 2468 上再加 1，你们一定不会再输入 2468，而是直接在末位拨上一个算珠。为什么呢？"看了半天的春妮鼓起勇气说："是不是上次计算的结果 2468，已经存在那里了。""对，对。"年轻人用鼓励的眼光看着春妮说，"算盘把计算的结果保存在那里，所以后来还可以使用。这种现象叫存储。"

秋成在一旁若有所思地自语："输入，处理，输出，存储；再输入……"年轻人拍了一下秋成说："对！这前四种操作也是计算机的基本操作，它们合在一起叫作信息处理周期。要完成这些操作，就需要相应的设备或者部件，所以计算机都包括输入设备、处理器、输出设备和存储器。"

年轻人的热情和真诚，慢慢地使秋成少了些拘谨，于是就把心中的不解直接说了出来："既然算盘和计算机都能执行信息处理周期，为什么计算机能唱歌，算盘却不能呢？"春妮一听连忙拉了一下秋成说："又来了！你家的算盘会唱歌呀？胡说八道。"夏莹也在一旁打趣道："拴上个喇叭嘛。哈哈。"年轻人心里却暗想："这个小子还真能提问题，而且很尖锐。倒有点儿可爱呢。"于是，笑笑说："这个问题，还真问到点子上了。应该说，计算机的运行还要有程序的支持。所谓程序就是一系列的指令——就是命令。指令告诉计算机怎样做，这样一条接一条地执行指令，就能完成一个任务。算盘不能存储程序，更无法执行唱歌的程序，当然不能唱歌了。"

年轻人看了看秋成，继续说："其实计算机中有许多程序，它们统称为软件，以后你们会与各种各样的软件打交道的。下面我们先做个游戏，看看计算机大致是怎么工作的，好吗？"一听说做游戏，几个孩子都来了兴趣。秋成就问："怎么玩儿呢？请老师先说说吧。"年轻人点点头，然后朝在那边喝茶的馆爷和中年客人打招呼："我们要做游戏了，请你们两位随时指导。"然后，转过身来分配角色。

"夏莹，扮演输入设备。输入设备的主要作用是把准备好的数据或程序等信息送进计算机里。你可以把要做的事情写在纸上，传给下一个人。待会儿游戏就从你这里开始。

"春妮，扮演输出设备。输出设备的作用是把计算机处理得到的信息或工作过程以人们习惯的直观形式表现出来。你可以把传给你的信息写在纸上展示出来，让大家看到就行。

"秋成，你是存储器。存储器是计算机的记忆装置，主要用来保存程序和数据。数据嘛，可以是初始数据、中间结果或最终结果。"说着递给秋成一沓纸，"每张纸代表一个程序。记着，你这里存放着许多程序。"然后又仔细交代，"你要根据输入的要求，选择相应的程序并把其中的指令一条一条地交给控制器。"

年轻人又转向大家大声说："我来扮演中央处理器。中央处理器包括运算器和控制器两个部件，运算器负责计算，控制器根据接收到的指令的含义，指挥你们所有部件工作。哈哈，并不是因为我是老师，实际上就是由控制器指挥各个部件工作的。这样逐条执行指令，就能完成一项要做的任务了。"最后，年轻人又对秋成强调："输出内容也要从你这里获得。我们是台老机器，嘻嘻。"秋成认真地点点头，然后拿出一张纸仔细地看了看，见顶端写着"计算器程序"，下面写着许多"指令"。

说罢，年轻人指挥大家坐好：夏莹在左前方，春妮在右前方，秋成坐在中间，自己慢慢地蹲在秋成后面。然后对大家说："游戏规则是，每个人要及时完成自己扮演的部件的功能，并把相关的信息传给有关部件。表演要尽量形象，并希望注意其他部件的动作，以便加深对整个机器运行过程的理解。说明一下，实际计算机部件之间是用特殊的电线，叫总线连接的，信息沿总线在部件之间传输。游戏时，我们把传输的东西写在纸上，递给下一个部件。明白了吧。游戏开始！夏莹，输入。"

夏莹站起来说："我是输入设备。要算算术，双击启动'计算器'喽。"说着还做了个双击鼠标的动作。年轻人赶紧对秋成说："有输入信息了！是要求计算器程序的。存储器，快把计算器程序的指令传给我。"

秋成连忙从那沓纸中找到"计算器"那一张，稍微迟疑了一下，接着把那纸撕成连在一起的小纸条，每张纸条上有一条指令；然后小声说："老师，不，中央、中央处理器，我准备好了，您可以执行了。"说着递过去第一个指令纸条。

"处理器"见状，不由得一愣，心中暗想：这小家伙理解得够快的。点点头，迅速地从他手中接过小纸条，一条，又一条。

夏莹又叫道："输入 2 + 3 = 。"说着不假思索地把写好的纸片递给了旁边的春妮。春妮迟疑地说："还没计算呢，我可以输出吗？"夏莹猛然醒悟："对，该给运算器的。"说着就要把纸片传给年轻人。不料年轻人却摆摆手说:"不对,不对,应该给存储器。"

秋成接过夏莹递来的纸片,却着急地说:"可我——存储器不会计算呀!""那就给我运算器呀!你只管保存数据就是了,我算出的结果也要给你保存起来的。""处理器"说着从秋成手里接过那张纸片,又解释道:"要不经你保存,我们计算的结果就会是熊瞎子掰棒子,掰了新的丢了旧的,是不是呀?"

连续两次犯错误的夏莹,这时突然明白了要把输入信息交给存储器的缘由,脸上又露出了笑容。

"处理器"迅速地把算出的结果写在纸上:"2+3=5",然后传给了"存储器"秋成,说:"存起来,然后传给输出设备——春妮。"秋成接过纸条,抄了一份保存,然后递给了春妮。

春妮嘟囔着:"可轮到我了。"然后,站起来喊道:"输出喽——"高高地晃动着一张纸,上面写着个大大的"5"字。

第一轮游戏做完了,年轻客人瞄了一眼馆爷,见老人家满意地点着头,舒了一口气,问:"夏莹,还输入吗?"夏莹不好意思地说:"我想打字,可不知道怎么打。"馆爷在一旁笑笑说:"不要紧,今天先写在纸上,一个字一个字地写,就表示打字吧。"夏莹马上写出"小呀么小二郎"几个字,说着就要传给"存储器"。不料年轻人却小声说:"先启动程序,文字处理程序 Word。"夏莹好像想起了什么,伸了一下舌头说:"忘了,对——,打开 Word。"秋成照样找出写着文字处理程序 Word 的那张纸,再撕成纸条,又递给了"处理器"。"处理器"一边慢慢地接过秋成传来的指令纸条,一边对夏莹说:"现在可以打字了。"夏莹把刚才写好的文字递给秋成,秋成又一个字一个字地递给年轻人,年轻人只是说了声"处理好了",就有条不紊地把这几个字递秋成。秋成抄写(存储)之后,再把字逐个传给春妮。

春妮着急地说:"快点儿,一次给我得了。"年轻人则说:"别着急,这时候就是一个字一个字显示的。"春妮就调皮地把收到的字一个一个地贴到手臂上,然后举起胳膊叫着:"输出喽!"但见她胳膊上一排小字:"小呀么小二郎。"春妮又走到夏莹身边诡秘地与她耳语几句。

夏莹立刻写好一张纸递给了"存储器"秋成。秋成展开纸条认真地看着,啊!原来写的是"小秋成狗叫曲"。"小坏蛋,这时候还捉弄我。"说罢,老实的秋成还是在那沓纸中仔细地寻找。找了一阵子,就指着纸片小声问:"老师,没有这个程序，怎么办？"年轻人一看笑了起来："没有正好，就不用学狗叫了。哈哈。""处理器"飞快地写道："没有找到'小秋成狗叫曲'程序。"递给了秋成。秋成转给春妮并得意地大声说："对不起，你们的阴谋没有得逞。嘻嘻。"春妮只好照样举起了那张纸条，和夏莹一起咯咯地笑着。

馆爷看出了两个小姑娘在捉弄秋成，就笑着说："丫头，多亏没有那个程序，真有的话，也不是秋成叫，该是夏莹的好朋友春妮叫喽。"

夏莹听罢说："那就让春妮唱歌吧。"顺手写了个"小二郎之歌"传了出去。等秋成接到纸片，就得意地说："这个可以有。春妮，准备唱吧。"年轻人"处理器"，又做起了接收指令、执行指令的样子，笑着大声说："春妮，快唱歌。"

春妮坐在那里不情愿地说："为什么要我先唱呀？"旁边的夏莹则说："这不是晚会。谁让你是输出设备呢。快唱。"春妮明白了，站起来："唱就唱。小呀么小二郎，背起书包上学堂，不怕那太阳晒呀，不怕那风雨狂，只怕先生骂我懒，没有学问呀，无颜见爹娘……"

大家都笑着站起来。年轻人却小声对秋成说："还没完呢，赶快把夏莹输入的那些字存起来，起个名字，就叫'小二郎'。"秋成并不明白，还是听话地在一张纸上写了"小二郎"，放在那沓纸中"存"了起来。

游戏结束了，年轻人满脸兴奋地说："游戏做得不错，我来小结一下。

"夏莹，能够独立地启动游戏，很自然，也很勇敢。春妮，动作认真，把输出的汉字逐个贴在手臂上，理解是正确的。秋成，'存储器'，不是把写着程序的整个纸片传给控制器，而是主动弄成代表指令的纸条，相当形象。对于'处理器'大朋友嘛，就不表扬了。哈哈！"

"那就说说游戏的目的吧。"中年客人说。"好。"年轻人答应着，转向小朋友们说，"游戏省去了计算机运行的许多细节，但希望通过游戏，记住如下一些概念：

"①计算机，严格来说叫计算机系统，由硬件和软件两大部分组成。它们协同才能使计算机运行。

"②硬件，指组成一台计算机的电子和机械的所有实在的部件或设备。主要包括输入、输出设备，存储器，运算器和控制器。运算器和控制器合称中央处理器，简称CPU。现在，CPU通常由一个或多个芯片组成，也叫作微处理器。

"③软件，指计算机的所有程序。分为两类：系统软件和应用软件。系统软件，比如操作系统，主要由计算机本身使用，管理计算机的所有东西（资源）；

应用软件，比如文字处理程序、工资发放程序等，是解决某类实际问题的程序。"

年轻人又提高些声音说："使用不同的程序可以完成不同的任务，计算机里可以存放许多应用程序，算数的、打字的、唱歌的、游戏的，五花八门，自然可以做很多事情了。这也是计算机比一般机器神奇的地方。"说到这里，年轻人特意看了一下秋成说："哎哟，小秋成你可把我累坏了，总算回答了你的这个问题。明白了吗？"

秋成不好意思地笑了笑说："谢谢老师！辛苦您了。主要是我们现在还都是棒槌——初级阶段，初级阶段。"

"闫硕，不错，不错！不愧是师范大学的硕士。今天的考核——通过！"中年人走过来拍拍年轻人的肩膀说。年轻人也俏皮地说："谢谢局长大人！"

三个孩子一听，全都愣住了。哇！局长、硕士！

闫硕为自己成功地设计了一场游戏而高兴，也暗暗感谢秋成提出的问题。便主动对秋成说："送给你。"秋成展开一看，只见纸上龙飞凤舞地写着：

硬件软件组电脑，程序万千存其中。
琴棋书画无不会，思想原本却姓冯。

秋成正要叫好，突然一个中学生骑车闯进了院子，他看着夏莹等问道："干什么呢？"夏莹淡淡地回答："做游戏，你呢？"中学生趴在车把上不屑地说："做游戏？小儿科！"

不料此言一出，就在几个少年中引出了几场计算机知识的比拼。

欲知后事，且看下回分解。

第三回
常鸿数制戏学妹，冬毅换算对狂生

昆阳城南关大街，说不清从哪个朝代起就有了集市，远近老少都知道这个"南关大集"。南关邮局也在这条街上，绿色的门窗在店铺和民宅间格外显眼。邮局里的公家人要到八点才来上班，所以门前那块水泥空地儿，就成了赶集摊贩们难得的宝地。

这天，关老先生突发奇想，要亲手做一些韭菜卷煎。想起儿时，母亲用新鲜的韭菜，拌上煎好的鸡蛋，油绿里杂着金黄，老远就能闻到香味儿。那年头儿，白面很是金贵，母亲手也很巧，把面皮擀得很薄，然后均匀地摊上陷子，卷成扁扁的桶状，两手各持一端，轻轻一挤，面皮自然打些褶皱。柴灶虽慢，但十几分钟也就熟了。刚出锅的卷煎，盛在盘中，热气腾腾，香味儿扑鼻。仔细看去，形态慵懒，白里透绿，甚是可爱。蘸些香油、米醋、蒜汁制作的调料，嘿，那叫一个爽！想到这里，关先生不禁心中暗自发笑：在大城市里，吃些柳絮都会赞不绝口，甚至要与山珍并提。那些食客若是有幸来趟昆阳城，吃上两个卷煎，喝上一碗胡辣汤，他们未必不会忘记昆阳小城，但绝不会忘昆阳小吃的。

馆爷溜达着来到集市。大街两旁，挤满了摊位，蔬菜、粮食、日用杂品，琳琅满目，丰富程度颇有点儿世博会的味道。路过几个菜摊，他发现和大城市一样，卖菜的也把计算机先进的"绑定"技术引进了销售——斤把重的菜把儿上都扎着粗粗的稻草。一经"绑定"，那稻草就身价百倍，其功能远不再是包装而是增值了。

邮局门口一个菜摊进入了老人的视线：几捆韭菜、芹菜，还有些黄瓜等，虽不多，但却格外干净，而且都是用橡胶条捆扎。卖菜的是个十五六岁的男孩儿，短头发，黑脸膛，褪色T恤，齐膝短裤，赤着双脚，坐在柳条筐上。另一只筐里放着一本几何课本。见老人过来，小伙子连忙招呼："爷爷，买点儿菜吧，都是刚拔下来的。"老人微笑着蹲下来，小伙子赶忙接着说："俺娘说，城里人时间金贵，就把菜都择好了，洗了就可以吃的。"先生拿了一捆韭菜、几根黄瓜，小伙子称罢说："爷爷，总共五块五。"

突然身后有人叫："关爷爷，您早！买菜呢？"原来是夏莹。"我表哥寄钱来了，让先买个旧电脑用着。我来邮局取钱的。"又压低声音说，"1 000块呢！"馆爷抬头说："好，好。以后学习就方便了。"夏莹又有点儿难为情地说："可我连什么是二进制都还不知道呢。"馆爷知道小莹的意思，起身来到小伙子身边的空地上，小伙子赶紧腾出筐子反扣在地上，请老人坐下。馆爷朝夏莹说："数制并不复杂，实际上就是表示数的规则。比如我们常用的十进制，用0～9十个数字符号表示，书上把这些符号的个数称为这种数制的基数。这里基数是10。还有，任何一个数中，每一位数字所表示的实际值除本身的数值外，还与它所处的位置有关，由位置决定的值叫位值或权。比如'321'，你知道它表示……""三个100加上两个10，再加上一个1。"夏莹回答说。馆爷拿出笔，戴上老花镜在纸上写了个式子：

$$321 = 3 \times 10^2 + 2 \times 10^1 + 1 \times 10^0$$

然后说："对。这里的1、10、100就分别是从右向左的第0、1、2位的权，和我们通常说的个位、十位、百位对应。"夏莹点点头。卖菜的小伙子好像也听到了，也凑了过来。

"同样，"馆爷接着说，"二进制，只用0、1两个数字表示，它的基数是2；第1位的权是2的1次方。它所表示的数，也可以用上面的方法计算。比如，二进制数$(101)_2$。当然不能理解成一百〇一了。应该是——"

"是2的2次方加上2的0次方，5。"馆爷扭头一看，原来是站在旁边的小伙子。"对，很好。"馆爷高兴地说。老人不由得心里暗想："这个孩子真不错，求知欲很强的。要是孩子们都能这样对知识感兴趣，该多好啊。"

夏莹感觉到了老人的停顿，就又问："怎么表示小数呢？"馆爷又写了个$(101.1)_2$，指着小数点后面的那个1说："十进制，小数点后面的1代表十分之一，就是10的负一次方。那么二进制，小数点后面的第一个1，就是2的负一次方，代表二分之一。"夏莹点点头。

老人站起身来说："腿麻喽。"又指着$(101.1)_2$说："小伙子，这就是我该给你的钱5.5元，哈哈。"两个孩子脸上也都露出了会意的微笑。

馆爷从书包里拿出一本书，指着说："计算机主要使用二进制。还有八进制、十六进制等，道理是一样的，以后你们会学到的。一般计算机书上都有这样一个常用数制对应表。可以从中看出这几种常用数制的表示和关系（见表3-1）。"老人看看手表说："小莹，邮局快开门了。"小伙子连忙捡起一把荆芥，放进馆爷的塑料袋里说："谢谢爷爷。这个和黄瓜一起凉拌，下酒很爽口的。"

表3-1　四种计数制的对应表

十进制	二进制	八进制	十六进制
0	0	0	0
1	1	1	1
2	10	2	2
3	11	3	3
4	100	4	4
5	101	5	5
6	110	6	6
7	111	7	7
8	1000	10	8
9	1001	11	9
10	1010	12	A
11	1011	13	B
12	1100	14	C
13	1101	15	D
14	1110	16	E
15	1111	17	F

告别馆爷，夏莹走进邮局，来到柜台前说："同志，我取汇款。"这时从后门走进来一个年轻人，正是那天的骑车人鞠常鸿。他打量了一下对面的夏莹说："我姐姐有事，我来给你办。"夏莹不大情愿地递过汇款单，然后转脸看着天花板。

年轻人看罢，若有所思，然后嘴角一动说："你有两块零钱吗？我给你整的。"说完，手里晃着一张绿色的十元钞票。夏莹大吃一惊，着急地说："啊？

八块，怎么会呢！"鞠常鸿诡秘地一笑说："你表哥用的是二进制啊。"说罢，又煞有介事地算起来："我来教你：1 后面三个 0，就是 2 的三次方。哎，你懂乘方吗？不懂的话，就让三个 2 连乘也行，只是显得笨点儿。"

小夏莹立刻意识到这个小子在使坏，就提高声音说："你睁大眼睛看看，是 1 000，一千！"鞠常鸿却故意慢条斯理地说："8，捌，八块！"

这时，卖菜的小伙子也走进屋来说："同志，买两张邮票。"鞠常鸿扭头一看，见来者那身打扮，还用扁担挑着两个箩筐，就知道是个乡下来卖东西的，便不耐烦地说："等会儿。"小伙子放下箩筐，把扁担放在柜台上，意思好像说：好，等你。不料，那常鸿却指着扁担没好气地说："放下去，放下去！脏了吧唧的，还往上面放。"小伙子一听，气得满脸通红，张了张嘴却没有说话，把扁担杵在地上，但是开始留意他们的争论。

此时又听夏莹嚷道："明明是 1 000 嘛！我表哥没说用的是二进制呀！"鞠常鸿却流里流气地朝夏莹说："你表哥是 IT 业人士，应该是用二进制的。况且，他也没说不是二进制呀。你们不是在做游戏学计算机？为了加深你对二进制的理解，我帮你用二进制计算呢。""你，你，你不讲理！"夏莹气得小脸儿通红，几乎要口吃了，眼睛里也好像溢出泪水来了。

那小伙子此时已听出了缘由，慢慢地走近夏莹说："我来跟他说。"然后对着鞠常鸿一本正经地说："同志，是你算错了，不是 8 元，应该是 4 096 元。"还不无讽刺地重复一遍："4 096 元，人民币。"常鸿听出了小伙子话中的讥讽，自然也不示弱："凭什么？凭什么?！"小伙子不慌不忙，但不看常鸿，却面向夏莹说："人家表哥没说用的是二进制，你又不愿意按十进制算，那只好按十六进制算了！"夏莹恍然大悟，连忙学着鞠常鸿刚才的口气："1 后面三个 0，16 进制，就是 16 的三次方。喂，你懂乘方吗？不懂的话，我来教你：16 的平方是 256，再乘 16，得 4 096。不过不是笨点儿，是你真笨！"

那常鸿自知理亏，又被回马一枪，便避开夏莹，冲着那小伙子阴阳怪气地说："好啊，你小子要英雄救美吗？"小伙子脸一红，但还是镇定地答道："如果你想扮演坏人的话！"说着把扁担斜靠在柜台边上，用手向上推了推 T 恤衫的短袖。那常鸿连败两个回合，气急败坏，正要发作，突然听到门后有人说："常鸿，不得无理！"但见后门闪出一位姑娘，身着深绿色邮政制服，一头短发，两只大眼，面带微笑，文雅而大方。"小朋友们，你们刚才的话我都听到了。不过你们好像还没有理解使用不同数制的原因，愿意知道吗？"那姑娘轻声而又认真地说。

面对这样一位大姐姐，谁也不好意思再争吵了。她点好十张大钞，微笑着递给夏莹，继续说："十进制已经用了很多年了，对于有十个指头的人类来说，是很自然的事情。计算机使用二进制，有两个原因：一是计算规则简单；二是便于表示，比如可以用表面有无凹坑、线路电压高低、相反方向的磁场、开关的合上或断开等表示。这样使电路既简单又可靠，对计算机的制造和发展有着重要意义。"

姑娘又拿出一张纸边写边说："为区分不同数制，通常约定用下标注明。如 $(1001)_2$、$(15)_{16}$，分别表示是二进制数和十六进制数。不用括号和下标的，默认为十进制数，比如15。有时人们也在数的后面加上字母 D（十进制）、B（二进制）、H（十六进制）来表示所采用的数制，如 13H 表示是一个十六进制数。"

说罢转向鞠常鸿说："可不是像这一位，想怎么算就怎么算的。况且，即使计算机也并不要求用户直接使用二进制，而是能够自动在各种数制间进行转换的。哈哈，等你们上大学时，就会学到更多的。"常鸿挠挠头不好意思地说："知道，逗她玩儿呢。"

走出邮局，夏莹高兴地对小伙子说："谢谢你，你那一招真棒！我请客。"一转身从隔壁小店里买了几个冰激凌，递到他手边。忽然又笑着问："还不知道你叫啥呢。""我叫李冬毅，下学期转到昆阳中学上初二。星期天常来这里帮俺娘卖菜，以后还会遇到的。"小伙儿腼腆地介绍了自己。夏莹却大大方方地说："认识你很高兴。我，夏莹，下学期去昆阳中学上初一。同学了！哈哈。"

不知什么时候，鞠常鸿推着车子凑过来说："夏莹，取了那么多钱，也该给我买个冰激凌吃吧。"夏莹顺手扔过去一个："接着。"常鸿笑着说："真给呀，够哥们儿。"夏莹调皮地说："非也，非也。我是考虑你的口腔太贫瘠了，希望冰激凌的营养能使你的嘴里长出象牙来！哈哈。"常鸿也不示弱："小丫头，好一副俐齿，改天再斗一场如何。"说完，单手扶把，飞车而去。回头又向着冬毅高喊道："卖菜的，下次斗法请不要带扁担！"

夏莹哈哈大笑，开心极了。她告别冬毅回到家里，拿起电话，把邮局里和鞠常鸿斗数制的事说了一遍，还满口称赞了那个卖菜的同学。春妮和夏莹自幼同学，无话不说。听罢低声问道："那卖菜的同学，小姐吧？好聪明。"夏莹一听扑哧一笑："什么小姐啊，高高大大、结结实实、地地道道的一个小伙子。"电话那端立刻传来一声诡秘的笑声："抓紧考查，重点培养！嘻嘻。"夏莹虽不能看到春妮那蔫儿坏的样子，却马上一阵脸红，因为那小伙子的确给她留下了很好的印象。她连忙把话岔开："本来打算找你去馆爷那儿请教数制呢，——真坏。别去了！"春妮马上说："别，别价。这就去，我告诉秋成一下。"

三个孩子径直来到馆爷家。刚进门，夏莹就迫不及待地说："爷爷，多亏你教了我们数制，要不就真要受那小子的窝囊气了！"春妮正要对馆爷说常鸿在邮局捉弄夏莹的事情，夏莹使了个眼色，把话题岔开，问道："爷爷，怎么用二进制表示负数呢？我想了半天也没想出来。"

"能提出这个问题，很好唯。"关先生笑笑说，"用一串二进制数表示一个等值的十进制数，显得很自然。如 13，表示成：1101B；33，100001B。但是由于每个数所用的二进制位数不同，放在一起计算机就很难判别各个数的开始和结束了，所以一般都用固定的位数表示整数，如 8 位、16 位或 32 位。用 8 位二进制数表示 13，是：00001101，即左边高位部分补 0。"

馆爷边写边说："位数固定就好办了，我们不妨拿出一位表示数的符号——正、负。约定最高位（最左边的一位）是 0 表示正，1 则表示负。那么'10001101'就表示'－13'了。""是呀，反正就正负两种状态。"夏莹一下子明白了琢磨了半天的问题，高兴地拍手叫道。

关先生回头看看几个孩子继续说："这里也有个道理，就是以后常说的'编码'问题。所谓编码在计算机里通常指：用 n 位二进制数可以组成 2 的 n 次方个不同的码组，对每个码组赋予一个意义，这种过程就叫编码。"春妮轻轻地对夏莹说："小说里的地下工作者，约定窗台上放有一盆花，表示安全，可以接头，没有则表示危险，那也是一种编码吧。""看《红岩》了吧？"夏莹点点头说。

秋成也接着说："抗日战争时期的消息树也是编码。要是我在，就用两棵树。竖起树为 1，推倒树为 0。码组 00 表示平安无事，01 表示只有伪军，10 表示只有鬼子，11 表示鬼子和伪军一起来犯。"夏莹抿着嘴对秋成说："看来你姥娘家和王二小是一个村儿的吧。哈哈。"

馆爷轻咳一声，孩子们像在课堂上一样，立刻习惯地安静下来，听老人继续说："实际上，负数在计算机里是用一种称作'补码'的形式表示的，很妙的。使用补码表示数，可以用加法实现减法运算。还有，为了表示数值很大的数或需要提高表示精度，就用指数形式表示。这些方法都巧妙地使用了编码，上大学时你们会学到的。

当然，也可以用编码的方法表示英文等常用字符。通用的表示字符的编码叫作 ASCII 码，叫作'美国标准信息交换码'，用 7 位二进制数表示一个字符。通常也用 8 位二进制数表示一个字符，可表示大小写英文字母、阿拉伯数字、标点符号及控制符等特殊符号，共 256 个。如大写字母 'A' 的编码为 '01000001'，对应一个数值 65（41H），称为该字符的 ASCII 码值。同样，'a' 的 ASCII 码值为 97（61H），字符 '0' 的 ASCII 码值为 48（30H）。"

"0 的二进制表示不是 8 个 0 吗？"突然，春妮打断了馆爷的话。"啊，明白。"关先生停了一下说，"是这样，'3 + 0' 中，0 是数字；而车牌号中的 '0' 就和其他字一样，是字符。所以，字符 '0' 也有它的 ASCII 编码。"

看到春妮和夏莹都点了点头，关先生接着说："用 ASCII 码表可以查到常用字符的编码。还有个窍门儿：阿拉伯数字、小写英文字母、大写英文字母三组常用的字符，各组字符的 ASCII 码值都是连续递增的。所以，记住一组中第一个字符的 ASCII 码值就可推算出其他字符的。如 'd' 的 ASCII 码值是 100，'2' 的 ASCII 码值是 50 等。"

春妮小声说："刚才我还在犯愁呢，二百多个编码，怎么记呀！"秋成却说："科学的东西是不会那么残酷的。嘻嘻。"春妮似乎沉思了一阵，突然拍手叫道：

"好！好！以后按 ASCII 码值对姓名排序，我总在你们两个前面了。哈哈！"夏莹则不慌不忙地说："美得你！你那是从小往大排，我们要从大往小排，你就在后面了。"秋成在一旁慢条斯理地说："那分别叫 '升序' 和 '降序'。反正，我，Q，总在中间了。这辈子认命了！"

馆爷看到孩子们理解得如此之快，甚是高兴，于是又引出一个问题，说："ASCII 码表的编排也很有些学问，你们看：数字 1 的 ASCII 码是 00110001。把 8 位分成两个 4 位，前 4 位是 0011，这四位二进制数对应一位十六进制数，即 3H，后四位对应 1H；所以，它的 ASCII 码值可表示成 31H；2 的 ASCII 码是 00110010，注意它的后四位，恰是对应数值的二进制数。再看英文字母，小写字母与对应的大写字母，低四位是一样的，只是高四位相差 20H。"秋成在馆爷桌子上拿出一本书翻着，惊奇地叫道："的确如此。妙哉，妙哉！"

关先生又兴致勃勃地讲道："ASCII 码把字符变成了编码，方便了字符的存储、传输和处理，比如把一个大写字母的 ASCII 码值加上 32 就可以转换成相应的小写字母。同时也给人们提供了一种用数字表示信息的 '密码'。"

说着，他竟主动给孩子们讲起了故事：

"记得有个老师讲完 ASCII 码一节后，在黑板上写了一大串数字：

108 105 097 110 120 105 000 106 105 097 111 056 048 051

"然后一言不发，转身便走出了教室。

"第二天上课，老师拿着几本练习本，叫起一个同学，问：'你怎么把作业交到那个房间了？'同学很自信地回答：'您在黑板上写着呢——练习交 803。'老师又问：'还有哪个同学去过 803？'这时候后排站起一个男同学说：'我。我把那一串数字看作 ASCII 码值，对应：lian xi jiao 803。不过，我想：用不着联系（lianxi）了吧，于是就把 803 门前窗台上的花浇了一遍。'

"老师听罢，哈哈一笑，说：'你这种理解很有想象力嘛。应该奖励你和到 803 交练习本的同学，平时成绩各加上 2 分。谢谢！'课堂上一片欢笑，不少人还鼓起掌来。

"后来，有些同学也用 ASCII 码值表示过约会时间甚至'老地方'等信息。还有用 26 个字母的序号表示英文字母来组成单词的。五花八门，颇有创意。"

"爷爷，"夏莹听到这里笑着说，"不该让秋成知道这些的，说不定哪一天他会用 ASCII 码给人家女孩儿编码'I love you'呢。哈哈。""不会的。"春妮头也不抬，接着说："因为，还没等他编出'very much'呢，人家女孩儿就哭着叫道：'你好丑陋啊！'"夏莹哈哈大笑起来，秋成却大大方方地说："我才不那样呢，太简单。要编我就用汉字的编码：'天凉了，请加衣。'用民族的文字表示真挚的关切。嘻嘻。"逗得大家又笑起来。

这正是：
曲指数出十进制，01 最宜计算机。
电脑世界异彩炫，只用数字织奇迹。

欲知秋成等如何嬉戏于汉字编码与输入，且听下回分解。

附　录

ASCII 代码对照表

ASCII值	控制字符	字符	ASCII值	字符	ASCII值	字符	ASCII值	字符	ASCII值	字符	ASCII值	字符	ASCII值	字符	ASCII值	字符
000	NUL	(空)	032	(空格)	064	@	096	`	128	ʒ	160	á	192	└	224	α
001	SOH	☺	033	!	065	A	097	a	129	ü	161	í	193	┴	225	β
002	STX	☻	034	"	066	B	098	b	130	é	162	ó	194	┬	226	Γ
003	ETX	♥	035	#	067	C	099	c	131	â	163	ú	195	├	227	π
004	EOT	●	036	$	068	D	100	d	132	ä	164	ñ	196	─	228	Σ
005	ENQ	♣	037	%	069	E	101	e	133	à	165	Ñ	197	┼	229	σ
006	ACK	♠	038	&	070	F	102	f	134	å	166	ª	198	╞	230	µ
007	BEL	(嘟声)	039	'	071	G	103	g	135	ç	167	º	199	╟	231	τ
008	BS	■ (记忆)	040	(	072	H	104	h	136	ê	168	¿	200	╚	232	Φ
009	HT	(换行)	041	)	073	I	105	i	137	ë	169	⌐	201	╔	233	Θ
010	LF	(起始位置)	042	*	074	J	106	j	138	è	170	¬	202	╩	234	Ω
011	VT	(换页)	043	+	075	K	107	k	139	ï	171	½	203	╦	235	δ
012	FF	(回车)	044	,	076	L	108	l	140	î	172	¼	204	╠	236	∞
013	CR	♫	045	-	077	M	109	m	141	ì	173	¡	205	═	237	φ
014	SO	♪	046	.	078	N	110	n	142	Ä	174	«	206	╬	238	ε
015	SI	¤	047	/	079	O	111	o	143	Â	175	»	207	╧	239	∩

续表

ASCII值	字符	控制字符	ASCII值	字符	ASCII值	字符	ASCII值	字符	ASCII值	字符	ASCII值	字符	ASCII值	字符	ASCII值	字符
016	▲	DLE	048	0	080	P	112	p	144	È	176	░	208	╨	240	≡
017	▼	DC1	049	1	081	Q	113	q	145	æ	177	▒	209	╤	241	±
018	↕	DC2	050	2	082	R	114	r	146	Æ	178	▓	210	╥	242	≥
019	‼	DC3	051	3	083	S	115	s	147	ô	179	│	211	╙	243	≤
020	¶	DC4	052	4	084	T	116	t	148	ö	180	┤	212	╘	244	⌠
021	§	NAK	053	5	085	U	117	u	149	ò	181	╡	213	╒	245	⌡
022	▬	SYN	054	6	086	V	118	v	150	u	182	╢	214	╓	246	÷
023	↨	ETB	055	7	087	W	119	w	151	ü	183	╖	215	╫	247	≈
024	↑	CAN	056	8	088	X	120	x	152	ú	184	╕	216	╪	248	·
025	↓	EM	057	9	089	Y	121	y	153	ÿ	185	╣	217	┘	249	·
026	→	SUB	058	:	090	Z	122	z	154	Ö	186	║	218	┌	250	·
027	←	ESC	059	;	091	[	123	{	155	Ü	187	╗	219	█	251	√
028	∟	FS	060	<	092	\	124	|	156	₫	188	╝	220	▄	252	ⁿ
029	◆	GS	061	=	093	]	125	}	157	¥	189	╜	221	▌	253	2
030	◀	RS	062	>	094	^	126	~	158	Pl	190	╛	222	▐	254	■
031	▶	US	063	?	095	_	127	⌂	159	f	191	┐	223	▀	255	(空格'FF')

注:此表列出了全部 ASCII 码(用十进制)及其相关字符,"控制字符"一栏列出了 ASCII 码 0~31 的标准值,它们通常用于控制或通信中。

第四回
中文书写渊源久，汉字输入智慧多

　　自那天与鞠常鸿"邮局数制斗法"后，夏莹对计算机越发好奇了——原来计算机里还有那么多的知识和奥妙，她暗下决心尽快学会打字，有机会再与他一比高低。这天放学后，夏莹拉上春妮去找馆爷，秋成也默默地跟在后面。

　　偏西的太阳斜照在书桌上，关老先生正在浏览一篇关于汉字的文章。"关爷爷，"几个孩子几乎是和他们的声音一起飘进了屋里，"爷爷，教我们打字吧！"馆爷抬头看着孩子们说："输入汉字，用计算机？那就从汉字说起好吗？"说罢，让孩子们站在身旁，自己把光标移到屏幕右边的一个淡蓝色的长条上，轻轻地说："这个叫滚动条，用鼠标上下拖动它，可以让屏幕上的内容上下移动，以便浏览需要的部分。"说着，轻轻拉动滚动条，一段文字显示在屏幕上：

　　汉字，是我们中华民族特有的一种文字，也是中华文明的象征。它的创造、发展和变革都蕴含着伟大的民族智慧。但是，在飞速发展的信息时代，也面临着诸多挑战。

　　我国历史上黄帝时期，有个叫仓颉的人，看到鸟兽走过留下的脚印不同，受到启发，就用不同的图形表示不同的事物。把图形刻在乌龟壳或兽骨上，创造了最早的汉字——象形文字。比如，"馬""騾""驢"都有四条腿，"羊"则有两只角，等等。

　　后来，人们又把象形字组合起来，比如二木成"林"，三人为"众"等，一看就懂。这类字称为会意字。再如"笑"字，似乎两只眼睛都眯起来了；而"哭"字，两只大眼睛下还真的有颗泪珠呢。

　　"对，对。"看到这里，春妮急忙插话，"俺老师也说过'懒'字用竖心和'赖'组成，表示'懒'就是心眼不好。秋成就是坏心眼子，到现在袜子还让妈妈洗呢。"秋成不服气地说:"我虽然有点儿懒,但心眼还是挺好的嘛。"夏莹白了他一眼说:"把本该自己做的事情推给别人,心眼还挺好?!"秋成又低声说:"以后改还不行吗?快往下看吧。"说着也学着馆爷的样子拉动鼠标,又一段文字滚上屏幕:

汉字结构美观,内涵丰富,有着诸多令人骄傲的特点,但随着文明的发展,尤其是信息技术的发展,也暴露出许多亟待解决的问题。

20世纪上半叶,英文打字机的普及极大地提高了文字资料的录入速度。但是,汉字并不像英文那样——单词均由字母拼成,所有字母也不过几十个,有记载的汉字有数万个,常用的也有五六千。所以,中文打字机的设计要困难得多,最后,只好把几千个常用汉字都做出来,弄成了个巨大的字盘。

看到这里,馆爷低声笑着说:"年轻时我看到两个打字员姑娘,弯着腰吃力地抬着一台打字机,还真让人心痛。不过另一件事倒使我终生难忘!"说着老先生又在电脑上显示出一段文字:

1984年的《参考消息》有这样的记载:"法新社洛杉矶8月5日电:新华社派了22名记者、4名摄影记者和4名技术人员在奥运会采访和工作。在全世界报道奥运会的7 000名记者中,只有中国人用手写他们的报道。"

夏莹一下子站了起来说:"真是,连我都觉着有点儿受刺激!"春妮睁大了眼睛看着夏莹那激动的样子,不知道说什么好。秋成却不以为然地说:"也没什么呀,中文打字机的笨重,就像孙悟空扛着那把放大了的芭蕉扇一样,虽然有些别扭,最终还是过了火焰山的。"

馆爷对秋成赞许地点了点头:"说得好,知耻而后勇嘛。在之后的文字处理技术的发展过程中,中国人就做出了许多贡献。"

"20世纪60年代末,电脑,也叫个人计算机,英文叫Personal Computer,缩写为PC,进入中国。用计算机处理中文的第一个问题就是怎样把汉字放到计算机里。"

秋成在一旁不解地说:"这不难吧,打开计算机的盖子,把铅字倒进去不就行了吗。"夏莹用报纸敲了一下秋成的头说:"猪脑袋,那样不把机箱撑破了吗?"春妮抿着嘴不以为然地笑着说:"那样固然不行,不过也不会是因为怕撑破机箱吧?"馆爷看着兴奋却又天真的孩子们,沉思片刻说:"当然不能把汉字简单地塞进计算机,这里说的是指将汉字输入并存储在机器里,以便进行各种处理,需要时显示或打印出来。这是个比较复杂的过程,相关知识以后你们会学习的。但其中最关键的问题就是如何对汉字编码。""啊，对了，我们知道数字和符号可以用编码表示。汉字也能吗？"夏莹立即问道。"当然。汉字的编码有多种，大多是根据一定的规律，用键盘上已有的不同符号组合代表相应的汉字。比如，可以用拼音'wo'代表'我'字，所以称'wo'是汉字的输入码。""这样，键入输入码就可以把汉字输入计算机了，是吗？"几个孩子不约而同地说。馆爷高兴地点点头说："基本上是这样。你们真棒！"

这时候屏幕上突然跳出个奇怪的字来，大家还没有明白，夏莹就急切地说："不对呀，爷爷。我输入了'wo'，怎么不是'我'字呀？"馆爷没有立即回答，而是在屏幕下方找到一个呈条状的语言栏，然后单击其中一个图标，立即弹出一个下拉框，列出微软拼音输入法、智能 ABC 输入法、QQ 拼音输入法、五笔字型输入法等。"我刚才用的是微软拼音输入法，现在你用的是五笔字型输入法，所以，输入'wo'不会出来'我'字。"秋成不好意思地说："对不起，我刚才试着瞎点了一下，没想到会……哎哟！"原来，没等秋云说完，夏莹揪了一下他的耳朵："捣乱！"

馆爷笑着说："秋成倒是提醒了我们：输入时需要选择一种自己喜欢的输入法。我们就学习拼音输入法吧，你们都熟悉拼音的。"说着在语言栏的下拉菜单中单击一下"微软拼音输入法"说："小莹子，现在试试看。"夏莹输入了"men"还急切地问："'我们'的'们'字该输入哪个数字啊？""你们看屏幕，当输入拼音码后，屏幕上会出现多个同音字，每个字前面都有一个序号，需要哪个字，就点击哪个字，或者输入相应的序号即可。这叫选字。"馆爷又指着屏幕说，"'们'字的序号是 2。"话音刚落，"们"字就跳了出来。原来，秋成抢着按了一下数字键"2"，然后迅速地逃离位子，低声说："敌进我退，走为上也。""哈哈，我来。"春妮顺势坐下，输入了"xuexi"，馆爷提示："春妮，按一下空格键，就是那个长条键。"屏幕上立即出现"学习"二字。孩子们惊喜地叫道："俩字，一次输入了两个字啊！"馆爷解释说："对，当输入多字词或成语时，可以连续输入拼音。系统会把相应的一组字放在第一个位置上。空格键默认（相当）序号为 1。所以，输入成语几乎不用选字，按一下空格键就行了。"夏莹看着馆爷说："因为成语没有同音的，是吗？"馆爷点点头说："差不多是这样，聪明的孩子。"接着很快地输入一句话："打字，要勤学苦练。"又说："这句话，我不全是一个字一个字输入的。'dazi'连着输，按空格键，出'打字'；'qinxuekulian'，按空格键，出'勤学苦练'；只有'要'字需要选字。"

站在后面的秋成突然问："爷爷，我大概知道怎样输入汉字了。可想输入拼音字母时怎么办呢？""对，对。"馆爷拍了一下脑袋说，"只顾输入汉字了。秋成说的问题叫中西文切换，就是在输入汉字的过程中，如果需要接着输入西文，可以切换成西文输入方式。"他把光标移到语言栏上说："这里有个'中'字，表示当前是中文输入状态。点击它一下，变成了'英'字，就成了英文输入状态，再输入英文字母就是了，不会再出汉字了。自然，再点一下，就又变成'中'字了。""变脸儿！好玩儿。"春妮说着，就打了"qinxuekulian"，扭头叫道，"秋成，看，'勤学苦练'的拼音。"

馆爷接过鼠标指着语言栏说："还有个说法，'半角'和'全角'。半角字符占一个标准字符位置，全角字符占两个。中文输入时一般用全角，英文输入时一般用半角，可以根据需要选择。语言栏里有个月牙状的按钮，负责英文字符：月牙状表示半角状态；满月状表示全角状态。它右边的那个有句号和逗号的按钮，负责中文标点：句号空心时表示全角，实心时表示半角，这两个按钮都会'变脸儿'。"

说罢，馆爷站起身来伸伸胳膊说："有点儿累了，你们自己玩儿会儿吧。"春妮和夏莹抢着按起了键盘。春妮试着输入了"锄禾日当午，汗滴禾下土"。夏莹有些不耐烦地说："又是这个，要当才女呀。阿姨又不在身边，换点儿新鲜的好不好？"春妮头也不抬，说道："总比'小老鼠上灯台，偷油吃下不来'好吧。练习打字呗。"夏莹接过鼠标说："自己想点儿呀，边思考，边输入，那才接近实用呢。"说罢就输入了一行"今天播辛勤，明日收富足"。春妮一看，也不示弱，也接了一句"国家政策好，辛劳也幸福"。夏莹抿嘴一笑，朝那边的秋成叫道："快来，秋成，春妮作了一首好诗呢。""是吗？我知道春妮同志经常做坏事，不知道还能作'好诗'呢。"秋成故意打着岔紧走过来，仔细看了一阵儿，故作严肃状，一本正经地评论起来："好，好！文章立意鲜明，观点正确，表现了新形势下广大农民勤劳致富、辛勤劳作的景象。"夏莹和春妮正得意地听着，不料秋成话锋一转说："不过，这段文字，既不像儿歌，又不像诗歌，好像只是文字受潮，还不到'湿'的程度。"那家伙还故意把"潮""湿"两个字用重音发声。夏莹恍然大悟，也故作着急的样子说："坏小子，恶意贬低人家春妮的唐诗修订版！"说着伸手就要拧他的耳朵。秋成连忙摆手道："君子者，动口不动手也。"夏莹转向春妮说："这秋成小小年纪，整天之乎者也，以后就叫'者也先生'得了。"春妮拍手叫好，又补充道："者也先生好像不服气，让他也给

'潮'两句瞧瞧。"顺手把秋成推到椅子旁。秋成也不推辞，默默地念了一遍，思索片刻便打出两句来：旧笠遮赤膊，谁识万元户？然后站起来浑身自信地问："怎么样，生动否？形象乎？"夏莹看罢，连声叫好，并学着秋成的口气说："不错，不错！生动哉，形象矣。"春妮心里更是一惊："这个秋成，文笔的确胜我们一筹，两句收笔，暗示农民致富，发人深思，不落俗套。"但当着夏莹，不便称赞，便说："我看不怎么样！因为不真实。既然农民富裕了，锄地时还不雇个人给自己打把遮阳伞，高档的。谁还戴破竹笠呢。"春妮两句歪批《三国》式的批评，也逗得大家差点儿喷饭。

夏莹收住笑声说："哎，咱们玩儿成语接龙吧。既能练习打字，又能积累词汇。""好主意。"秋成应道，"我看到过北京月坛公园里地上刻着的一圈儿字，看了好一阵才明白。原来是一组四字成语，每个成语的末字恰是下一个成语的首字，挺有意思。典型的成语接龙。"说罢又慢慢地背诵：圆圆满满心欢喜鹊登春回大地久天长生不老当益壮志凌云蒸霞蔚为壮观止繁华年似锦上添花好月圆。

"为了降低些难度，接龙时咱们允许使用同音字，好吧？"秋成接着说，但还不忘打趣夏莹，"这样，像咱们掌握词汇有限的夏莹同学，也可以参加游戏了。哈哈。"夏莹立刻反唇相讥："春风吹，战鼓擂，咱们看看谁怕谁。来，开始！"秋成连忙示弱，并抢着坐回电脑旁说："你和春妮先接，我来给你们记录，一会儿轮换。我甘拜下风。嘻嘻。"

春妮抢先说个"天道酬勤"，夏莹接个"勤学苦练"。练，练达老成；成，成人之美……就这样，夏莹和春妮你来我往，又接成了一串成语：美不胜收，收兵回营，蝇头小利，力不从心，欣欣向荣，容光焕发。秋成手忙脚乱，赶着打字，但还是丢了不少。当听到"容光焕发"时，就故意打岔道："怎么又黄了？"夏莹机灵，立即应道："防冷涂的蜡！"接着又冲秋成说："哈哈，怎么样？"秋成拍手称赞："不错。不，是很好。我还学了个新词'练达老成'呢。"春妮却不紧不慢地说："好什么呀，没接几句呢，就把你能弄成座山雕了，再接下去我们也会变成匪兵乙的。"

听到笑声，馆爷端着茶壶走了过来。夏莹调皮地立正站好："报告爷爷，我们已基本掌拼音输入汉字的方法，全体学员正在操练，请首长检阅！"看着孩子们高兴的样子，老先生也挥着手说："同志们辛苦了！继续操练！呵呵。我今天也当一次'首长'。"秋成却一本正经地说："我们还总结了汉字输入需要记忆的几点：

"一、点击语言栏，选择自己习惯的输入方法——比如拼音输入法；二、输入拼音，用序号或鼠标点击选字；三、……"

春妮接着说："三、多字词和成语要尽量连续输入，以减少选字操作。"

馆爷放下手中的紫砂壶，似乎要取粉笔似的，然后停下来笑笑说："你们总结得不错！我也提个建议：为便于练习输入，需要打开一个文字处理软件，比如，记事本。可以这样：单击屏幕左下角的'开始'按钮→'所有程序'→'附件'，双击'记事本'，程序即可打开。这样可以把输入的内容保留下来。通常大家都用 Word，以后你们也会用到的。"

馆爷停了一下，深深地感慨道："汉字输入研究自 20 世纪 70 年代以来，不知凝聚了多少有志之士的心血，上至专家，下到草根，也留下了不少佳话。比如王永民，困难阶段曾买一袋子馒头和咸菜，关在屋子里苦心钻研。历时五年，终于发明了五笔字型码，首次突破电脑输入汉字每分钟百字的大关。

"有一种码根码，创始人身居陋室，研究数年。为了推广，自己在闹市里到处书写广告，桥头、围墙，甚至连厕所里都能看到用排笔写成的'码根码'。后来，城管人员'抓'到了他，一看却是个衣衫不整、满口专业术语的老头，不忍制裁，还帮他推荐给某个公司。哈哈，留下了个现代传奇。

"还有一位孙姓老先生，本是一位机械专业的技术员。他意识到流行的汉字输入方法对传统汉字书写文化的冲击，忧国忧民之心难平，坚持多年，提出一种适应少儿学习的透视码。每当谈起，老人激动不已，要比他家菜园子里生虫着急得多……这些研究者们，有的成功了，甚至成了富翁，但多数只是乐此不疲地品尝了研究过程。他们像蚯蚓一样，默默地疏松了土壤，却并没有引起人们的注意。但是，他们同样是英雄——蚯蚓英雄！"

几个小朋友聚精会神地听着他们从未听过的故事，关老先生显然也正沉浸在激动之中，像是一个老兵在讲述自己目睹过的战斗一样。他接着说："至今已有数不清的汉字输入编码，各有特色却都还不尽如人意。好在目前已经出现一些智能的输入方法，可以连续输入拼音字母并自动变成一串汉字。它涉及人工智能等技术，还有待完善。也许，你们中的哪一位将来会发明一种新的汉字输入方法，爷爷我希望能亲自用一下，到时候我用老酒为你们庆功。哈哈！"

春妮突然低声说："我们？——能行吗？"

馆爷看着春妮没有回答，却问道："你知道书是怎么印出来的吗？""先用铅字排版……"春妮顺口回答，忽然觉着这一定不是馆爷要知道的，连忙又说，

"小时候见过的，现在——就不知道了。"馆爷认真地说："现在用的是激光照排系统。简单地说就是先用电脑录入文字、排版，然后再照相，做成软片用来印刷。基本上不用铅字了。"

馆爷有些激动，又接着说："汉字激光照排系统使我们告别了铅与火，是汉字信息处理历史上的一场革命！所以，人们把它的发明人——北大的王选教授称为'现代毕昇'。

"很有意思。在王选研究汉字激光照排的同时，国外一家知名公司也正在加紧研究同样的技术，而且这家公司的资金和基础都很雄厚。所不同的是，它是想占领中国市场。而王选的方案当时许多人还不能理解，甚至有人觉得是玩数学游戏。但王选的回答是：'干！不到长城非好汉。'哈哈，也许他想的大多是'能行'，早把'吗'字丢掉了。

"中国的王选赢得了这场竞争。汉字激光照排系统不仅在国内普及，还在欧洲、日本等地使用。更重要的是汉字激光照排技术的普及，保护和传承了中华文化！"

老先生终于舒了一口气，夏莹连忙递过紫砂壶，顺势说："是的！吴广教导我们说：科学家宁有种乎?！"春妮扑哧一笑，调侃道："陈胜却说：王侯将相宁有种乎！"

馆爷听罢，心里一阵高兴，不住点头。他知道，信心对孩子们来说比具体的知识更重要。于是话题一转，又主动宣传起来：

"其实对于国产计算机来说，也有类似问题。我国第一台电子计算机诞生于1958年，是中科院计算所研制的一台小型电子管通用计算机103机（八一型）。比世界上第一台计算机晚诞生了十多年。后来我国又生产了晶体管计算机和集成电路计算机。

"1983年12月国防科技大学研制成功我国第一台亿次巨型计算机'银河-1'；2004年6月的全球超级计算机五百强名单中，我国研制的超级计算机曙光4000A排名第十；到了2010年，全球超级计算机五百强排行榜上，我国国防科技大学研制的'天河一号'位居榜首，中科院计算所和曙光公司研制的'曙光星云'位居第三。

"这些都表明，经过几代人的努力，我国计算机技术虽然与世界先进水平还有一定的差距，但已经取得了长足进步，并进入了国际先进行列。"

馆爷伸手拿起他爱抚多年的紫砂壶，慢慢地说："我国的计算机先辈们已经完成了他们的历史使命。哎——！在未来的信息技术发展历程中，你们大有作为！要紧的是：责任、勇气和信心！"

秋成好一阵没有说话，好像在一张纸上画着什么。夏莹倒觉得像民乐合奏时突然少了欢快的笛声一样不协调，就朝秋成说："哎，听爷爷讲了吗？该不是真的在想用汉字编码给人家女孩儿写字条吧？"

不料秋成抬起头来答道："听了。不过我也真的在想这个问题。"一旁的春妮用指头刮着自己的小脸说："羞不羞？不羞羞，羞羞不？"秋成又很认真地说："你们看，我们在这台机器上用拼音输入法键入'women'，输入了'我们'二字，如果另一台机器上用的是五笔字型或其他什么输入法，那就不认识'women'是什么字了。"

"不会吧。你还真为那女孩儿想得周到呀！哈哈。"夏莹不假思索地又挖苦着秋成。春妮却若有所思地看着夏莹低声说："对呀。刚才你输入的'wo'，五笔字型就没认出是'我'字。"

夏莹觉着这种情况不该发生，可又说不出否定的道理，便扭头看着馆爷。馆爷已经明白了秋成的问题，于是拿出一张纸来，一边比画一边解释：

"刚才说的'wo'是汉字输入码，对同一个汉字，不同的汉字输入方案所对应的输入码是不同的。如果计算机内部直接采用这些五花八门的编码存储汉字，那么势必使汉字系统过于复杂，而且也真可能发生秋成所说的问题。因此，计算机里无论用什么输入法输入的汉字，都先将它们转换成一种统一的代码——汉字机内码，简称内码。所以，在计算机内部汉字都是以内码形式存储、流动和处理的。每个内码对应一个唯一的汉字，为了表示足够的数量，每个汉字内码占用16位二进制数。"

"使用统一的内码，就不会乱套了。"夏莹说着又指着秋成埋怨道："你这家伙，又吓我们一跳。"馆爷笑笑又继续讲解：

"实际上机器里有好几种汉字编码，各有不同的用途。比如字形码，就是为表示汉字的样子的。显然，倘若用内码的16位二进制数显示一个汉字，是很难看懂的。

"我们看到的每个汉字，实质上是一个特殊的图形符号。最简单的方法就是用点阵的形式表示汉字。凡笔画所到之处的点为黑点，记为'1'，否则为白点，记为'0'。这样，一个汉字的形状就可用二进制数表示了。这个图就是16×16点阵的'中'字（见图4-1）。当然，用的点越多，字的质量就越好。一般有16×16点阵的简易型，24×24 点阵的普通型，还有 32×32 点阵的提高型。这些字形码也叫字模，它们放在一个叫字库的地方。我们看到的显示或打印出来的汉字都是从字库里调出来的。"

秋成的问题解决了，他一边听着一边在玩耍着手中的铅笔。夏莹却突然问道："爷爷，西文有编码标准，就是那个什么 ASCII 码。我们的汉字也该有标准吧？"馆爷听了高兴地点点头说："这个问题，不，这个意识很好。标准几乎就是技术法律，相关的技术开发都必须遵守的。我国 1980 年就颁布了汉字信息交换码 GB 2312—1980，全称是《信息交换用汉字编码字符集（基本集）》，简称国标码，也叫汉字交换码。它是汉字信息处理系统之间或者与通信系统之间交换

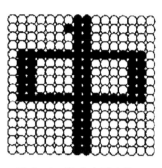

图 4 - 1　汉字字形点阵

信息时的汉字代码标准，曾为推动中文信息化进程起到了积极的促进作用。"

"我骄傲！"秋成突然站起身来，举起双手小声叫道，"为我们的汉字标准。哈哈。"夏莹伏在春妮的耳边说："又犯病了。嘻嘻。"馆爷却认真地说："国标码的编制确有许多巧处，而且后来颁布的标准都与国标码有着密切的联系，所以了解其中一些概念，对使用和理解汉字信息处理是有益的。"馆爷抄起紫砂壶饮了一口，又耐心地讲解起来：

"比如：究竟需要多少汉字？

"根据大量的科学统计，国标码规定了 682 个非汉字图形符和 6 763 个汉字的代码。其中 3 755 个字作为一级常用字，其余 3 008 个字作为二级次常用字。这些汉字使用覆盖率可达 99.99% 以上。也就是说，只要具有"基本集"中所收集的 6 000 多个汉字，就能够满足各种使用的基本要求。

"另外，还提供了一种输入方法——区位码。

"国标码中的所有汉字和字符都放置在一个 94×94 的阵列中。其中每一行称为一个区，每一列称为一位。一个汉字所在的区号与位号的组合就是该字的区位码。两位区号在前，两位位号在后。

"用区位码输入汉字没有重码，熟记区位码后，录入汉字的速度还是很快的，有点儿像电报码。但要记住全部区位码是相当困难的，所以，早些年常用于录入特殊符号，如希腊字母等。"

刚说到这里，夏莹又忍不住调侃秋成说："秋成呀，终于找到了一种用数字

给汉字编码的方法了。回去赶紧查'天凉了'几个字的区位码吧。哈哈。"秋成却学着课文中孔乙己的话轻声地说："戏言也，戏言也。读书人的事，何必当真呢。嘻嘻。"逗得大家又笑起来。

几个小朋友正在高兴，细心的春妮却看到了馆爷在纸上画的那张草图，饶有兴趣地问："爷爷，这是什么意思呀？"馆爷漫不经心地说："啊，这是几种汉字代码在电脑中的作用，你们现在还不必深究。"不料夏莹却说："看看，艺多不压身嘛。"馆爷答应着，在电脑里找了一张图显示在屏幕上（见图4-2）。三个孩子立刻靠近屏幕认真地琢磨起来。

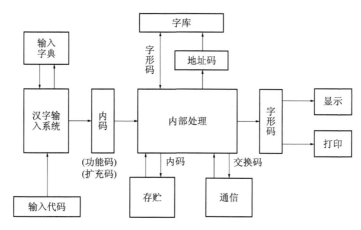

图4-2　汉字代码之间的关系

突然，电话铃响了，馆爷拿起话筒："你好，关恒。请讲。"电话里传出清晰的声音："关老先生，明天上午请您参加我校计算机教育研讨会，并商量电脑比赛事宜……""我们学校的张老师，是他，是他。比赛？！……耶！"夏莹兴奋地跳起来，嚷着，"快回去练习，参加比赛！"拉上春妮就往外跑。大门口传来一声："爷爷，再见！"

这正是：
方块汉字音形义，初遇电脑柱叹息。
智慧桥梁编码路，终将键盘化纸笔。

夏莹把学校要进行电脑比赛的消息告诉了冬毅，不料冬毅竟如此这般。欲知后事，请看下文分解。

第五回
自制键盘砺心智，共话输入树雄心

这天，晨练之后关先生照例打扫院子，把一些碎木板和泡沫板等杂物堆放在西墙下。这时屋里的电话响了，他连忙过去拿起话筒。"关爷爷，早上好，我是春妮。告诉您，我会打字了，只是很慢，总是找不到要打的键。急死我了！"关先生笑着说："别着急，刚开始这是正常的，以后练练指法就会好的。""练指法，哈哈，冬毅为练习指法都受批评了。"春妮顺口说了一句，关先生却关切地问："什么？怎么回事呀？"春妮就把冬毅的事告诉了馆爷。原来，在学校实验室上机是要收费的，冬毅就打算做个键盘模型，以便自己随时练习指法。于是就用复写纸在键盘上拓出个样子来，不小心把实验室的一个键盘给弄脏了。馆爷沉思片刻说："告诉冬毅，有空儿到我这里来拓吧。"

下午，放学了。夏莹领着冬毅、春妮和秋成来到馆爷家门口。冬毅有些犹豫，夏莹轻声却有些着急地催他进去。"关爷爷。"说着，夏莹已经走进了屋子。关老先生抬起头说："你们来了。稍等，我写完这一小段。"夏莹眼尖，看到满满一屏文字，标题是：《梦回昆阳》。她十分好奇，但又不好打扰。

馆爷转过身来又问："春妮呢？"话音未落，春妮就从冬毅身后闪出来说："我已经告诉了小莹，当时她也正在那里着急呢。"夏莹的小脸一下子红了，转身在春妮胳膊上拧了一下。秋成却慢条斯理地说："是我找到冬毅的。"

馆爷指着书桌对冬毅说："复写纸和键盘都在那里，弄脏了擦一下就是了。键盘本来就是可以擦洗的，不带电就行。"冬毅还是取出自己的复写纸来，馆爷一看是用过多次的，就抽出一张新的递给他，慈祥的目光里还带着鼓励。冬毅小心翼翼地把复写纸平铺在键盘上，再盖上一张白纸，然后转向老人小声说："爷爷，用一下您的擀面杖。"春妮扑哧一笑说："要做饺子皮呀！"老人却笑着指了指装复写纸的纸筒，没说话。冬毅点点头，用纸筒轻轻地在键盘上来回滚动几下，然后揭开白纸，见各个键位清晰地印在纸上，禁不住高兴地说："好了！好了！还很清楚呢。"秋成却有点儿迟疑地指着白纸说："好像不对，数字键那一块儿怎么跑到左边去了？——啊！反了。印反了，老兄。"春妮也看明白了，哈哈地笑起来说："没关系，给左撇子用正合适。"冬毅不好意思地摸着头，小脸涨得通红。夏莹不假思索地说："反过来，描描就行了吧？"馆爷则微笑着看了冬毅一下说："不要紧，再想想办法。"

冬毅拿着纸在键盘上比画一阵，突然眼睛一亮，又俯下身去，先在键盘上铺一张白纸，再是复写纸，然后又是一张白纸，又是滚压，一阵清脆的声响，能感到此次用力更大些。馆爷看在眼里，面带微笑，轻轻点头。冬毅轻轻地取出紧挨键盘的那张白纸——一张清晰的键盘图样呈现在大家面前。孩子们齐声欢呼，像看到了电影明星一样。

"开始做吧！"夏莹督促着冬毅。冬毅回头对她说："还要在键位上写上字符呢。"说着从书包里摸出一支简易的圆珠笔："咳，蓝色的。"夏莹明白了他的意思，伸手拉一把秋成说："把你的黑笔拿出来。"不料，馆爷递给冬毅一支精制的签字笔。啊，派克牌的。

冬毅一丝不苟地在拓出的图样方格中填着字符，虽不太美观，却是相当工整。三个小伙伴见冬毅尚需一段时间，就转向馆爷，要他说说怎样练习指法。

关先生又和孩子们走到桌前，翻开一本《计算机文化基础》，指了指那张键盘布局图递给了冬毅。然后对孩子们说："练习指法之前，先认识一下键盘。它是组装在一起的按键阵列，通常包括字母、数字、标点等，还有一些功能键、专用控制键，通常有 105 个或 107 个。"（见图 5 - 1）。

图 5 - 1　键盘的布局

　　馆爷接着说："字母和数字是键盘的主要键位，放在中间部位，而且把比较常用的字母排放在手指方便击打的位置。第一排字母键，左起依次是 Q、W、E、R、T，并非按 A、B、C……"秋成突然向前凑了凑说："书上说的 QWERT 键盘就是指的这种吧？""是这样的。"馆爷继续说，"数字键自然可以输入数字，也可以输入其他符号。""咋弄？为什么不……"秋成又忍不住问道。春妮斜了秋成一眼说："土老帽，'咋弄'，应该说'怎么操作'！"几个孩子齐声大笑。馆爷放慢操作，指着 Shift 键说："这是上档键，按下它同时再按一个数字键，就输入该键上边的那个符号；按住它的同时再按字母键，就输入大写字母了。"夏莹伸出手来，照着试了试，分别输入"＊"和"F"，得意地说："真好玩儿！不过要全部输入大写字母，总按着上档键也不方便的。"馆爷笑了："说得好。你们看，这里有个大写锁定键，按下它之后就可以连续输入大写字母了。再按一下它，又可以输入小写字母了。"老人又指着数字锁定键（NumLock）说："类似的还有几个，按下这个数字锁定键，就可以在数字小键盘上快速输入数字了。再按一下锁定键，就可以使用光标键了——几个不同方向的箭头，它们通常用来短距离移动光标。""明白了。"两个小姑娘齐声说。秋成却托着下巴，若有所思，一言不发。春妮指着秋成小声对夏莹说："秋成先生又在玩儿深沉呢。"秋成突然站起来，学着大人的样子说："鄙人认为上档键和锁定键的应用，也有二进制的道理——按下或锁定，是 1 状态，具有一种功能；不按或不锁定，是 0 状态，又是另一种功能。这个，这个，啊……设计是合理的，使用是方便的。你们要深入理解，好好学习！哈哈。"逗得两个女孩儿扑哧一声笑了起来。夏莹也学着馆爷的口气："孺子可教也，孺子可教也！我代表爷爷奖给你小红花一朵。"说着就往秋成头上放了一片红纸。春妮却认真地说："还真是那个理儿，记不得听谁曾说过，这叫'乒乓开关'。"

　　关老先生被孩子们的天真、好学感染着，好像忘记了自己的年纪，竟拿起笔杆敲着茶杯轻轻地叫道："上课喽，上课喽。"然后指着键盘上的一个长条说："这是空格键，按一次输入一个空格。要注意，不像在纸上写字那样，空白就是没有写字，在计算机里空格也是个字符，也占据一个位置。"

　　春妮小声问道："输错了，怎么办？"夏莹说："你不会想用橡皮擦屏幕吧？哈哈，我也常输错的。"关先生一本正经地说："删除字符的方法有多种，常用回退键（Backspace）和删除键（Delete）进行。"老先生说着把光标移到 L 和 R 两个字母之间，按了一下回退键，L 就不见了。"L 字符删除了，光标回退一格；

如果按删除键，就会删除 R。"夏莹自己按了一下，删掉了 R。秋成说："连着按，就能删除多个字符了，是吧？""当然，不过以后你们会用更方便的方法删除多个字符。"馆爷摸着秋成的头说。一直认真听着的春妮，也插嘴问话："这个 Enter 键干什么用？""这是回车键，作用嘛——"关先生站起来，伸伸胳膊，故意说了个笑话：

"电影里常看到，飞行员与地面联系：'一号地区没有发现目标。报告完毕。'

"而另一个镜头：某人甲气喘吁吁地跑到保长面前，说：'我，我，我是县长——'保长连忙点头哈腰，吩咐道：'上茶！'没想到，甲喘了一口气又接着说：'——派来的。'保长不耐烦地说：'喝水，喝水。'"

夏莹嘴快："哈哈。这就不让喝茶了！"

馆爷说："回车键的作用就是'报告完毕'，确认命令输入结束，避免引起误会。在输入文章时，则表示换行——光标移到下一行的开始。"

馆爷又指着键盘上的第一排键说："这些是功能键，从 F1 到 F12，也可能再多几个，它们的功能随着使用场合不同会有些变化；还有一些：Alt、Ctrl，叫修改键；Esc，叫强行退出键；等等。在以后使用中可以自己学习。唯一要注意的是，它们虽用不止一个字母表示，但却是一个键。此外，书上的习惯是：用'Ctrl + X'表示按下 Ctrl 键的同时，按 X 键。"

春妮在一旁拉了一下夏莹，小声说："让馆爷说指法练习，指法练习。""好的，指法练习。春妮早上就打电话说想学指法呢，呵呵。"说罢，馆爷轻抬双手，悬在键盘上开始了讲解：

"指法练习讲究姿势、指法和纪律。

"姿势：坐姿端正，腰背挺直，两脚平放在地上。肩部放松，大臂自然下垂，前臂与键盘水平；手腕放平，从手腕到指尖的形态为弧形，指端的第一关节与键盘成垂直状态。"

听到这里，秋成小声说："我的妈呀，这比小学老师要求的坐姿还苛刻呢。""这也是功夫。"馆爷头也没抬，轻声说。接着又边示范边讲解起来：

"指法：初始状态是左右手的食指、中指、无名指、小指分别轻放在 F、D、S、A 和 J、K、L 与';'八个键位上，它们称为基本键；并以两个食指分别感知 F、J 键上的凸起确认位置正确；左右拇指则轻放在空格键上（见图 5 - 2）。

"各个手指负责的键位是：基本键位于字母键的中间一排，手指上下移动可以击打其他键。打完一键后，手指要立即回到相应的基本键上，为下一击做好准备。比如，左手小指还负责击 Q、Z，食指还负责击 R、T、V、B 和 G；右手小指还负责回车键等。数字键 1、2、3、4、5 与 A、S、D、F、G 的指法相同，6、7、8、9、0 各键同 H、J、K、L。"（见图 5 - 3）。

说罢，馆爷又弄出两个图来，分别显示击键的初始状态和各个手指负责的键位。

图 5 - 2　击键时手指的初始位置

图 5 - 3　各手指负责的键位

夏莹等认真地听了好一阵，趁着关爷说话间隙，春妮问道："数字键盘也有指法吗？"馆爷喝了一口水说："有的，有的。数字键盘位于键盘的右下角，主要用于大量数字的输入。可以左手翻账本，右手输入。指法是：食指负责 1、4、7；中指负责 2、5、8；无名指负责 3、6、9；拇指负责 0 。"春妮高兴地拍着手说："这就好了。原来我妈妈收钱时，就用一个食指在键盘上点，很累。回去告诉她，学指法。"

秋成低着头悄悄地说："阿姨过几年就能练成'一指禅'功夫了，再打你时，要小心了。嘻嘻。"夏莹却在秋成的头上轻轻一弹说："先吃我个'一指弹'吧。不敬长辈！"馆爷低声笑着说："我们上学时，老师称那种打键方式叫'指点江山'。哈哈！"

"纪律——"

馆爷刚说完"纪律"二字，夏莹就不禁一笑问："打字还有纪律？三大纪律？"馆爷却认真地说："是的，就是眼睛只能看书稿和屏幕，不能看键盘。"馆爷故意把头转向左边，边打边说："击键要靠感觉，而不能靠眼睛寻找。所以，打字时看键盘，就像考场上斜视一样——不规范！"春妮指着秋成说："是不是常犯这种错误啊？哈哈。打字时可别再犯了。"夏莹也跟着起哄说："不，不，人家秋成考试时从来不那样的，只是偶尔在大街上偷看两眼漂亮女孩儿。嘻嘻。"秋成却不服气地说："你们女生更猖狂，明目张胆地用刘德华的广告包书皮儿！"

"那叫盲打，张老师也这样对我说过。"突然，冬毅在后面说。秋成连忙转过头来转移目标："你老兄是不是在偷看我们呢，啊？"冬毅只是腼腆地说："爷爷说的意思是：偷看别人无益做人，偷看键盘不利打字。"夏莹努力掩饰着内心的关切淡淡地问道："填完了？"冬毅点点头说："现在可以做键盘了。还需要几件东西，我回去再找。"馆爷停下了讲解，朝冬毅说："需要什么？你说。"说着起身走到北墙边，从桌子下面拖出一个工具箱说："锯子、榔头、钉子都有。"冬毅很兴奋，好像忘记了拘束，脱口说："一块木板，五合板最好；一块泡沫塑料板。"夏莹、春妮和秋成连忙去院子里找了来。

平时，冬毅在家里就做了不少本来大人才做的事情，所以，锯木板、钉钉子都还顺手。不大工夫，一个模型键盘就做好了。冬毅直起腰来，顺手用袖口抹了一下额上的汗水。夏莹顺势拿起来给馆爷看。

一块和标准键盘一样大小的木板，上面放一块薄薄的泡沫塑料，键位图用胶带粘在塑料板上，外面裹一层透明的塑料。木板下面靠一边还钉着一根木条，放在平面上稍呈坡度。除了白色之外，活像一个没有拆封的键盘。

馆爷惊奇地看着，满意地点点头。顺手取出两根大头针，分别插在 F 键和 J 键上。夏莹拍着手说："爷爷给键盘开光，不，是点睛了。哈哈。"老先生却认真地说："这样，盲打时便于两个食指感知定位。"秋成迫不及待地试了试，叫道："软乎乎的，还真的不错耶。哥儿们，真有你的！"春妮却在一旁问道："这玩意儿怎么用啊，又没有电线？"馆爷笑笑说："当然它不如真的键盘，但是随时拿来练习指法还是可以的。"

关先生迟疑了一下，心里想：看来让小家伙们知道一些设备的大致原理还是有好处的。于是，坐下来转向机器对他们说："输入设备是人和计算机打交道最常用的设备。哦，顺便说一下：以后也会常听到一个词'交互'，就是用户与计算机的信息交换过程。键盘常用来键入命令、数据，回答机器的提示等。所以，熟练使用键盘是使用计算机的基本功。

"真正的键盘是个相当复杂的机械和电子结合的设备。大致原理是：当按下一个键时，键盘就发出一串数字脉冲，并传给计算机。计算机除了接收这个符号外，还把刚接收的符号显示在屏幕上，而且光标跟着移动。"

夏莹把手指放在唇边沉思着，听着听着忍不住低声问道："还有其他输入设备吗？"

"有，而且许多。第二个常用的输入设备当数鼠标了。"馆爷一边答话一边拿着鼠标继续说，"鼠标，你们早见过了。很有意思，英文名称就叫'mouse'，'老鼠'的意思，'鼠标'正是由此得名的。其实，鼠标有个学名叫'显示系统纵横位置指示器'，很科学的，只是长了些。当我们握着这只'老鼠'在平面上滑动时，屏幕上的光标也跟着沿相同方向移动。这样就可以快速地把光标移到需要的位置，比用键盘上的键移动光标快多了。这也正是鼠标发明的意义所在——它改变了人们使用计算机的方式！"

关先生又抬起手来指着鼠标说："'老鼠'的背上有两个按钮，中间还有个小轮子。操作按钮可选择菜单、命令和文件，能减少打键次数，简化操作过程。在一些绘图程序中，还可以用鼠标画线、画一些简单的图形，像笔一样方便。滚动轮子则能使文档上下移动。"

春妮看得入神，并一直在想："为什么鼠标在桌面上动，指针就能在屏幕上跟着动呢？"趁馆爷抬手的时候，她忍不住把鼠标翻转过来仔细地看着。馆爷笑笑说："看来，春妮是想知道鼠标的'所以然'了。呵呵。"春妮点点头。

馆爷拿起鼠标给大家看："鼠标从结构上分为两类：机械式和光电式。机械式鼠标底部有个橡胶小球，当鼠标在平面上移动时，通过小球把移动的方向、速度等信号传给计算机，进而控制屏幕上的指针移动。这种鼠标早年用得多些。

"近些年多用光电式鼠标。当鼠标在平板上移动时，'老鼠'腹部的光源发出的光，经反射后转换成控制光标移动的信号。现在还有一种无线鼠标，无须与主机用导线相连，用无线电发射的方式传递信号，用着更方便了。"

秋成一直认真地听着，理解了鼠标的主要目的是把移动信号和光标的移动联系起来。他突然十分兴奋地说："现在的鼠标是'指向哪里，打向哪里'，将来我要发明个鼠标——'看'向哪里，打向哪里！嘻嘻。"春妮一听不以为然地说道："怎么着啊，从你头上连一根导线到机器上吗？"秋成却说："无线的！把鼠标戴在眼睛上，目光看到哪里，光标就移到哪里。因为，眼睛部位的肌肉在移动目光时一定有所变化，就可以设法将这些变化转换成控制光标的信号。哈哈，有理否？"一直没有说话的冬毅也接话道："甭说，还真有点儿道理呢。不过，不能把按钮也放在头上吧？"夏莹立刻解释说："哪里。那好办，从鬓角上垂下一条导线，安上按钮就是了。只是秋成先生要变成秋成姑娘了——一条辫子的姑娘。哈哈！"

一阵笑声过后，馆爷语重心长地说："想象往往是发明的前奏。所以说'异想天开'有时也是褒义的。只要树雄心、有毅力，就可能成功！——何当尔等发明就，庆功勿忘告乃翁。"

小朋友们依稀记得"告乃翁"出自著名爱国诗人陆游的《示儿》，不禁有点儿伤感。春妮马上拉着关老先生的袖子说："爷爷，您健康、平和，会长命百岁的，一定能看到他们的非凡成就的！还要您再给我们讲一百年故事呢。"

"啊——哈哈！那就再说一些。"关老先生轻轻地做了两个扩胸动作，说，"键盘和鼠标是微机上不可缺少的输入设备，其他的如触摸屏、光笔、麦克风、条码阅读器、扫描仪，还有数码相机等，是根据不同用途选用的输入设备。"

夏莹抢先要求："那就先说说条码阅读器吧，在超市里、邮局里常见到。那个阿姨拿着那玩意儿，随便一晃，'嘀'的一声，立刻就告诉我交多少钱。真神了。"馆爷点点头，便又讲了起来：

"条码阅读器有手持和台上嵌入式两种。处理的物品需要贴上条形码，也叫条码。所谓条形码是将多个不同宽度的黑条和空白（白条），按一定的编码规则排列，用以表示一组信息的图形标识符。像物品的出产国度、制造厂家、商品名称、生产日期、商品价格、图书分类号、邮件起止地点等许多信息，都可以用条形码标出。

"工作时，条码阅读器发射激光束，因条码黑白反差较大，光敏检测部件可以识别不同的条纹，然后转换成计算机可以理解的代码，就像从键盘上输入的一样，信息管理系统就可以根据物品代码检索物品的相关信息了。"

"怪不得收银员算账那么快呢，原来是计算机算的呀！"夏莹说着又转身问秋成，"常去超市买零食吧？"秋成没有作声，只是伏在桌子上，一手托着下巴一动也不动。夏莹没好气地推了他一下叫道："秋成！在想什么呢？不会是又想发明个新的条码阅读器吧。"秋成这才抬起头来，朝着夏莹一笑说："对不起，我在琢磨一个问题。"冬毅看着秋成说："说来听听，什么高见？"秋成从书包里摸出一支圆珠笔，在桌子上找了一张纸，环视一下大家认真地说："你们看啊，假设一箱牛奶 26.00 元，贴有对应的条码，从左向右读自然没问题，如果收银员不小心从右向左扫了一把，不就变成 0.62 元了吗？同样，千儿八百的东西，只要扫错方向，都不会超过一块钱的。是不……"三个小朋友先是一愣，然后齐声惊叫："哎！真的耶！"夏莹嘴快，就说："刚才琢磨半天，是不是打算一会儿去花六毛二分钱买箱牛奶，然后再花几毛钱抱台电视回家呀？哈哈！"冬毅一边挠着头，一边半信半疑说："会——，会那样算吗？""才不会呢！"春妮抿着小嘴故意打岔说："人家秋成一定会放下一块钱，抱起电视就走，还像大款一样大气，回头说：'甭找了！腾不出手来。'"逗得连馆爷也哈哈大笑起来。秋成顾不得解释他发现的问题，只是连忙说："咱，共青团员怎么会那样没觉悟呢。是觉着应该提醒一下超市领导嘛。"

馆爷双手轻轻地摸摸秋成的头说："这个问题看似幼稚，实际上还是很深入的。他理解了条码阅读器的机理。当然，不会出现那样的错误，要不，超市早就赔得底朝天了。也许设计条码时就考虑了这个问题，条码的两端分别设有起始码和终止码，而且两者差异明显。所以条码阅读器既可以从左向右扫描，也可以反向扫描，即使反向扫描也能方便地调整成正确的顺序。"

夏莹又朝秋成调侃道："哈哈，这下秋成的'阴谋'无法得逞了。"

听讲，嬉笑，争论，不知不觉天色已晚。谢罢馆爷，冬毅和小朋友们在大门外告别。秋成对匆匆往回走的冬毅大声叫道："别忘了，有空也给我做个键盘。""好！左撇子的？"冬毅转身高兴地朝他们挥了挥手，快步去了。

这正是：

曲指挺腰平前臂，十指分工记仔细。

不瞄键盘看屏幕，讲究节奏戒心急。

在回家的路上，夏莹带着几分神秘小声告诉春妮，关爷爷好像在写小说，标题是《梦回昆阳》。秋成凑过来说："下次请爷爷让我们看看，享受一下先睹为快。"不料那一看，几颗年轻的心又被重重地震撼了一次。

欲知后事如何，且看下回分解。

第六回
小黑岗竹笔惊师，四姊妹斗室争光

　　这天夏莹、春妮、秋成三人又来见馆爷。没等他们开口，馆爷就夸起冬毅来：自制键盘模型不只是心灵手巧，更可贵的是自力更生克服困难的精神；然后还颇为动情地说："小时候，也遇到过一件类似的事情，呵呵，至今难忘。"聪明的夏莹，趁势插话："爷爷，那就给我们讲讲那个故事吧。"春妮却忍不住说："咳，不是说好了，求爷爷给看他的小说吗？"

　　馆爷哈哈地笑了起来："还是春妮姑娘坦诚。赞一个。哈哈！"说罢就打开了机器。三个小朋友立刻围到桌子前面。

　　澧河缓缓地流出伏牛山后，竟变成了两种地貌的分界。南边是一片不大的平原，北边却是一个蜿蜒起伏的丘陵，当地人都叫它北岗。岗上散落着许多大大小小的村庄，小黑岗就出生在其中的李岗庄。这村子的最大特点就是平凡，除了村南头两棵大柿树外，再没有值得炫耀的地方。

　　父亲体弱多病，虽读过几天私塾，却并没什么文化，属于那种人口统计时让人为难的一类——既非文盲又没有符合国标的学历。他不甘让心爱的儿子叫"二蛋""狗剩"之类的名字，可又想不出高雅的大号，于是取名"黑岗"。当地人以"黑"为健壮之色，"岗"则是他最熟悉的生活背景，或许内心深处还有一种希望：儿子能壮实成长，将来在岗上给他争些名气。

　　这年黑岗六岁，爹娘就决定送他上学，没有多想供养学生对他们来说会有多么困难。母亲用家织布缝了个书包，还学着时兴的样子，在外侧加了个小兜儿。她不知道"大白兔奶糖"，更没见过巧克力，那兜儿就是为装一块烤红薯设计的。黑岗的衣服，自然是几天前就洗得干干净净了。

开学了，上课了，黑岗高兴极了。第一天就跟着老师学会了10以内的加减法。

第二天，坐在教室后面的二年级上完了课，老师走回讲台，开始检查一年级的作业。"张宝贵，作业做了吗？"宝贵站起来，把作业本举得老高说："做完了，老师。""李耀祖。"听到老师叫，耀祖答应着："嗯。"却漫不经心地坐在那里说："夜儿个（昨天），俺娘带我去瓜园里吃瓜了。没，没做作业。"老师看看那孩子，慢慢地说："上学了，以后老师叫你，要站起来。记住了，这是规矩。"

"李黑岗。"老师接着叫道。黑岗怯生生地站起来，没说话。"你是不是也去吃瓜了？"见他连手都是空的，老师就笑着问。"没，没。"小黑岗支吾着，"没笔。"

老师脸上的笑容一下子消失了，严肃地对大家说："明天，都要交作业。上学了，按时交作业是规矩。"老师三句话中两次说到"上学了"，还有那些"规矩"……小黑岗感到心里沉甸甸的——现在连笔都没有，明天怎么交作业呢？想着想着，竟忘记了坐下。突然"啪啪"两声轻响，把黑岗漫无目标的目光吸引到了堂桌上：老师用作业本轻轻地掸掉桌面上的粉笔末，然后坐下，从墨水瓶里抽出蘸笔批起作业来。笔！老师拿着的好像是一根小木棍，下面有个笔尖，蘸上墨水就能写字。黑岗的眼睛一下子亮了——原来如此！对了，过年时大人写对联用的毛笔不也是在一根细棍上弄个毛毛的笔尖吗？

傍晚，刚回到家里，母亲就从里屋迎了出来："岗儿，你看这是啥？墨水！"她小心翼翼地拿着一个小瓶子，说："两个鸡蛋呢！换这一包颜色，刚用热水冲好。"小黑岗并没有太高兴，只是摸了摸那还有余热的墨水瓶，又轻轻放在案板上。母亲知道，孩子上学了，也该有一支钢笔，可自来水笔是稀罕物件，值几升小麦的。她叹了一口气，就去准备晚饭了。

黑岗还在想着老师蘸笔的样子：小棍、笔尖。他突然跑出门外，从靠在墙角的扫帚上抽出一根小竹棍，放在案板上，用菜刀截下一段；然后小心地削出尖来，蘸上墨水，急忙在案板上画了几下。嘿，还真的画出道道来了，只是笔画好粗啊。正高兴着，突然，一个好大的墨点流在了案板上。原来，竹管里的墨水毫无阻挡，一停就都流了下来。他好心疼——这些墨水本来可以写不少字呢。

小黑岗沮丧地看着那支对其充满期望的竹笔，心里暗想："咋不中哩？"

啊，对了！这样试试。于是，他从母亲纺车旁的小筐里，扯下一点儿棉花，在手心里团了团，轻轻地塞进竹管，又蘸上墨水，再试。啊，成了！竹笔不再滴墨水了，笔画也不像刚才那样粗得讨厌了，颇有点均匀样子哩。"娘，娘，我有笔了，笔！"小黑岗不顾两手的墨迹，连声地叫着。

母亲忙走进屋来，见黑岗从针线筐里翻出一张白纸，正要往上画，连忙说："不中，不中。傻孩子，那是给你二审剪的鞋样儿。"黑岗很不情愿地把纸递给母亲，嘟囔着："没纸还是不能写作业呀。"母亲突然迟疑起来，像没有看见黑岗递过来的纸一样，竟没有去接那张鞋样儿。她环顾着这徒壁之室，最后含泪的目光停在了北墙正中一张老龄的桌子上：一只"退役"却被"提拔重用"做香炉的破碗旁边有几张黄纸。那原本是敬神用的，无论穷富、多少，各家都要备些的。黑岗有些吃惊地看着母亲，小心地问："可以吗？"母亲慢慢地走过去，颇显强壮的身躯下，两只缠过的小脚，踏出了沉重的声响。"都穷成这样儿了，神也该知道的！"嘴里低声说着，小心地拿出两张来，又放在案板上，用菜刀裁好，递给黑岗说："先用这写吧，等几天，咱那紫花母鸡再下蛋，娘给你买本儿。"

第三天，真的交作业了。小朋友们一个接一个把作业本放到堂桌上。浅绿色的，淡红色的，本皮儿上有的印着小人儿，有的还有长颈鹿。小黑岗羡慕得真想伸手摸摸。老师不断地翻看着，一会儿点头，一会儿摇头。

"张宝贵，伸出手来。5＋2，数数是几个。"老师拉过宝贵笑着说。"7个。"宝贵不好意思地说。老师指着作业本说："你得8，错了。"在一边看热闹的大个儿，二年级的，大声笑着说："一定是他爹教的。先借给俺家5块钱，后来又借给2块，没多久就要俺爹还他8块。利息！哈哈！"

轮到黑岗了，他把写着作业的黄纸放下转身就走，生怕那大个儿也取笑自己。"李黑岗，"老师看着那奇怪的"作业本"上粗得出奇且差不多洇过背面的笔画，脸上先是生出一丝好笑，很快又变成了不悦，"回来。这是你的——作业？——狗爬叉！"说着，没好气地把手中的本子扔在了桌面上，竟把小黑岗刚放下的两张黄纸扇出了桌子，慢慢地向下飘落。多事的大个儿，伸手接住一看，又大笑起来："哈哈！这小子还真会尊敬老师呀。这是敬神用的黄纸！"说着就放在了老师面前。敬神？老师有些好奇，拿过来仔细看了看。笔画虽然很粗，但能看出写得相当认真，十来个题目，无一差错。尤其最后一题"4＋7"，是自己有意出的，故意超出10的范围。这么些孩子，没几个算对的。看着看着，老师平静下来，慢慢地转向黑岗问："用什么写的？不要这么粗嘛。"黑岗来不及回答，赶紧回到座位取来那支笔，惴惴地交给老师。

"小竹棍儿！竟然是……"老师心里一惊，立即蘸上墨水，在自己的教案上试了几下。竹笔！过了好一阵老师才轻声地问："你爹做的？是木匠？""不，我做的。"没等小黑岗再说下去，老师就走下讲台，一脸爱怜，摸着他的头说："先用这写吧，等几天……"

几天后。堂桌上经常放着一摞作业本，总有一本很显眼：格外的厚度，特殊的封皮——是农家做鞋用的袼褙，一侧用线规规矩矩地订好，活像一册古本线装书。——黑岗的作业本。那是用老师搜集的学生用过的考卷，黑岗母亲订成的。夹在五颜六色的本子中，就像瑞蚨祥绸缎庄里许多绸缎匹中夹着的一捆家织布，既显眼又别致。

"自习"，小黑岗上学没几天就学到了这个新词。但还是到他成人之后才知道那"自"字在不同的年代和地域却有着天壤之别。

由于一个教室里坐着两个年级的学生，当老师给一个年级的学生讲课时，另一个年级的学生就被自习了。如果遇到雨天，那唯一的一两个"照明设备"——用白纸糊起来的窗户，功能也立刻下降，屋子里暗得只能模糊地看到课本封面上的"语文"或"算术"，只好老早就放学，孩子们也彻底地"自习"了。

离开了学校，有不认识的字，哈哈，那只好"自猜"了。因为家里爹娘大都只认识一个字，就是各自的姓。奶奶资历最深，可以认识三个字——自家的姓、娘家的姓，再加一个"氏"字。比如二叔家的奶奶，正式场合就称她"李王氏"。村里倒有个认些字的老头儿，可他当过保长，大人们都唯恐避之不及，小孩子也不能为学一两个字而落个立场不坚定。更糟糕的是，看书常要自己找亮儿。

20世纪50年代初，像李岗这样的小村子，大多数人还不知道电灯究竟有多亮。本分得很少出远门的叔叔大爷们，也只是在开会时，抽着旱烟袋漫不经心地听干部讲过将来的"电灯，电话，洋犁，洋耙"。后来，把祖传的浑身油腻的菜油灯换成煤油灯，就是家里数得着的一项大进步，油钱自然也要作为一项重要开支严格控制的。至于那种带玻璃灯罩颇有点儿精致的煤油灯，简直就是奢侈品，只有国家干部和像样的学校里的老师等公家人才敢用的。但是，母亲从来不怕黑岗看书费油，宁可自己摸黑纺线。好在家里还有一只很友好的紫花母鸡，鸡蛋就成了灯油脆弱的动脉。

入冬后，西边那座山老早就把太阳挡住了。还没吃晚饭，天就暗下来了。二婶家的二姐和三弟要做作业，就点亮了小油灯。二叔回来，还没有放下锄头，就不高兴地说："这么早就点灯，多费油啊！不懂事。"二姐只好听话地吹灭了油灯。

　　晚饭后，终于点亮了那盏唯一可以给孩子们带来光明的油灯。二姐和三弟分别跪在桌子两边的椅子上，抢占了有利地势；四妹站在桌子的对面，脚下还垫了个木墩儿，在桌面上玩儿着她的小石子。东西两边的墙上映出几颗硕大的人头，当大家在争夺桌面地盘时，墙上就成了黑白电影。二叔只好凭着高度在外层摆弄着他的记工本，还不断地调整角度，以便充分地利用那从缝隙中射出的光线。

　　由于入冬以来黑岗家的紫花母鸡的产蛋量直线下滑，煤油资金链终于断裂了。那天晚上，点了几次都很快又熄灭了的煤油灯，再也没有亮起来。母亲只好说："岗儿，去给你二审送鞋样儿吧，她家会有灯点的。"来到二婶家，黑岗把鞋样儿交给婶子，并没有马上离开。二叔好像看出了什么，就主动招呼："黑岗，到有亮儿的地方来。"说着，自己离开了桌子。黑岗便不好意思地挤到桌子正面，小心地把本子放在桌面一小块空地儿上。四妹毫不客气地伸出胳膊，做出要保护地盘的架势。二姐则推开四妹的胳膊说："别闹，哥哥也要做作业的。你忘了哥哥常跟你玩儿了？"于是，墙上的黑白电影内容又丰富了一些。

　　和黑岗的母亲一样，二婶从不轻易说孩子们。她的纺车放在西墙根下，小小煤油灯的光线，从几个孩子的夹缝中穿过，长途跋涉到她那里，已经昏暗得几乎看不清那细长的锭子了。婶子右手轻轻地摇着纺车，左手有节奏地上扬、下落，竟能熟练、准确地纺线。即使棉纱偶尔断了，也能在近乎黑暗中熟练地接好。只有在缝补衣服时，才躲在孩子们身后，借着夹缝中射出的光慢慢地做着。

　　二叔抽着他那心爱的袖珍型旱烟袋，在东墙根下慢慢地来回走着。突然充满信心地说："将来一定给孩子们买个大灯泡，像猪尿脬那样大。"那神情丝毫不亚于市长宣读城市规划。二婶连手中的纺车也没停，顺口讥讽地说："一个工分几分钱，点上您那猪尿脬电灯，不知要到猴年马月呢！""只要孩子们能念中学、上大学，拼上我这把老骨头也要买，好让他们给祖上争光啊！"二叔说这话时，简直就是市长宣誓就职了。

　　二叔的猪尿脬灯泡计划似乎给孩子们带来了光明和希望，一张张小脸上泛起了模糊的幸福憧憬。小黑岗的心里也似乎出现了一条初中、高中……朦朦胧胧的求学人生路。

　　那年夏天的一个上午，老师发完期末考试卷子，没有像往常那样批评哪个孩子错得太多，指点哪道题应该怎么做等。停了一阵，很高兴地说："四年级的同学们，你们毕业了！秋天都可以到富安高小去上学了。那里的教室比咱这里亮多了，还有课桌、板凳。"

小黑岗第一次知道，原来"毕业"是可以到另一个更好的学校去上学的意思，心里好一阵高兴。大个儿由于留了一级也和黑岗一起毕业了，除了个儿头更高，还学会了自嘲："毕业了。呵呵，上了五年学，连课桌是什么样子都不知道。唉，这学上的！"旁边的狗剩却说："你够占便宜了，个子大，一直坐在后排的位子上。那根木头最宽了！"黑岗他们用了几年的"课桌"，虽参差不齐却是一样的体系结构：将树干从头到尾锯成两半，平面朝上，下面用土坯垒成的三个垛子支撑着。多少年来，多少个孩子用他们的衣袖和胳膊把那平面磨得溜光发亮。还真是的，大个儿的位子是棵大树干，又赶上是根部的，的确宽得有些超标，难怪狗剩不服气。

"还有呢！前几天，学区领导亲自抱来一台留声机，给咱们学校唱了半天，你也赶上听了。"旁边的一个小同学接过话说，"听老师说，是因为咱们学校统考成绩进了前三名，领导特意来给颁奖的！多少年就这么一次呢。"大个儿却说："后来呢，不是又拿走了吗？"狗剩又带着不屑的口气说："当然要拿走的。你懂什么，只有获大奖的学校才有机会听半天的。给你留下了，别的学校怎么办？"

小黑岗收拾好书包走出了教室，看见老师在隔壁的小屋里不紧不慢地拉着风箱，做午饭。风箱"扑嗒、扑嗒"地响着，老师蹲在灶前耐心地往里面送着柴草……

那老师姓牛。他该姓牛！因为他的确像头牛一样，在教育战线的末梢吃力却又认真地拉着车。

那是小黑岗的第一个老师，正是他把小黑岗带上了求学的长路。小黑岗成人了，那刻在记忆中"扑嗒、扑嗒"的风箱声和牛老师的笑容还一直很清晰，很清晰。

这正是：
茅屋孩提多朦胧，柴灶老师一盏灯。
一字一歌褒和贬，一生一世败与成。

夏莹她们一口气读完了那个故事，既感动又疑惑。回家的路上，春妮和夏莹不时地争论：怎么会有那样的一群孩子，怎么会在那样艰苦的条件下读书？秋成却在想：冬毅做了个键盘模型，小黑岗做了支竹笔，自己好像应该组装一台电脑。对，应该先弄清计算机内的部件和结构。于是他冥思苦想，竟真想成梦了。

欲知后事如何，且看下回分解。

第七回
优盘失意昆阳夜，秋成梦游电脑城

话说这天早上，冬毅在校门口遇到秋成，就紧走两步对他说："者也先生早。下午课外活动，张老师要我去帮他给实验室的机器除尘。你们愿意去吗？——可以看看机器里面的东西呢！""中。机会难得呀！我也叫上夏莹她们，可以吗？"冬毅点点头，各自急忙朝教室走去。

下午，昆阳中学微机实验室里。张老师指着几台计算机说："微机虽然不像大型机、小型机那样对运行环境要求很高，但日常维护保养还是十分必要的，就像注意个人卫生有利于健康一样。""也要洗澡吗？"秋成好像忘记了是在老师这里，调皮地低声问道。张老师抬头看看这个身材瘦小、文质彬彬的小家伙，一副黑框眼镜后面两只眼睛里透着些冷幽默，笑笑说："要洗也是'干洗'。"他又指着桌面说："螺丝刀、电吹风、皮老虎、刷子——哈哈，美术老师画国画用过的旧笔，这些是要用的工具。镊子、清洗液和棉球，用来擦去插槽里的脏东西。"

说罢，张老师在机箱顶部的两个按钮上用力一按，然后小心地打开机箱说："咱们今天的任务是，给机箱和里面的主要部件除尘。先用毛笔轻轻地刷去器件表面的灰尘，然后用皮老虎吹干净。操作前，请你们都摸一下地板、门把手之类的东西，目的是去掉身上的静电。因为机器内部的许多部件，尤其是一些芯片，接触时静电有可能对它们造成损坏。最后用拧干的湿抹布把机器外面擦干净。"

"当然。要先关闭计算机，拔掉电源。"最后，老师又用严肃的口气强调。

同学们听罢，照着老师的交代认真地做了起来。擦的擦，吹的吹，小心得像摆弄祖传的玉器一般。夏莹还小心地把键盘翻转过来，轻轻地敲打。一会儿，不少细小的杂物颗粒和灰尘落在桌面上，有的竟是瓜子皮。身边的冬毅一看大吃一惊，禁不住"啊"了一声。夏莹得意地笑笑说："键盘底座与按键之间都有较大的间隙，是灰尘和杂物最容易侵入的地方，会影响击键。这样可以清除它们。"冬毅晃了一下大拇指认真地说："你还知道这些，老师也没说。不简单呢。"夏莹没有抬头，只轻轻地说："看到我表哥就这么做的。"

几台机器都清理完了，冬毅又把机箱盖子固定好。秋成却拿着螺丝刀站在那里若有所思，并没有合上机箱。冬毅走过来说："老兄，快点儿干，就剩这一台了。"秋成却小声说："能不能让张老师给讲讲微机的内部构造，正好打开了，机会难得呀！""小机灵鬼！"冬毅说着转身向老师看过去，夏莹也用期待的目光看着老师。张老师猜到了几个同学的心思，顺手从桌子上拿起一支铅笔走过来，拍拍秋成的脑袋说："你小子真聪明，这下你的劳务费和我的讲课费就两清了。哈哈！好，我来大概说说微机内部的构造，以后你们会有专门的课程。"

"这箱子里面是微机的主要部分，所以叫主机，也叫系统单元。从结构上不妨把它分为三层：芯片、主板和系统单元——这个箱子的整体。"老师用铅笔指着箱内的一些邮票大小的块状部件接着说，"这些是芯片。电脑，电脑，自然需要很多电路，它们大都做成了集成电路（Integrated Circuits，简称IC）。所谓集成电路是用特殊工艺将成千上万的晶体管、电阻、电容、连线等电路器件蚀刻在半导体晶片上制成的微小电路。一个或多个集成电路可以封装成一个芯片。不同的芯片具有不同的功能。"春妮听了不解地问："我看到过收音机里的三极管，也有黄豆大小，成千上万的三极管该铺满一个操场了，怎么能弄成那么小呢？"老师沉思了一下说："特殊工艺呀。这么说吧，IC里的连线做得比头发丝还要细许多呢。集成电路的设计与制造是高科技，说不定你们以后会学习这个专业呢。"夏莹点点头，小姑娘似乎正在想象怎样把集成电路做得更小。

张老师又拿铅笔在机箱里画了个圆圈说："你们看，这么多芯片，还有插槽和其他一些部件都装在这块板子上。这是微机里最大的也是最重要的一块电路板，叫作主板，也叫母板（mother board）。主板上安装的主要部件有处理器、内存、负责处理输入输出的芯片组和一些扩展槽等。此外，主板上还有蚀刻的电路，为芯片之间传送数据提供通道。"秋成附在冬毅耳边小声说："外国人还挺有人情味的，哈，把电路板都和母亲联系起来了。"冬毅轻声说："咱们国家的人也这样，好多人在发表论文时，致谢中都写'献给母亲'的。不过，这里的mother也许有对部件承载、呵护的意思吧。"

张老师又用铅笔轻轻地敲着机箱左上角的一个铁盒子说："这是电源，它把220V的交流电转换成5V、12V等不同的直流电，为微机提供动力。一般微机的耗电功率为150～200W。"

"这个角上的几个铁盒子是放辅助存储器的，辅存也叫外存。硬盘、软盘和光盘驱动器就放在这里。挺有意思的，英文书上称这些盒子为'bay'。我觉着翻译成'仓'……"没等老师说完，秋成就抢着说："'窝儿'，驱动器的'窝儿'。"夏莹看了他一眼说："土，而且掉渣儿。""也中，理解是对的。"张老师接着说，"为保护这些部件，把主板、驱动器、电源等安装在一个箱子内，这箱子就是刚才说的系统单元。系统单元后面还有一些接口，键盘、鼠标、麦克风、显示器、打印机等，它们放置在系统单元之外，通过电缆和接口与系统单元相连。"（见图7-1）。

"这就是微机的内部构造。"张老师看看墙上的钟表说，"好了。谢谢你们帮我给机器'洗澡'。"

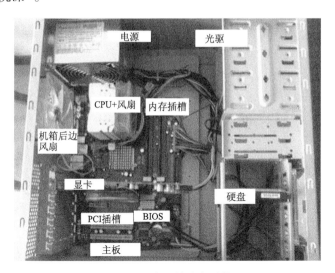

图7-1　主机的内部结构

回家的路上，夏莹等还在想着刚才看到的那些新鲜玩意儿，并不断争论着、想象着。夏莹拨动了一下车铃朝秋成说："者也先生，你说，数据就放在存储器里，为什么不自己处理而要送到处理器再处理呢？"秋成转过头说："分工呗。像面粉厂不做馒头一样。是不？""不一定吧。上次我们听那位研究生闫老师说到过存储器，今天张老师又说什么内存、外存、也是分工吗？"夏莹又说。秋成抬起手来习惯地摸摸头没说话。春妮却说："瞎琢磨个啥，下次问问馆爷不就得了。"

晚饭后，秋成赶紧回到自己里屋，做完作业就找出一本书翻看。不料，还没有弄明白什么是内存、外存呢，却又看到不少新词——CPU 啊、时钟啊、总线啊。不知不觉已是深夜，睡意阵阵，哈欠连连，头一低便俯在桌子上进入了梦乡。

此时，昆阳城东关商业大楼七层演示大厅的一个角落里也在演绎着一个梦的故事。

一只蓝色优盘在一个塑料垃圾筐里使劲地晃了晃身子，慢慢地爬了出来。"这是什么地方呀？我怎么会在这里？"优盘心里一惊。它定了定神，借着窗外射进的微光，认出这是白天主人讲演的地方，隔壁就是他的办公室。

蓝优盘心中暗想：主人找不到我一定很着急的，可我也不能就这么脏兮兮地去见他呀。于是它在一块儿纸巾上打了个滚儿，去掉了身上的水滴和茶叶，连忙向隔壁房间爬去。

隔壁房间，一个五十多岁的长者一边收拾东西一边说："小伙子又换优盘了？还挺高档的嘛。"年轻人漫不经心地说："啊，原来的那个，今天给客户介绍产品时不知道忘在哪儿了，就又买了这个。"窗外的优盘一眼认出那就是自己的主人，他正在聊天，机器的 USB 接口上插着一个崭新的优盘：修长的身材，鲜红的外衣，小巧玲珑，甚是俏丽。又见年长者提起书包说："找一找呀，那个优盘也跟你好几年了吧。"小伙子却有些不耐烦地说："咳，就是几十块钱的事儿，旧的不去新的不来。嘻嘻。"长者叹了一口气，拿起书包走了出去。蓝优盘听罢，不由得一阵心酸，两滴热泪立刻滚落在冰冷的身上。怎么这样！身子一软，瘫坐在窗台上。

过了好一阵，蓝优盘平静下来，心想：像这般不知爱惜朋友的家伙，不与他合作也罢。它还清晰地记得自己身上存有不少课件，里面有一些职业女性的影像，其中有一个好像是位年轻教师，形象清秀，着装得体，举止端庄，聪慧非常。不如将自己的气神附在她的影像之中，让她带着自己周游昆阳，遍历此地风土人情，岂不快哉？说时迟那时快，蓝优盘身子一抖，化作一位二十多岁的清秀女子，飘然升空而去。

俯瞰夜幕中的昆阳城，她感到那么的宁静、美丽。护城河环绕着老城区，像一条宽窄不一的淡色缎带围着孩子们搭起的积木群一样。东城河边上的魁星楼，彩灯画出的轮廓，绚丽壮观；十字路口旁的古县衙遗址，一群古典建筑配上门口的两只石狮子，威严雄伟；大街上走着穿着时髦的年轻人，青春洋溢。深厚的文化底蕴和强烈的现代气息交织在一起，使这个小县城充满了生机与和谐。

蓝优盘在夜空中漫无目的地转了两圈，感到有些无聊。因为平时在机器上，没事时不是跟着主人听音乐、看电影，就是看新闻，偶尔还能听到他们聊天的悄悄话儿。此时孤身一人，真想找个人聊聊，但要有共同语言的。于是她轻按云头，绕过楼群，来到一家大院子上空。

五间堂屋、东西厢房和南屋围成了一个方方正正的天井，南屋正中间门楼高耸，一看就是个殷实人家。堂屋里灯火通明，杂乱地坐着不少男女。优盘刚想向下飘落，突然听到屋里传出几声吵嚷。"那房子，还有存款，我要定了！"年轻的弟弟，声嘶力竭。"甭想，没门儿！"大哥不动声色，但斩钉截铁。"你们光知道分存款、要房子！是我照顾咱爹娘的！"好像是二姐哭着说。哈哈，原来是弟兄姊妹们在争房产。"没意思！"优盘心里狠狠地骂道，于是双脚一点，又向左边飘去。

西大街的北边，三间不起眼的房子，只有一个窗户亮着灯，窗下放着一辆半旧的自行车。从高处斜看屋里：一个小书架，一张小书桌，桌边上趴着个小伙子，上身穿着天蓝色校服。"嘻嘻，中学生，也许可以聊聊的。"优盘想着，便轻轻飘落在窗台上。"内存……还有外存？为什么……啊？……"听到那小伙子呓语连连，好像正在梦中和谁争论。"有意思。小家伙，我来与你理论理论吧。"优盘心中暗喜，一缩身飘进屋来，加入了那人的梦境。

此人正是梦中秋成。他感到有些动静，抬头一看，吃惊不小，见一年轻女子正微笑着走进屋来，不由得警觉地问道："你是何人，来此有何见教？""呵，小朋友，还文绉绉的呢。学文科的？"蓝优盘笑着反问。秋成仔细一看，来者上身淡蓝制服，下身褐色长裙，年轻清秀，端庄大方，笑容可掬，不像歹人，便简单答道："只是喜欢文学。"蓝优盘站定，很认真地说："实言相告，我本是一只优盘，因不满主人冷遇，流落到此。刚才听到你在说微机部件，正好我身上也有些关于微机的课件，就想与你交流交流，一来切磋知识，二来打发孤独。如若不便，我便离去。""冷遇？"秋成脱口问道。蓝优盘便把主人丢失自己，并不寻找就又换了新的，前前后后说了一遍。秋成听罢，颇感愤慨，自然生出些许同情，又听她说熟知微机，便站起来说："请坐。我正有不少疑问，愿意请教。刚才如有失礼，敬请海涵。"

优盘坐在了屋里那把唯一的椅子上，秋成后退两步面对她站着，过了一会儿主动搭话："鄙人秋成，昆阳中学学生。请问姑娘芳名？"优盘觉着好笑，心里暗想："小小年纪，之乎者也，倒是可爱。"便学着他的口气说："在下，小辈无名，权且叫我'课件'吧。"末了，优盘又不由得长叹一声："咳！如今落得无家可归，叫什么名字已经无所谓了。"

听到这里，秋成顿时又生同情，低声说："看来你还是忘不了你的主人。虽然……""课件"痛苦地摇摇头："还有那台联想电脑老兄，——毕竟相伴多年了。"为了冲淡"课件"的忧伤，秋成半开玩笑地说："常听人们唱歌'给我一杯忘情水'，还有孟婆汤什么的，喝了可以忘记过去。可谁也没说在哪儿能买到。"这么一说，"课件"也听出了秋成的好意，心情也好多了："那倒不必。如果想彻底忘记过去，格式化一下就是了。不过不是忘不了那个主人，而是不愿失去我身上的许多资料。"

"课件"又微笑着看了看秋成说："聊会儿，微机的？"秋成点点头。"课件"便从口袋里掏出自己的本体———只精致的天蓝色优盘，熟练地插在机器前面的USB接口中，放起了课件。讲了一会儿，秋成习惯性地举了举手说："老师，好像这里介绍产品的多些，什么性价比呀、与其他同类产品的比较呀，原理却少了点儿。""课件"有些不好意思，低声说："是的。忘了，那家伙本来就是搞推销的。"稍微停顿一下又说："要不，我带你到机器里面看看它们是怎么工作的，好不好？""好哇！"秋成听到要去机器里面看看，不假思索地答应着，转念一想又犹豫起来，说，"你是课件程序，进到机器里顺理成章。可我……这百十来斤的身子，怎么能塞进去呢？"

"课件"听罢胸有成竹地说："当然可以。你听说过计算机技术中有一种叫作'模数转换'吗？"秋成连忙摆手说："不行，不行。魔术都是假的，视觉错觉而已。""哈哈，你错了。不是'魔术'是'模数'。""课件"赶紧解释说，"模者，模拟也，指的是一类物理的信息形式，比如声音、动作、压力等都是模拟信号；数者，数字也，计算机里用的就是数字信号。模数转换是把一种模拟的信息形式转换成相应的数字表示。咱把你的灵魂转换成数字，不就可以进入计算机了吗。"秋成睁大眼睛说："不懂。你不是要把我变成一堆0、1，跟你一起进入机器吧？""课件"微微一笑，点点头。秋成还是不放心，又问道："那怎么变回来呀?！我可不愿意永远变成一堆0、1的。那样还怎么见爸爸呀，还有春妮和夏莹。""课件"镇定自若，说："你想呀，既然能模数转换，就能数模转换，过程相反呀，再把你变回来就是了。"

秋成大概明白了意思，突然附到"课件"耳边小声说："哎，'课件'姐姐。

变回来的时候，能不能把我的眼睛弄得大些——浓眉大眼那种？"“课件”稍加思索，摇摇头说："我没有那转换程序的源代码呀，不好办。况且，这也涉及版权、肖像权等诸多法律问题，弄不好，你爸妈会告我的。不行，不行。"

秋成只好作罢，但到机器里面游览一番的确相当诱人，于是就半信半疑地点了点头。"课件"让他闭上眼睛，又从提包中取出一个仪器。秋成悄悄眯着眼偷看，但见"课件"在面板上倩指飞点，然后拉着他的手叫了一声："别怕。走你——"秋成只觉得身上一阵异样的感觉，自己慢慢变软、变细、变轻，不由自主地随着"课件"飘了起来，随之耳边风声阵阵，眼前流星颗颗。过了一会儿，转头再看"课件"：马尾型的秀发向后飘飞，使她的颈项更显细长而匀称；上身制服紧贴在胸前，下身紧腰长裙在风中飘摆，身材更显修长和苗条，活像日历上的嫦娥奔月。"这优盘真美！"秋成心中暗自惊诧，很快就忘记了害怕。

过了一会儿，"课件"和秋成轻落在地，眼前出现一座城池。城门上嵌着几个大字"电脑城"，下面还有英文"Computer City"。秋成心想：挺现代的，还有英文名字呢。便好奇地跟着"课件"走了进去。

城里建筑很多，形状各异，错落有致。有些像楼房，却没有门窗；有些像大型体育馆，却没有出入通道。街道很多，直的斜的都有；路面一色金黄，闪闪发光，富丽堂皇。更奇怪的是，大街上一片沉寂，没人，没车，没声音。秋成十分纳闷，禁不住弯腰要摸一下那金黄的路面。不料"课件"轻轻地扯了他一下说："别动。"说着一跃而起，飘上了一座银灰色大楼的顶上。

"这里可以看到整个城区。"“课件"站好，指着旁边那个最大的方形建筑说，"那是电源，对面几个是……"秋成接话说："硬盘、软驱和光驱，对吧？"“课件"笑笑说："行啊，小弟，还挺内行的嘛。"“不好意思，就知道这些，还是昨天刚听老师说的。"

"你看下面。"“课件"指着地面说，"很有意思，这个城区的地基实际上是一块大的纤维印刷电路板，人们叫它主板。所有的建筑都焊接在这块板子上，或者插在板上的插槽中。像那些方方正正的建筑是芯片，有些就是插在插槽里的（见图7-2）。听说人类也在改变建筑习惯，可以把整个大楼移动到另一个地方去，不再炸掉了。"

"课件"递给秋成一个像望远镜一样的东西说："戴上，示波望远镜，一款把示波器和望远镜集成在一起的新产品。有了它肉眼凡胎也能看清远处的东西，还可以看到电路上的波形。"

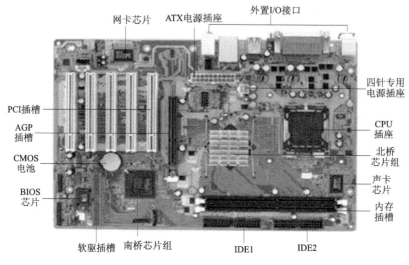

网卡芯片　　ATX电源插座　　外置I/O接口

四针专用
电源插座

PCI插槽

AGP
插槽

CPU
插座

CMOS
电池

北桥
芯片组

BIOS
芯片

声卡
芯片

内存
插槽

软驱插槽　南桥芯片组　　IDE1　　　IDE2

图 7 - 2　主板结构图

　　秋成戴上，眼前一亮，好一片奇妙的景象。宽敞的街道上并排铺着许多金黄色的线条，有的竟有几十条之多，酷似高速公路上的车道。黄色车道上飞快地跑着一些怪物。高个儿的像两脚着地的订书钉，矮个儿的却像趴在地上的一条短线。它们像短跑比赛一样，一起向前冲去，快得惊人，只是始终都排得整整齐齐，似乎不计较名次似的。接着又是一拨，同样是同时起跑，并排冲刺。看着看着，秋成禁不住不解地说："这个城市真是富足，连马路都是金光大道。只是赛跑总没有先后名次，不够刺激。"

　　"课件"听了咯咯地笑着说："电脑城里的马路叫总线，它们是各个部件之间传送信号的通道。那些怪物就是信号，学名叫脉冲，高个儿的表示 1，矮个儿的表示 0。这个城里就是这两个家族，每个 0 或者 1 就是一个位，也叫比特。8位叫作一个字节。

　　"铺设在城区内的总线叫系统总线，负责连接 CPU 和主板上的其他部件；还有外部总线，它们把城外的一些设备，像打印机、键盘、鼠标连接到系统单元上。至于你看到的那些信号怪物，不是在赛跑，而是在传送，所以同时起跑、同时到达。

　　"那马路上的车道数目，叫总线的宽度，以位度量，比如总线宽 8 位、16 位、32 位或更多。另外，每秒钟怪物'起跑'的次数，叫总线的工作频率，记作MHz——兆赫兹，多快耶！自然，总线越宽，频率越高，传送信号的速度就越快。"

　　"有地铁吗？"秋成带着点儿调侃的口气问道。不料"课件"立即答道："当然。一般的主板都有四层，甚至六层。你看，有的道路延伸不远就在一个圆洞处停下，那圆洞就是地铁入口。还有高架路呢，空中那几条就是电源、硬盘、光驱、软驱到主板的通道。"

"课件"又很认真地说："微机采用总线结构有许多好处，最主要的是便于扩充和升级。你看，这个楼右边就有好几个插槽，那叫扩展槽。现在只有一个插件板——那座很薄的小楼一样的东西。如果需要扩充功能，插上相应的板卡即可。同样，这楼的前面是内存插槽，如果想增加内存容量，再插上一个内存条就是了。还有，脚下这个楼里的 CPU 芯片，拔下来换上新的就可以升级了。拔下的芯片还可以用在别处。这一点儿，比你们人类的做法要科学：为了新的规划，把旧房子生生地炸掉，造成了不少'短命建筑'，我看着都可惜！"

看着秋成似懂非懂地点着头，"课件"就逗他说："想家了？一会儿我们就回去。"秋成摇摇头说："不，难得来看看。挺好玩儿的。""课件"拉着秋成向后转过身来，指着城边上一些金属小屋说："那儿是电脑城的城门，等会儿咱们就从那里出去。那些不同形状的小屋叫接口或连接器。像打印机、键盘、鼠标、耳麦等就是通过它们连接到机器上的，通常固定在机箱的后面，有些也可能在机箱前面。以后你会发现，连接器分为阴型和阳型两种，两个相匹配的连接器的插接就像电源插销与插座一样，而且设计得很巧，不匹配的两个连接器是不可能插接成功的。所以插接时要注意连接器外形的对称。"（见图 7 - 3）。

图 7 - 3　各种接口——电脑城的城门

　　"课件"又拍拍秋成的肩头说："对于你来说，也许有两个接口最重要。一是耳机接口，两个圆形的小洞，插上耳机可以听音乐。另一个就是大名鼎鼎的USB接口了，大家常用它插接优盘，实际上也可以连接键盘、鼠标、数码相机等外部设备。其他，如网卡接口、电话接口，一般很少动的。哈哈！啊，对了，面板上还有一个电源开关，按压一下加电开机，按下持续几秒钟，可以强行关机的。"

　　"课件"还要说些什么，突然看到秋成两只脚不停地轮换着抬起放下、放下抬起，头上也渗出了细微的汗珠。"啊！""课件"叫了一声，不好意思地问："是不是烫脚?"秋成抬起头说："有点儿！而且热风阵阵。""对不起，忘记了。我们站的这地方是CPU的散热器，它把处理器的热量传导出来，再由旁边的风扇吹散。"课件关切地说，"我是金属外壳，不会感到高温，却忘了你这血肉之躯。嘻嘻。"说着，拉起秋成从高高的散热器上飘落下来。

"课件"拉着秋成走进 CPU 大楼，她指着一个几乎占满整个大厅的方方正正的屋子小声说："处理器，通常叫它 CPU，这个城里最牛的机构！"秋成好奇地四下观看，大厅四周没有窗户，也没有楼梯。心想：这楼是怎么设计的？整个大厅上面全是散热器。正在纳闷，忽听有人说话："小优盘，你好，怎么不在城外享清福，跑到城里来了？"但见屋里走出一个人来，身材矮胖，气度不凡，整洁的黑色工作服上印着银色的字母"CPU"。"课件"连忙朝前紧走两步，躬身施礼："拜见主公！愿主公高速，高速，高高速！末将一来看望主公，也顺便带一位小朋友参观一下吧。"身旁边的秋成暗想："呵，不说'万岁，万岁，万万岁'，倒是'高速，高速，高高速'！看来 CPU 那家伙把速度看得比生命都重要。还真够敬业的，哈哈。"

"免礼，平身。"CPU 又矜持地说，"这里有什么好的，拥挤，闷热，每天忙得要死。"课件却恭维道："您是这个城里的最高首长，城里城外的兄弟们都听您的指挥。大家都尊敬、羡慕您呢！""这倒是。"老大满脸得意地说，"不过分配到这里，有点儿后悔。我的那些兄弟们，有的到笔记本里工作，有的去了手机或数码相机。他们走遍祖国大地，览尽人间美景。咳，那日子啥成色！""课件"却说："不，不。他们哪有您阅历多呀，天文、地理、科技、娱乐，您都参与了不是。"

"哈哈，和人类接触多了，小优盘也学得很会说话了。"老大看了一眼秋成，又指了一下身后的屋子认真地对"课件"说，"那里面实在太复杂了，道路密密麻麻，门有成千上万。如今时兴多核结构，你们要是跑到别的核里去了，我还得和他们通信联系，找回你们。不如让我的两个部下给你们介绍一下吧。"说着一挥手，又从屋里走出两个人来，同样穿着整洁的工作服，上面分别印着"Control Unit"和"ALU"。

ALU 是个聪明活泼的女孩，没等"课件"说话就主动介绍起来："我是 ALU，Arithmetic-Logic Unit 的缩写，算术—逻辑单元的意思。中国人都叫我运算器。我从小就喜欢计算，数值计算对我来说，哈哈，小菜一碟儿。"说完，朝秋成挑战似的看了一眼。秋成不服气地问："你是怎么计算的？速算？"ALU 咯咯地笑了一阵说："我有两个寄存器和一个加法器，把两个参加计算的数放到寄存器里，往加法器里一送，立刻就算出来了，结果或放在一个寄存器里或送到内存去。快极了，不用速算。"秋成听罢暗自好笑：原来是个只会做加法的小妞呀，在我们那儿恐怕连小学都很难毕业的。于是又问："加法器？那其他四则运算呢?"ALU 很神秘地说:"我能够想办法用加法做减法运算——用补码加法呀。补码,你知道吗?"秋成大吃一惊,只好摇摇头。ALU 见状又得意地继续说:"这样就可以用连加、连减来做乘、除了。补码嘛,小朋友,以后我教你吧。哈哈!"秋成不好意思地说了声"谢谢"。

看着秋成有些驯服的样子,ALU 又自豪地说:"我还能进行逻辑运算。其实,人们日常在计算机的使用中,逻辑计算比数值计算更多。比如,在文本中查找一个字符串,就是看那个与其相同的字符串藏在哪里。

"逻辑值只有真、假两个,分别用 1、0 表示。像算术运算有算符一样,逻辑运算也有算符:与、或、非、异或、大于、等于等。

"逻辑运算很重要的!我注意到许多年轻人找朋友,就是因为不大了解逻辑运算而把自己生生变成剩男剩女的。嘻嘻。因为她/他不知道像'合格朋友 = 高∧富∧帅'这样的逻辑表达式,得到真值的概率不会大于十万分之一!"

一旁的"课件"禁不住抿嘴笑着问:"姑娘的择友条件是什么呢?"ALU 没有回答,却大大方方地在纸条上写了一行式子:

合格朋友 = 健康 × $\overline{\text{花心}}$ ∧ (有志气 + 能吃苦)

"课件"一看,撇了一下嘴说:"这条件也不低呀,不过倒是比较合理。"说着把纸条递给了秋成。秋成连忙摆手,并后退一步说:"不!不!不考虑。我还小,学校不提倡早恋的。""课件"连忙笑着纠正说:"不是的。是让你看看能不能理解,哈哈!"秋成这才慢慢地接过纸条仔细看了一阵说:"我听说过'高富帅'和'有车、有房、父母双亡'的择友条件,所以猜测'∧'和'×'大概表示同时满足的意思。""课件"点点头说:"对,那两个算符,都表示'逻辑与'。""可——加号是什么意思呢,'有志气'一般都是'能吃苦'的,还要再加上那一条吗?"课件这次没有笑,认真地说:"'+'和'∨'都是逻辑或算符,意思是只要有一条满足便是真。""这还比较合理。"然后秋成又走近"课件"在她耳边低声问道,"她怎么要求朋友花心呢?还在那一条上面加了条横线强调一下。""课件"听罢,扑哧一声笑了,说:"哪里。那上面的横线是逻辑非算符。非运算,能把真值变成假,把假值变成真。这里是表示不能花心的意思。你小子可真能瞎琢磨。"

ALU 还是听到了秋成的话,面露不悦,淡淡地说:"其实这里的一切活动都是由控制器大叔负责安排的,还是请他给你们介绍吧。"说罢狠狠地瞪了秋成一眼,低声说:"哼,老外!"转身进了屋子。

一直没有说话的控制器转过身来。他举止严谨，一脸严肃，长期的辛勤工作在脸上留下些"老化"的痕迹。"我的任务主要是根据从内存取来的指令，控制计算机各部件协调工作，完成要求的作业。"控制器开门见山地说，"我这里有两个主要部件：指令寄存器和程序计数器。所谓指令是一串二进制数，它规定机器做什么操作。指令分为两部分：操作码和操作数。操作码说明要做什么操作，操作数指明要处理的数据的存放地址在什么地方。

"我每执行一条指令要做几件事：取指令，即根据地址从内存取出指令，并放到指令寄存器中；分析指令，'算'出这条指令要做什么；执行指令，发出操作控制信号；然后，把程序计数器的内容加 1，确定下一条指令的地址，为执行下一条指令做好准备。这样，我就可以自动地连续地逐条执行指令了，直到程序结束。执行一条指令的过程叫作指令周期，是个很有用的概念啊。"

说着，控制器认真地看了秋成一下，好像要提示他注意似的。秋成点点头，心里暗想："这位大叔，不只是严肃，也挺有人情味的嘛！"于是插话道："大叔，你真神了，能算出指令干什么，真是'蚊子打您头上过，能算出几个雌来几个雄'。道骨仙风啊！嘻嘻。"

控制器终于笑了，说："其实，我只认识我们这类处理器里的百儿八十条指令，我们的行话称它们为指令集。其他处理器也有自己的指令集。所以，在一类机器上编写的程序一般不一定能在另一类机器上执行。小伙子，要注意喽。

"要说'神'嘛，就是我执行指令的确快得惊人，通常以 MIPs，即每秒执行百万条指令来表示。"

秋成听罢，不禁惊叫一声："乖乖！每秒百万条，不可思议。"

控制器却带着几分无奈朝外边指了一下说："咳！要不是隔壁的内存速度跟不上，我还可以更快些呢。每次向他要指令或数据时，都要等一阵子才能送来。可我和 ALU 姑娘又主要是和他打交道，有时候真急人。"

控制器话音刚落，突然身后传来一个清脆的声音："有我呢！"又是一个姑娘，她身材苗条，显得十分干练，头戴一顶精致的帽子，印着"Cache"字样。控制器连忙介绍说："这是缓存，新来不久。"那缓存心直口快，直接冲着控制器说："您老人家就知道 ALU 呀，RAM 呀，殊不知俺就是为了解决你们和内存之间速度不匹配而来的。你知道的，把常用的和新近用过的指令和数据放在我缓存这里，再用时不出咱 CPU 家门就可以得到，比来回去内存折腾少走多少冤枉路呀！"控制器听着不断点头认可，但那缓存还是不依不饶地继续说，好像把

"课件"和秋成当成了来检查工作的上级领导："我还为提高处理器的性能做出了重要贡献呢。""处理器性能？"秋成很感兴趣，便插话问道，"请你说说好吗？"缓存看了一下秋成说："影响处理器性能的主要因素有：

"首先是字长。所谓字长就是 CPU 一次所能处理的数据的位数。比如 ALU 姐姐的寄存器是 32 位的，那一次就只能处理四个字符。当然，字长越长，CPU 的处理速度就越快。所以人们通常就用 16 位机、32 位机或 64 位机来概括地表示机器的处理能力。

"其次是系统时钟。这是个能高速地产生脉冲的专用电路，他就在外面主板上的一个角落里。那老爷子祖祖辈辈都是出色的鼓手，计算机的所有活动都是踩着他老人家的鼓点进行的，所以大家才能那么协调、同步。如今，他的子孙们敲鼓的速度越来越快了，已经用 GHz（每秒十亿次）来计算了。自然，敲鼓的频率越高，机器的速度就越快。"

看着秋成被那闻所未闻的巨大数字惊呆的样子，缓存更加兴奋，得意地继续说着："再就是我了。俺的作用已经说过了。控制器大叔，您说，我来之后是不是咱 CPU 的处理速度明显加快了？所以，人们尝到了甜头，不光派我来 CPU 里工作，还把俺妹妹安排在 CPU 旁边。她的作用和我一样，所以就叫我 L1——一级高速缓存，叫俺妹 L2——二级高速缓存。哈哈。"

缓存终于停下来了，可秋成却兴致未减，问道："请问，您刚才说的 RAM 是什么呀？""课件"却拉了他一下低声说："来不及了，我们得走了。"她把手表伸给秋成说，"快深夜一点了，等他们关机了，我们再出去就不容易了。"

听到可能出不了城，秋成大吃一惊，暗想："如果明天早上爸爸看不到我，不知道会急成什么样子，还有春妮、夏莹、冬毅。"于是，不敢怠慢，连忙与控制器和缓存道别，紧抓着"课件"的手走出了 CPU 大楼。

"课件"拉着秋成快步向内存条走去，自言自语地说："请操作系统帮忙送我们出城吧。她就在内存里，可不知道是谁在值班。应该认识我的。"

内存条是一所不高的小楼，"课件"在楼下大声叫道："OS，OS。请问哪位在值班？"不一会儿，一个人从楼里探出头来，伸手打了个招呼。"课件"忙说："啊，Win 7 姐姐，您好！我是一个课件，请您把我送出城外，放到优盘根目录下就行。"那人友好地点点头说："拷贝，然后把这里的你删除，行吗？""谢谢！""课件"拱手谢道，然后又赶忙抓紧秋成说："别松手，闭上眼。"

秋成还没来得及问那"拷贝""删除""根目录"之类的黑话是什么意思，

突然感到自己又在变软、变细、变轻，不由自主地飘了起来，和刚才进城时的感觉差不多。

"嗨，到家了。"突然听到"课件"说话，秋成赶紧睁开眼来，却发现独自伏在书桌上，那"课件"已不见踪影。他揉了揉眼睛，梦中的情景依然清晰，尤其那优盘老师的形象更是历历在目。

他不想让她消失，真的不想。于是马上拿起一支铅笔，要把她的形象从记忆中"打印"出来。好大一阵工夫，秋成终于画成了一幅素描：年轻女子，教师模样，上着制服，下穿长裙；马尾秀发向后飘飞，紧腰长裙随风飘摆；端庄大方，秀美动人，手捻优盘，飘然半空。然后，又在旁边端端正正地写了一行字：优盘嫦娥。他满意地看了一下，才把画藏在了书架深处。

秋成起身舒舒服服地伸了个懒腰，弯下腰时却见桌面上放着一张纸条。上面写道：

游电脑城小结

机箱及里面的东东称为主机，其中最主要的又是主板。主机、主板，一个"主"字，足见其重要矣！

运算器和控制器组成中央处理器，英文缩写：CPU。人称微机心脏，又是时髦词语，安能不知？

总线，似城中马路，连接多种主要部件。此种结构方便系统扩展与升级。思路可谓妙也！

I/O 接口，用于连接键盘、鼠标、打印机等输入/输出设备。其中 USB 接口更是名震 IT 江湖。日后，你自会与其常来常往。

至于内存、外存之类，乃属存储系统，机理别有洞天。嘻嘻，我也属于这个系统成员。望少安毋躁，来日自有朋友与你切磋。

你的随身朋友 优盘课件

这正是：
主板主机若城池，内存外存似房屋。
条条总线都街道，户户01两家族。

秋成看罢，几分感动，几分思念，沉思许久。
欲知秋成何时再与"课件"相遇，且看下回分解。

第八回
存储器各自秀功能，CPU 统观分层次

这天下午，春妮和秋成一起放学回家。秋成兴奋地告诉她自己做了个梦，就大概知道了电脑内部的结构。春妮不以为然地说："又忽悠。"秋成正要争辩，忽听后面有人呵呵一笑："哈哈！原来秋成果真是梦生子啊，难怪如此善于做梦。"两人回头，但见鞠常鸿满脸阴阳怪气地跟在后面。

"梦生子？"春妮并不明白，但知道绝非褒义。立刻气愤地骂道："鞠常鸿，积点儿口德吧，免得嘴上生疔疮！"常鸿自知出口伤人理亏，便悻悻地骑上车子走了。

再看秋成，面色灰白，满脸的羞辱和愤怒，眼里含着委屈的泪水。春妮连忙安慰，可秋成再也没有说话。

晚饭时，爸爸在桌子上摆好饭菜，秋成却一动不动。爸爸关切地看着他问："怎么了，不舒服吗？"秋成仍然一动不动，两眼充满了泪水和渴望。停了一阵突然说："我妈妈呢？她在哪儿？她是谁？"

爸爸走到秋成身边慢慢地抚着他的肩头说："她，她去很远很远的地方了。不是告诉你很多次了吗？"

"那都是骗小孩儿的话。你不说，我就不吃不喝！"

"不吃不喝"，这几个字一下子把秋成的爸爸带回了几年前。

小秋成五岁那年，一天，突然大哭不止，不吃不喝，看遍全城医生，都说不出是什么病来，只好带他去北京的大医院检查。医生仔细地做了 CT 等检查，还请来合作的一位图像专家会诊。

那专家不到三十岁，白大褂，大口罩，只有淡红色的眼镜下透着冷峻的目

光。看到秋成的病历时，她心里一惊，体检时当看到秋成背后三个相扣的紫色圆环时，大惊失色，两行热泪夺眶而出。好在有眼镜和口罩帮忙，周围的人并没有注意。

专家说他是母爱缺乏综合征，用药时配以母乳更好，少量母亲血清也可，辅助心理治疗；并说自己的血型与需要的血型相同，可以提供。

说也奇怪，按此方治疗，小秋成的情绪很快稳定了下来，也可以进食了。此后，那位专家也常来病房看望秋成。一天，小秋成含着泪请求："阿姨，不要口罩嘛，不要，我想看看你！"

"小朋友，医生必须戴口罩，这是规矩。"

"那，眼镜呢？"

专家迟疑一下，摘下了眼镜。不料四目对视瞬间，小秋成竟张开了两只小胳膊，她也情不自禁地把秋成抱了起来，却听到小秋成在她耳边轻轻地说："我想妈妈，想妈妈！"

她泪如泉涌，好一阵才慢慢地说："好孩子，妈妈就在身边。——在你心里！"

秋成要出院回家了。那专家赶来送给他一台录音机，还有好多好多的磁带。告诉他，想妈妈时，可以听听录音、儿歌，妈妈会在你心里和你一起听的；还趁秋成爸爸出去办事时，又对着秋成摘下了眼镜。医生们称赞她有爱心，她只说，这是个比较典型的病例，对研究留守儿童有用。

没有想到，此时春妮家里，在女儿的追问下，妈妈也在讲一个传说。

"文革"期间那一年，一个叫道尊的小伙儿和他娘从县城下放到田家村。没过多久村里又来了几个插队知识青年。其中有个女孩，姓齐，好像叫什么梦如，听说她爸是上面的大干部，被打成了走资派。道尊家成分高，齐梦如是走资派的女儿，就住在他家了，可能那样互不嫌弃。梦如，一个城里的弱小女孩儿，很不习惯农村生活，道尊和他娘倒是尽力照顾。

两三年过去了。有一天晚上，村里突然来了辆吉普车，要接梦如回城——她爸爸"解放"了。不巧，梦如刚刚产下一个男婴。为了不影响爸爸，梦如让汽车上的人买来一箱奶粉，连同一封信一起放在男婴身边，就走出了屋子。刚要上车，突然听到婴儿啼哭，她又飞跑回床边。情急之下，齐梦如掏出钢笔，用笔帽在孩子背部印上了三个相套的圆圈。然后放下孩子，掩面而泣，头也不敢再回，上了汽车。

不知是因为梦如所生，还是这段往事像梦一样，村上的人说起这事时就戏言

"梦生"了。不料梦如一去就再没有了消息。后来听知青们说，她回城后便出国了。

再说秋成家里，爸爸好一阵才从回忆的梦幻中醒来。他站起来无奈地说："成儿，又想妈妈了？要不，咱还听录音机好吗？"秋成看着一脸为难的爸爸，心里顿生些许怜悯，不好意思再任性下去。见秋成没有反对，爸爸取出录音机熟练地操作起来。

过了一会儿，秋成惊喜地叫道："梦姨！梦姨在说话。"录音机里传出一串亲切的声音："秋成，你好！当你想妈妈时，欢迎给我写信交流。通信地址：北京市中关村高科技研究所……"

秋成听罢，忘记了还没吃晚饭，一口气写完一封信，跑到大街上投进了邮筒。

第三天傍晚，秋成就接到一个快件——一个包装结实的箱子，北京寄来的。他喜出望外，打开一看，是一个印着"VR-Ⅱ学习机"的小箱子和一封信。

恰逢周六，秋成一口气读完了 VR 学习机的主要操作说明。哈哈，原来 VR 是英文"Virtual Reality"的缩写，中文叫"虚拟现实"。学习机可以让你提出问题，并根据要求制作成动画演示出来。秋成简直不敢相信，就慢慢试了起来——那就让你说一下微机里的存储器吧。

"微机的存储设备及其基本原理"——秋成在一个小框里输入了问题，但见 VR 学习机提示："请稍等，我正在根据你的要求编写脚本。如果你是第一次观看，请不要害怕，场景里的任何事物都不会伤害你的，哪怕是只老虎。嘻嘻。"

过了片刻，突然听到一阵窸窸窣窣的声音。"怎么又有老鼠了，真讨厌！"秋成心里暗暗埋怨道，"这时候捣乱！"又过了一会儿，听到有轻轻的说话声："快出来呀！透透气吧，好不容易关机了。"秋成好生纳闷，屏住呼吸侧耳细听，好像是从桌子上的微机那边传来的，不过声音小得出奇。过了一会儿，又听到扑通一声，接着是沉重的脚步声。秋成暗想："又来一个，估计还是个大个儿。"不由得有些紧张。回头再看，VR 的小屏幕上出现了动画——啊，原来 VR 已经开始演示了！

"你好啊，硬盘老兄。"有人主动向来者搭话。"啊。是内存兄弟呀。你好，你好。听到你在招呼，我也出来凉凉。"硬盘使劲地扇着扇子又粗声粗气地说，"好家伙，一开机就是十多个小时，我这五脏六腑一直在转，搞得晕头转向，到现在身体还烫手呢。"内存也埋怨道："一样，一样。虽然我现在满脑子空白，但还依稀记得开机时，他们不停地让我读呀、写呀，一刻不得消停，也是手忙脚乱，浑身燥热。要不是怕短路，真想痛痛快快地冲个凉水澡！"（见图 8-1）。

硬盘扶着机箱慢慢地坐下来，沉思了一会儿，突然看着内存低声说："兄弟，咱们都能存储信息，不如以后你我相互照应，留一个值班，另一个休息，免得如此辛苦！不知贤弟意下如何？"内存眼睛一亮，稍加思索道："谢谢大哥美意，真的！您不是用'既生瑜何生亮'那种竞争思路考虑问题，而是从互利共赢出发，着实钦佩。不过，要琢磨一下你我的功能能否互换。"硬盘点点头说："有道理，有道理！请说说你的功能。"

内存微微一笑，胸有成竹地说："我的英文名字是 RAM（Random Access Memory），中文名字叫随机存取存储器，人们也常直呼小弟'内存'，家住主板上的内存槽。我实际上是一个芯片，嵌在一块小电路板上，大家都叫我们内存条（见图 8-2）。

图 8-1　硬盘

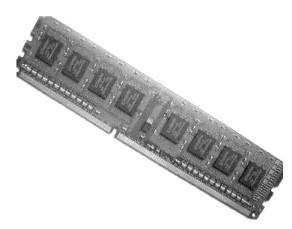

图 8-2　内存条

"CPU，就是咱们的老大，曾对我说，他体内含有操作计算机所需的全部基本指令，但不能存放完整的程序和过多的数据。所以，需要一个几百万甚至几十亿字节的存储空间，用以临时存放正在处理的程序和数据，以便需要时能够快速地从那里取出来。这个任务就交给了我。

"由于 CPU 的处理速度很快，而处理的数据是要我送给他的，因此老大特别强调我干活要快，竟然用纳秒（ns）来度量我的工作速度。乖乖，就是 10^{-9} 秒呀，连眨眼都来不及的。就这还嫌我不够快，还找了两位秘书帮忙——姊妹两个：一级缓存和二级缓存。还好，并不要求我有多好的记性，所以我天生忘性大，一旦关机、停电，原来存放的内容就忘得干干净净。更好笑的是，人们还不无讽刺地把我这种缺陷叫作'挥发性'，好像不是他们的责任，是我不小心把记忆蒸发掉了似的。咳！"

"哎，等一下，老弟。"硬盘插话问道，"听你说'随机'什么的，难道你还有大大咧咧的坏习惯吗？"

内存自信地摇摇头说："不，不，我挺认真的。虽然我叫随机存取存储器，并不是说我这里的数据是随机存放的，而是把存储器的每个位置（通常是一个字节）都编上号，称为地址。

"很有意思的。我理解，这地址就像中药店里的药厨，每个抽屉都编上号，抽屉里有八个格子，每个格子放一个比特。这样，处理器就可以凭这种唯一的地址直接在存储器中查找和存取数据了，而不是遍历，就是找遍整个存储器。"

硬盘听着心中暗自称赞，情不自禁地说："这一点儿，你还真比愚兄快得多，佩服！我要找到需要的数据，比较费事。哎，你一般能存多少数据？就是容量，容量。"

RAM 有点儿不好意思地说："惭愧，小弟的容量不大，一般在 512MB 到几个 GB。跟老兄您就没法比了，不过，比那些缓存姑娘们，还是大多了，她们的容量一般都不超过 512KB。嘻嘻。

"您知道的，信息是按位度量的，八位为一个字节——Byte，简写为 B。咱们存储器的容量通常都表示成：

KB：1 024 个字节，约千字节；

MB：约 10^6，百万，即兆字节；

GB：约 10^9，十亿字节；

TB：约 10^{12}，万亿字节；

$1TB = 2^{10}GB = 2^{20}MB = 2^{30}KB = 2^{40}B = 1\ 099\ 511\ 627\ 776$ 字节；

咳，麻烦，不仔细算了！还有：

$1PB = 2^{10}TB = 2^{50}$ 字节；

$1EB = 2^{10}PB = 2^{60}$ 字节；

$1ZB = 2^{10}EB = 2^{70}$ 字节；

$1YB = 2^{10}ZB = 2^{80}$ 字节。

"此外，对我 RAM 的容量要求，也与用户常用的软件有关。比如，使用 Windows 操作系统，一般应有 256MB；如果还想玩玩儿游戏、看看电影，那可能就要 512MB 以上了。当然，我的容量越大，机器就越快，不过要花钱的。哈哈，对不起，我的价格也比较贵。"

听到这里硬盘稍感宽慰，因为他知道自己虽没有内存速度快，但就像内存自己说的那样，他的容量与自己不在一个数量级上。于是抬起头来看着 RAM 慢条斯理地说："关于存储容量的表示方法，我参加工作前就知道了，只是那时候最多说到 GB。不过，有一点儿我却一直纳闷儿：你看啊，关闭电源后你内存那里所保存的操作系统指令都被你忘掉了，我硬盘这里的操作系统还没有加载到内存。这机器怎么就能自己启动起来了呢？是谁控制的呀？"

RAM 摸着脑袋说："你说的这个问题叫微机的引导，是个相当复杂的过程。我知道的不多，大概是……" RAM 还没说完，突然听到身后有人搭话："这个问题，我也很感兴趣，可以参加你们的讨论吗？"

但见来者个子不高，一脸忠厚，稍显木讷。RAM 连忙向硬盘介绍："我的邻居，ROM。" ROM 朝硬盘点点头说："小弟 ROM，中文名字叫只读存储器。我的工作并不忙，机器启动以后，基本就没什么事情了。闲得无聊，看到你们聊天也就过来凑个热闹。嘻嘻。你们刚才说的问题涉及我的工作，所以我知道个大概。"

ROM 挨着 RAM 坐下接着说："从计算机加电开机到机器可以接受用户命令，这一阶段叫作计算机的引导过程。是这样，由于内存老兄忘性大，关机后不能指望他保存曾经加载给他的操作系统，只能用别的办法把操作系统重新加载到内存。"

ROM 亲切地拉了拉 RAM 的手，好像是说别怪我说话太直。然后又说："有一组程序叫 BIOS，就是基本输入/输出系统。它含有一些指令，能够帮助计算机在没有安装任何操作系统的情况下完成一些启动机器的操作。因为每次启动机器的主要操作是相同的，所以 BIOS 的内容是固定不变的。哈哈，存放固定的内容正合我的脾气，因为我的内容是制造时一次写入的。对了，学名叫固化。之后可以多次读出，但不能轻易修改。我也正由此得了个'只读'的绰号。所以 BIOS 就是固化在我这里的。"

对面的硬盘认真地听着，还不时点头称赞："不错，小伙子，始终如一，挺可敬的性格嘛！"

听到赞扬，年轻的 ROM 颇有些得意，继续说："计算机正常加电后，微处理器先执行我 ROM 中的引导程序，然后执行一个叫 POST 的程序进行上电自检，检查系统的所有硬件。自检通过后，继续执行 ROM 中的相关指令，并根据

CMOS 中设置的启动顺序搜寻软盘、光盘或硬盘驱动器，从指定的盘上读入操作系统引导记录。然后由引导记录完成系统的启动，看到操作系统的界面后就可以使用计算机了。"

"CMOS？"内存问道。ROM 转过身去朝那边一指说："就是那一位。"内存扭头看到一个文静的小姑娘，双手抱着膝盖悠闲地坐在那里。ROM 又朝她招了招手，可那姑娘微笑着摆摆手，依然坐着不动。ROM 只好转回身子说："咳，她很腼腆，平时只与 BIOS 的设置程序打交道，从不与无关的人交往。"

ROM 深深地吸了一口气，让自己平静一下，又说："CMOS 是英文缩写，中文意思是'互补金属氧化物半导体'。CMOS 存储器是一种可读写的 RAM 芯片，她耗电量很低，由主板上的一个电池供电，机器运行时那电池还能充电，所以过的是铁饭碗式的日子。

"她的脾气介于 RAM 老兄和我之间，既不像 RAM 那样易失数据，又不像我 ROM 这样固执——数据一旦写入，终生不变。CMOS 既能比较长时间地保存数据，即使关机后也不会丢失，又能通过 BIOS 的设置程序修改其中的数据——真是既有专一的品位，又不乏人性的和谐。挺好的姑娘。"

听到这里，硬盘大叔打趣道："小伙子，看来你是喜欢这 CMOS 姑娘了，是不？"ROM 的脸一下子红了，却叹了一口气说："是的。可惜，原来她有自己独立的芯片，现在好像和什么系统时钟及后备电池集成到一起了，不像原来那么容易见到她了。咳。"

"说正事儿吧。"ROM 停顿一下说，"除了程序和数据之外，计算机还需要保存一些配置信息，如硬盘驱动器和键盘的类型、即插即用设备的属性；还有日期、时间以及其他启动计算机所需的信息等。它们不会频繁变化，又不能一成不变，比如升级或更换设备时就需要变更。CMOS 存储器恰能满足这些要求，并引出了很有意思的 CMOS 设置操作。"

再说秋成，听了一阵，知道是 VR 学习机在演示，心中非常高兴，暗想："这 VR 还真奇妙，竟然也能讲故事！还有这帮家伙还真能聊天，不但能存储数据，肚子里还有不少知识呢。挺可爱的。"又想起那天看到馆爷在安装系统，好像就按了 F2 键，又选择"从光盘启动"，就开始安装了。当时是一头雾水，现在看来那就是 CMOS 的作用了。于是，秋成慢慢挪动了一下被身体压得有些发麻的胳膊，希望能再听到些什么有趣的东西。

突然听到硬盘对 ROM 说："小伙子，要是真心喜欢 CMOS 姑娘，就要主动表现，热情对待。BIOS 不是住在你那里吗？他和 CMOS 常有工作来往，那就托他常给 CMOS 带去你的关心、问候。利用工作之便，既方便高效，又顺理成章。懂吗？"ROM 连连躬身，不住道谢："谢谢！谢谢老姜叔叔。"RAM 也调皮地补充着："只有您这块儿老姜，才能有如此之'辣'的经验。""非也，非也。"硬盘得意地笑笑说，"并非实践经验，倒是浏览了不少年轻人在我这里存储的文档，什么《恋爱向导》《情书大全》等等。呵呵，没听过古人说吗？……"ROM 迫不及待地问："什么？"硬盘站起来伸伸胳膊慢腾腾地说："浏览超 GB，恋爱如有神！"RAM 和 ROM 都哈哈大笑起来。

ROM 直起腰来，止住笑声说："早就听说硬盘大叔您有海量存储的美誉，今天有缘相见，说说你的神威好吗。"硬盘微微一笑说："小兄弟过奖了。RAM 老弟才是主要的存储部件。他叫内存，我属外存；他叫主存，我属辅存。哈哈，连书上都这么说。"

一边的 RAM 轻声说："哪里，哪里。分工而已，呵呵。"

"分工，呵呵，谢谢！"硬盘又接着说，"如果说分工，我和内存的关系就像桌面和书柜一样。内存老弟是桌面，上面放的都是正在处理的文件；我就是书柜，存放着大量目前还不需要处理的档案。需要时，再从我这里放到桌面上。

"随着信息技术的发展和普及，社会上许多组织和个人都希望把更多的数据和信息转到计算机存储。因为，一则纸张存放信息不能提供电子处理和共享的方便，二则价格也比较贵。有人说，电脑存放十亿字节的信息平均不到 10 美元，同样的信息用纸张存放则需要 10 000 美元。大概要贵 1 000 倍！所以存储设备的容量还在迅速增长，现在甚至可以把整个图书馆的资料都存进去了。"

ROM 突然不解地问："为什么不考虑用内存存放所有的信息呢？也免得设计两种不同的存储设备了。"

内存听了，只是笑了笑没说什么。硬盘却伸出胳膊拍了拍 ROM 的肩膀说："知音呢，小伙子！我也这么想过，刚才甚至想和内存老弟商量互替值班的事呢。现在觉着那是很难的。

"因为你知道的，内存虽然比较快，但是忘性大。不能想象，昨天做好的重要文件，第二天开机再用时没有了。那将是多么悲惨的事情啊！嘻嘻。我的记性相当好，断电后仍能保留存储的信息，大概可以三年不忘。所以，像操作系统那样的重要程序，平时就是放在我硬盘上的。

"此外，同样数量级的存储容量，内存的造价比硬盘要高得多。这么说吧，用买256MB内存的钱，可以买到4GB的硬盘。我注意到近期的硬盘和内存的价格，如果将台式机上3 000GB的硬盘换成内存的话，光内存的花费就要30多万元人民币。那样的话，还有几个人能买得起电脑呢？哈哈。"

听到这里，内存连连摆手，满脸惊讶地说："别，别，别换了！我可不愿意因为我使计算机也变成天价而遭世人唾骂！"

"是呀！别换了。"硬盘高兴地安慰着内存，"我们还是共同值班吧。倒是可以相互关照的。比如，在我这里开辟一块区域，当作'虚拟内存'，当你的容量不够用时，就用它应急。不过，使用虚拟内存还是没有真正的内存速度快；而且也不要指望关机后，再开机时能再次使用虚拟内存中的内容。因为虽然那些内容存放在硬盘上并不会真正丢失，但放在内存里的联系方式已经丢掉了，所以很难再找到它们了。"

"好可怜啊，像地下工作者和组织失去了联系一样，是吧？"ROM好奇地看着硬盘说。

硬盘点点头，刚要坐下，ROM又问道："看来由您代替内存大哥还是有可能的？"硬盘一边缓慢地下蹲，一边摇头说："不行，不行！别难为俺了。你问问你的RAM老兄，他是直接和CPU老大打交道的。老大那人很挑剔的，连内存那么快的速度他都嫌慢，要是让我给他提供数据，就我这速度，不骂死我才怪呢。我可不受那个罪哟！"

好一阵没有说话的内存，这会儿觉得自己总算找回了些面子，便朝硬盘说："一直羡慕您的海量容量，说说您是怎么管理那么大地盘儿的？""对。让我们也见识见识。"ROM也附和着。

"也没什么的，各有长短呗。"硬盘说着从口袋里掏出一张照片说，"这是我的照片，身份证上用的，完全真实的外观。

"我和软盘、光盘都属于辅助存储器，实际上都包括两部分：存储介质和驱动器。不过平时人们就直接叫我硬盘了。

"硬盘内部有一组固定的盘片，它们垂直叠放，相互隔开适当距离。盘片用铝、玻璃或陶瓷做成圆盘状，表面涂有磁性材料薄层。每个盘片的上下两面各有一个磁头，叫读写头。磁头可以跨过盘片的表面移动，并通过用脉冲产生不同的磁性区域来记录信息，这种操作称为写；读磁盘时，磁头又能感知这种磁化状态并把它转成电脉冲。"（见图8-3）。

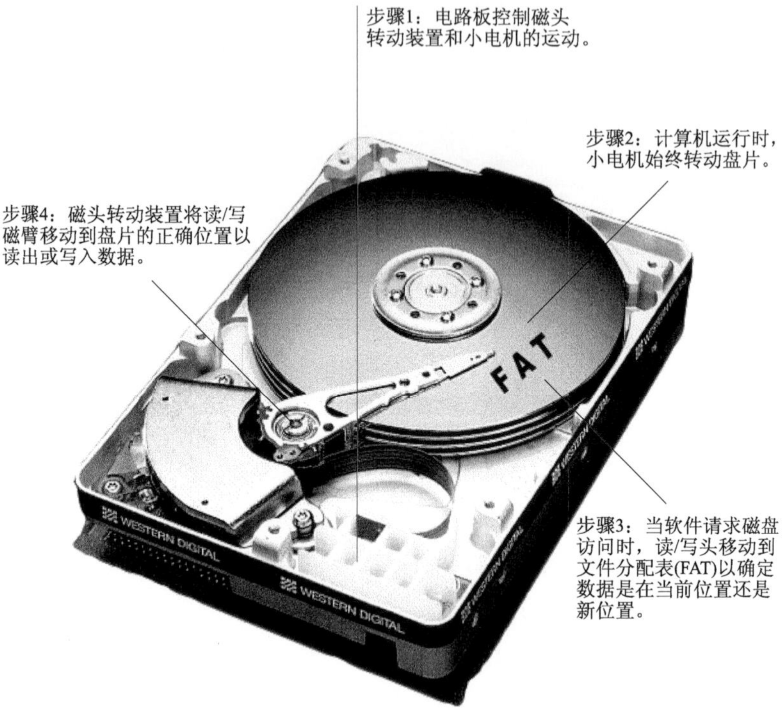
步骤1：电路板控制磁头
转动装置和小电机的运动。
步骤2：计算机运行时，
小电机始终转动盘片。
步骤4：磁头转动装置将读/写
磁臂移动到盘片的正确位置以
读出或写入数据。
FAT
步骤3：当软件请求磁盘
访问时，读/写头移动到
文件分配表(FAT)以确定
数据是在当前位置还是
新位置。
WESTERN DIGITAL
WESTERN DIGITAL

图 8－3　硬盘的读/写定位

突然，ROM 扑哧笑了一声说："硬盘大叔，我咋觉着你们记录信息的方法和小狗撒尿记路差不多呀！"

硬盘听了有些不悦，但当着 RAM 又不能失态，停了好一阵才说："你小子，此言差矣！我还告诉你，我的邻居光盘记录数据的方式那才叫绝呢。挖个坑儿当 0，平地儿当 1，就这么简单。但比松鼠挖坑埋松子要规矩得多！

"有时候越是简单的东西，也越合理。你应该这样想，这又一次表明了二进制数的优越。如果画朵梅花表示 1，三片竹叶表示 0，那硬盘也许就做不出来了。"

"有道理，有道理。"内存连忙附和着。

硬盘又补充道："计算机工作时，硬盘的盘片一直高速旋转，使磁头浮在一个气垫上，磁头离盘片的距离比人的头发丝还要小 300 倍。所以，为保护盘片，硬盘一般都固定在密封的壳儿里。"

RAM 小声说："说说你的读写头是怎样定位需要的数据的吧，ROM 还等着呢。"

"当然不是像小狗和松鼠那样随便了。"硬盘看了一眼 ROM 说，"盘片上有许多同心圆隔成的环带，称为磁道；每个磁道被均分成多个弧段，叫作扇区，每个扇区最多可存放 512 个字节；两个或多个相邻的扇区组成一个簇。磁道从外向里从 0 开始递增编号，所有磁道上的扇区也统一编号。使用硬盘时，操作系统在磁盘上产生一个记录各个文件存储信息的表格，包括每个文件的名字、存放位置以及每个扇区的使用状态。比如微软操作系统，称此表为 FAT（File Allocation Table）——文件分配表。哈哈，它就是'硬盘镇'中所有文件的'户籍簿'。这样，传动装置就可以根据扇区编号将磁头移动到相应的位置，然后进行读、写。"（见图 8 – 4）。

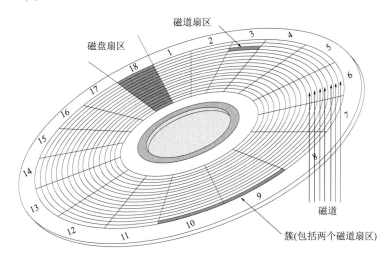

磁道是磁盘表面一个圆形、狭长的记录带。磁盘的存储区被分割成饼状的区间，这些区间将磁道分成许多小圆弧——称为扇区。一个扇区能存储 512 字节的数据。

图 8 – 4　盘片的磁道结构

ROM 很仔细地听着，好像在考虑什么问题一样。突然问道："硬盘大叔，是不是您那里前面的几个盘片很忙，后面的盘片一直休息呀？有些不公平吧。"

"为什么呢？"硬盘反问道。ROM 说："写满前面的盘片，再写后面的，最后的盘片清闲得很呢！不是吗？""小伙子，很喜欢思考啊，很好。不过，这次是你想得简单了。许多人都会这么想，实际上却是这样的：所有盘片上的同一个磁道在空间形成了一个柱面，自然就有许多这样的柱面。硬盘就是写满一个柱面后再开始使用下一个柱面的。因为用电子线路选择磁头比机械移动磁头要快，所以按柱面存储效率更高，一般不会因盘片的位置不同而忙闲不同的。"

"真有意思！原来如此。大叔的故事真不少呀。"内存看着硬盘又不由得赞许道。

"是吗？谢谢。那就再给你们讲个磁芯出差的故事吧。"也许是赞许的作用，硬盘挪动一下身子又兴致勃勃地讲了起来：

"十几年前，我的一个硬盘兄弟在某实验室的一台 PC 里工作，存有大量的实验数据。合作单位要他的主人带着数据去外地测试。带上一台微机显然不便，当时又没有网络，左右为难，最后决定把硬盘从机器上卸下来，带到测试现场后再安装在同一型号的机器上。

"主人把我那哥们儿装进一个铺着泡沫塑料的盒子里，再把盒子放进装满衣物的提包里。一路上，他小心翼翼，轻拿轻放，不料过分小心的样子引来了许多好奇的眼光。还有两个贼眉鼠眼的人竟盯上了他，我想那两个家伙也许以为提包里定是古董瓷器，至少是光绪年间的。哈哈！主人好像也感到了异常，于是就主动给两个同事讲起了磁芯出差的故事。下面我就复述一遍他的做事。"

"很早以前，我还是个学生，一次陪我的老师护送磁芯存储器去安装在一台测距仪上。老师带着它上了火车，走进一节软卧车厢。连卧铺都没有坐过的我和同学们，看到比沙发还讲究几分的软卧，齐呼'哇'，都抢着要享受一下软卧的滋味。不料老师一脸严肃地说，'这卧铺不是给你们坐的。'同学们都一下子停了下来，不好意思地请老师去坐。可老师说，他也不能坐，这软卧是领导特批给磁芯存储器的，为了这事，他还专门打了报告。因为比绿豆还小的磁芯里面还要穿过几条铜丝，自然都十分娇贵，震动不得，只好软卧伺候。同学们都尴尬地看着软卧不知道如何是好。但见老师小心翼翼地把磁芯存储器放在软卧的左端，突然对大家说，让磁芯他老人家坐上座，咱们坐边上陪他。同学们一听，都抱着老师笑了起来。"

老硬盘停顿一下，使劲地扇了两下扇子，又说："我那哥们儿的主人，末了，指着身旁的提包大声说：'可惜，今天我们带了个硬盘，要是磁芯存储器多好。'旁边的同事马上接话：'是呀，那样我们就可以跟着坐软卧了，哈哈！'"

听到这里，RAM 低声说："带着一块铁疙瘩出差，也还是不大方便。"

"是呀。后来出现了可移动硬盘，独立于机器之外，只要简单地和机器连接就可以使用。尤其是现在的优盘，那真叫方便……"硬盘还没说完，一块儿蓝色的优盘从身后蹦蹦跳跳地来到硬盘面前说："硬盘大叔，是在说我吗？"RAM 连忙说："在夸你呢，体积小、重量轻、容量大、便携带。嘻嘻。"

秋成听到，立刻想起了优盘"课件"，仔细一看还真是她。正要起身打招呼，却听她得意地说道："那当然了。俺是用芯片做成的，芯片里有许多叫作门的晶体管，门打开，电流导通，记'1'，门关闭，记'0'。不像硬盘大叔那样……"一旁的 RAM 又笑着插话："小狗撒尿式。"优盘看了他一眼，没有理他又继续说："不像硬盘大叔那样，在磁盘上做标记，也不像光盘那样挖坑。哈哈。所以，大家叫我们固态存储器。

"人们更青睐的是使用方便，不需要驱动器，只要有 USB 插口，随时插拔即可。所以也称我们为可移动存储器。

"我还有许多姊妹，像 SM 卡、CF 卡、SD 卡等，她们也属固态存储器一类。她们更小，或像信用卡，或像邮票。"（见图 8-5）优盘正要往下介绍自己的姊妹，忽然看到秋成在悄悄地向她招手，便转过头去叫道："CF 卡妹子，快来见见前辈们。"说完就悄悄地绕到机箱后面朝秋成跑去。

图 8-5　固态存储器类的 CF 卡、SD 卡

CF 卡听到优盘叫她，不知从哪里飘飘悠悠地来到机箱里，顺手抓住一根导线悬挂在半空。然后细声细气地叫道："前辈们好！我来也。哈哈！"硬盘侧身向上看了一下，心想：这个调皮的小家伙。然后指了一下 RAM，正要介绍各位，不料那 CF 卡抢先说话："知道，知道。你是以海量存储驰名 IT 界的硬盘大叔，他是 RAM，主存。主——！能以'主'字命名，可见是个重要的主儿，难怪大名鼎鼎。他，ROM，Read Only Memory。只读，只读？有意思。嘻嘻。"

ROM 听着 CF 卡说话如此随意，心里有些不快，头也不抬，说道："既然认识我们，那就请阁下自我介绍一下吧。"

CF 卡并不在意，咯咯地笑着说："阁下？您客气。在下 CF 卡，乃基于闪存技术的固态存储器，特点是耗电量很低，且无须电池也能保存数据。属 90 后，常用在数码相机、MP3、笔记本电脑等便携设备中。"

ROM 在一旁淡淡地说："啊，小朋友啊。"CF 卡听罢心中暗想："小瞧俺？"于是提高声音说："是呀，我的个子不大。不过，俺的容量还算可以，一般在两个 G 左右，目前有的兄弟已经达到 64G 了。年纪不大，但还有些经历，随着主人去过世界不少地方。遍游名山大川，尽览名胜古迹；见过如云美女、罕见帅哥，个个如西施再世、潘安拷贝。请问老兄您都去过什么地方，不会是一直在机器里'宅'着吧？对，我忘记了，你见过 CMOS 姐姐好几次呢。哈哈！"

ROM 心想："这小丫头说的倒是不假，但这口气却让人听着不那么舒服。"就直直地看着她戏谑道："反正现在只是计划生育、限购住房，还没来得及出台限制吹牛的条例，您就抓紧时间吹吧。呵呵。"

CF 卡单手拉着导线，一边慢慢地来回荡着，一边调皮地说："看来你是不相信了。那就问问 RAM 吧，我存储的照片常常要在他那里处理一下的，比如加上注释信息等。是吧，RAM 大人？"

RAM 摇摇头说："对不起，不记得了。关机以前发生的事情，我是不会记得的，也不感兴趣。"CF 卡向外摊了一下双手做出失望的样子说："没有办法，看来那些传说是真的了：RAM，忘性比记性还大，从来不记忆昨天的事情；ROM，死心眼儿，一辈子就只会说出生时教给他的几句话。哈哈哈。"

RAM 斜视着 CF 卡，嘴角上挂着一丝轻蔑的微笑，没有说话。硬盘却慢慢地说："小姑娘，你的话很偏颇。你想啊，即使你游历甚广，保存不少照片，可当你的空间存满时，不还是要转到我硬盘上来吗？也许，我也需要光盘帮忙，刻录到光盘上去。这就叫配合，配合！"ROM 突然站了起来，眼睛瞪得大大的，直盯着 CF 卡大声嚷道："小丫头，你等着。下次你要转储照片时，我就连出生时教给我的话也不说——一条启动的命令也不读出来，看你还能启动机器不！哼！"不料，说话用力过大，一阵气流将纸片一般的 CF 卡吹得飞了出去。

硬盘笑笑说："那小妹妹说的也倒是实话，近些年来固态存储器确实是很受关注的一种新型存储介质，已经有固态硬盘在使用，而且在性能上能够提升上百倍。只是目前由于价格比传统的硬盘贵，加之寿命也有限，还没有像我们这些硬盘这么普及。"

"其实，连我自己也感到很大压力的！"老硬盘不由得叹了一口气说，"过去的十几年里，CPU 的处理速度增加了五十倍，内存的存取速度也大幅度提升，而我们硬盘的存取速度只增加了三四倍。所以，CPU 老大一说起来就嫌慢，甚至指责我们硬盘是电脑系统的瓶颈。有了固态硬盘，也算我们同行有了些进步吧。"

ROM 连忙安慰硬盘说："别介意那些，您的存储容量之大一直是其他存储器无法比拟的呀。"

不料硬盘却摇摇头说："大小是相对的，目前一般硬盘的容量也就是几十个G、几百个 G，虽然也有号称 4T 的，但相对于存储需求的增长还是不能适应。我那里存放的资料里就有不少什么'目前正处于 PB 级时代、大数据时代'，等等。还有统计资料说：2011 年，全球数据量是 1.8ZB ，如果将其全部存入 4TB 容量的硬盘中，需要 4.5 亿块硬盘；到 2015 年，数据量将达到 8ZB。"

听到这里，内存惊奇地叫道："哎呀，那得用多少硬盘呀！"

"当然，不会把所有的数据都存放在一个地方，而是分散地放在网上的许多节点上，各个节点用磁盘阵列存储，使用时通过网络访问磁盘阵列。"硬盘又神秘地说，"所谓磁盘阵列是用多个磁盘组成的一个阵列，可以当作单一磁盘使用。阵列中将数据以分段的方式存放在不同的实际磁盘中，访问阵列时，阵列中的相关磁盘一起运作，可以大幅降低数据的存取时间。这就像几个人同时干一个活儿一样。比如，本来放在一个磁盘上的大文件，现在分段存储在四个硬盘上，理论上存取时间后者是前者的四分之一。"

内存迟疑一下说："啊。对了，我模模糊糊地记得，曾有资料说到过网盘什么的，大概就与磁盘阵列有关。"

"对。"硬盘得意地说，"有了磁盘阵列就可以让更多的人享受网盘服务。网盘，也叫网络硬盘、网络优盘，是一种在线存储服务。其实就是把服务器的硬盘或硬盘阵列中的一部分容量分配给注册用户。用户则可以像使用自己机器上的硬盘一样使用网盘，而且无论在家里、单位，任何地方只要能上网就可以使用。再不会有忘带优盘的尴尬，而且也不会丢失。真是方便，那才叫——爽！"

躲在一旁的秋成心里一动：原来还有这样的方便！那不该叫什么"爽"啊，那叫"得劲儿"！

老硬盘又接着说："要说大呀，人家磁盘阵列才叫大呢！听说已经有 4 个多PB 的阵列了。与他们相比，我老朽真是渺小得很呢。"

ROM 和内存听罢，惊得有些发呆，不知道说什么好。

再说那 CF 卡被一口气吹得老高，"啪"的一声正好落在了 CPU 身上。正在散热器下面休息的 CPU 被惊醒了，出来一看，见 CF 卡噘着小嘴坐在地上，连忙上前问道："小姑娘，怎么跑到这里来了？"CF 卡含着眼泪把刚才的事情诉说一遍，并要 CPU 给她主持公道。CPU 呵呵一笑，和 CF 卡一起来见 ROM。

硬盘他们见 CPU 过来，都连忙站起身来和他打招呼。CF 卡指着 ROM 说："就是他推我的！还威胁说下次我用机器时不给启动呢。"

面对老大，ROM 连忙解释道："哪里，哪里。不是推，是不小心吹——chui——吹倒了她。"

CPU 一听，转过身来对 CF 卡说："没事儿。像你这 90 后，哪能和他们老小孩儿一般见识。你听到了吗，那 ROM 还在学汉语拼音呢！"一句话逗得 CF 卡破涕为笑了。

CPU 又对大家说："各个部件相互交流是件好事情，可以增进了解，以便相互配合。多年的工作使我体会到：不同的存储部件都有其独特功能。比如，内存能快速地直接为我 CPU 提供正在使用的程序和数据。虽然关机后不能保留信息，但并不影响他的正常工作。硬盘主要用以长期保存软件、数据，还是一种重要的输出设备，他的海量存储能力是别人无法替代的。各种各样的移动存储设备，则以方便脱机保存数据和数据交换备受用户青睐。即使很少与用户交往的 ROM、CMOS，在启动机器、记录配置信息等方面，也都默默地做着贡献。兄弟们，咱们是一个团队，一个也不能少！"

听到 CPU 如此肯定各位，大家都高兴地鼓起掌来。CPU 又习惯性地叉着腰指示："显然，不同存储部件的设置都必须考虑功能、容量、速度和价格——一位信息的平均价格。综合考虑这些因素，目前的计算机都采用磁、光或半导体等多种存储技术，形成由不同存储设备组成的层次结构的存储系统。以中央处理器为基准，由近到远依次是高速缓存、内存、硬盘缓存、硬盘和可移动存储设备。处理器则采取由近及远的访问策略，直到找到所需数据为止。踏遍所有层次都找不到，才只好报错。"

RAM 他们仔细地听着，就连 CF 卡也不住地点头。CPU 心里高兴，话题一转说："我很为存储设备的合理配置而自豪！比如，缓存的使用是何等的巧妙！比起人类的某些生活方式，要科学多了！嘻嘻。"已经平静下来的 CF 卡也说："他们不少人在市中心工作，却把存储自己的缓存设在五环之外，每天为传送自己花费不少时间。有一年过节，主人带着我开车回家，没走一会儿，他们就停下来玩儿起了扑克。我心里纳闷，怎么不回家却在车里耗着？后来才知道，人类给这种现象起的学名叫'堵车'。明明是车被堵了，他们却硬说是'堵车'，哈哈！"

"哈哈，你们还知道这些呢！"一直在听他们议论的秋成，禁不住笑出声来。这群精灵大吃一惊，慌忙逃回了机箱。只有硬盘，或许仗着自己身强力壮，又一身装甲，慢条斯理往回走。

秋成看着硬盘憨憨的样子，好奇地伸手在他背上轻轻地摸了一下说："真可爱！简直是个壮实的小乌龟。"硬盘回头一笑说："谢谢。呵呵，喜欢的话，就去网上看看吧，我兄弟们的照片更美。"

这才是：
存储系统亦团队，莫论你我尊与卑。
相辅同把奇迹创，团结当比黄金贵！

硬盘走了。秋成关闭了 VR 学习机，心里却还在想：网上？对，上网，弄它一群小乌龟下来，才好玩儿呢。
欲知后事如何，且看下文分解。

第九回
二郎击掌撼三巷，四童上网游五洲

话说冬毅做了个模型键盘，颇为得意，爱不释手，就连卖菜时也带在身边，一有空就拿出来练习指法。过路人见那小伙两只手五指分开，在一块白板上来回移动、敲击，好生奇怪。不一会儿，邮局前面就围过来不少人看稀奇。一个中年汉子好奇地问："小子，练的什么功夫啊？"又笑呵呵地说："来三根儿黄瓜。"说着从赤裸的肩上取下短褂，摸出几张零钱。冬毅赶忙把黄瓜递给他，稍带不好意思地说："玩，玩儿呢。""玩儿？"汉子转身没好气地说，"这孩子，做生意还玩儿！"人群中自有明白人，忙解释道："这是买不起计算机，用这玩意儿练习指法呢。好孩子，够刻苦的！"于是，不少人都投以赞许的目光。更有些人还主动地买了些菜去，并小声说着："甭找了。"似有鼓励和赞助之意。冬毅连忙把一些芫荽（城里人叫作香菜）塞进他们的塑料袋子，被感动了的小冬毅又不断地说着那句话："俺娘择好的，一洗就能吃的。"

这天，常鸿姐姐常璎值日，一大早就来到邮局打扫卫生，打算完事后再回家吃饭。擦窗户时，居高临下，把邮局门前那冬毅在卖菜间隙练习指法的场景就看了个全方位，不由得拿着抹布沉思良久："好个懂事的小伙儿！差不多的年纪，俺家常鸿恐怕现在还在睡懒觉呢。唉……"

姐姐回到家里，放下买好的早点，朝正在刷牙的常鸿说："常鸿少爷，今天起得这么早。""当然。"常鸿得意地应道。姐姐哼了一声说："你的那个同学都卖了一挑儿菜了，还感动了半条街的人。""谁呀？"常鸿问。"那天在邮局买邮票的小伙子。"姐姐说完就去摆放餐具了。"又是那个冬、冬毅吧？"常鸿听罢，胡乱地擦了把脸，快步回到房间，抄起书包，就往楼下跑。

太阳已升起老高，许多人都提着买好的东西往回走着，集市上剩下的多是成心体验"逛"街味道的人。冬毅也麻利地收拾着东西，准备回家。突然，一阵摩擦声在他面前响起，却又戛然而止。抬头一看：一只白色耐克运动鞋在地上画出了一道长痕，两条细长的穿着牛仔裤的腿斜挂在捷安特车座上，再上面是一件格子衬衫裹着一个瘦小的胸腔，肩上斜挎一个精致的黑色挎包。最上端，是一副让人触目难忘的大墨镜。"啊，是他！"冬毅不大自然地一笑，算是打招呼。因为他知道，整个昆阳城里也没有几辆捷安特自行车，这种车在这里的标志性系数，不亚于大城市里的奥迪 A6 轿车。

"嗨，冬毅。"牛仔裤腿与地面垂直了，捷安特斜靠在腰间，鞠常鸿接着说，"听说你做了个键盘，让咱见识见识。"说着放好车子，跨过菜筐，弯腰拿起键盘，左右打量：逼真的布局，一样的大小，工整的字符。这使鞠常鸿不由得显出几分惊奇：这家伙还真能鼓捣，但绝不能让他占了上风。于是，就在键盘上摁了两下，故意高声笑道："哈哈，假的！没有声音，——哑巴键盘呀！"冬毅在一旁看着常鸿那充满轻蔑的样子，满脸涨得通红，冷冷地说："没说是 IBM 的！能练习就行啊。"鞠常鸿很随意地把键盘丢到菜筐里说："那就用它给我发个邮件吧，练习——练习！"还故意把重音放在"练习"二字上。"鞠常鸿，你……"冬毅有些沉不住气了，忽地站起来，但想起母亲的嘱咐"卖菜时不要和人争吵"，又降低了声音说："这个当然不能，但并不是只有有计算机的人才会发邮件吧?!"常鸿好像感到了自己的一些优势，取下挎包，蹲在地上，拉长声音得意地说："笔——记——本，真正的 notebook！作为对你的回报，我也让你见识见识。"说着把菜筐扣在地上，取出笔记本电脑来。冬毅知道这是赤裸裸的炫耀，但毕竟没有这么近距离地看过那新鲜玩意儿，还是凑了过来。常鸿掀开屏幕，并不开机，只是在键盘上随便地按了几下，随之发出一阵清脆的击键声。"听见了吧，不像你那哑巴。哈哈！"此时，鞠常鸿满怀全胜的喜悦和十二分的优越，又对冬毅说："怎么样，拜我为师吧，叫声大哥也行。——让你玩玩儿笔记本。保证！呵呵！"如果说，常鸿刚才的炫耀尚可接受的话，这番话就大大超过了冬毅本能的自尊警戒线！于是他不冷不热地答道："在下不才，不敢高攀，拜师就免了吧。"然后又对常鸿说："如果你把笔记本借给我玩儿三天，十年后我给你一个比笔记本更贵重的玩意儿！"正在享受优越感的常鸿，怎么也没想到在这种情况下冬毅又给他来了个回马枪，便下意识地站了起来，却有点儿不知所措。

不知什么时候，邮局门前又聚了不少人，他们本来就是"逛集"的，对这两个半大孩子不常见的玩儿法，当然不能放过。常鸿见状，明知冬毅是在反击自己，可又不能退缩，问道："真的？""真的！我也保证！呵呵。"冬毅立刻应道，并伸出右手，做出击掌的样子。周围的人也杂乱地起哄："看谁先孬？""不当孬种！"常鸿快速地转着脑子："小子，你拿什么给我买呀？骗人！可也不能当众输给这卖菜的小子。"想到这里，立刻伸出右手，"啪"的一声击在冬毅的掌上，大声说："十年后，就在这儿，找你！"冬毅也低沉地说："等你，就在这儿！"看客们齐声喊道："好！好样的！"过了一会儿，人们好像也颇为满足地散去了。

常鸿骑车离去，心里却一直在想："为什么会这样？为什么？"

冬毅挑起筐子，收好键盘，正要回家。忽听有人叫他："李冬毅。"转身一看，是实验室的张老师。老师简单地说："明天课外活动时，你去一下实验室。""老师。"冬毅还没有从刚才击掌的情景中走出来，慌忙应道。稍稍平静后马上又补充说："老师，我已经把键盘擦干净了，干净了。"老师笑着低声说："不是那事儿。去吧。"说完头也没回就走了，好像他根本没有看到过冬毅一样。

次日下午，刚下第二节课，冬毅就来到实验室，一声"报告"，满脸拘谨地站在老师面前。老师直截了当地说明：欣赏他自制键盘学习指法的劲头儿，愿意帮助他学习计算机。惊喜一下子驱散了冬毅心中的不安，连忙低声说："我，我会努力学的！谢谢老师！"

张老师让冬毅坐在身旁，详细地演示了网上浏览、信息检索、下载、上传等基本操作。小冬毅聚精会神，目不转睛，像块干渴的土地把这意外的知识雨露尽收心田。过了一会儿，老师说："你试试看，不清楚的就问。"也许是专心强烈地激发了冬毅的记忆本能，竟把老师的演示都正确地做了一遍。老师也对冬毅的好学和聪明颇感惊奇。"很好，你再练练。我打扫一下卫生。"老师高兴地说。清贫的家境，赐给了冬毅勤快的习惯。张老师话音刚落，冬毅就马上拿起扫帚和老师一起打扫了起来。

放学了。校门前的马路霎时间变成了一条渠，奔腾着欢快的自行车流。夏莹和春妮并排骑着，秋成照例跟在后面。秋成看到一边躲闪车子一边往前走的冬毅，叫道："冬毅，快上来。"冬毅紧走两步说："你行吗？""把'吗'字'delete'掉，不就光剩'行'了吗！"秋成调皮地卖弄着刚学来的编辑术语。

"冬毅？"夏莹听到有人喊，心里不由得一动，于是就放慢了速度。原来，她也听说冬毅在集市上又遭鞠常鸿讥讽，这阵子心里正惦记着他呢。春妮不解，回头不断催促着。夏莹只好倒踩了两圈脚蹬子——链子哗啦一声掉了下来。

夏莹不慌不忙地把车子在路旁停稳，春妮也返回来帮忙。正在这时，秋成也赶了过来。冬毅忙从后座上跳下来，蹲下去整理夏莹的车链子。春妮突然悟出了什么，闪在一旁朝夏莹打趣："啊，原来如此！这链子掉得——真是及时的、必要的。"夏莹反唇相讥道："死妮子，想掉你也掉呀！"春妮更不饶人："我想掉，可不知道等谁呀。嘻嘻。"冬毅站起来，用沾了不少油渍的手示意："OK。"夏莹并不言谢，只是递过一张纸巾来，低声问："鞠常鸿昨天又欺负你了？""没有，没有。"冬毅低头擦着手说，"只是炫耀炫耀他的笔记本，还转了几个网络新词。"春妮听罢，一脸不服气地说："咱们也抓紧学网络，他就没什么可显摆的了。"不料冬毅抬起头说："并不很难，我刚学了一些。只是没有上网的地方。""教教我们。到我……"本想说"到我家去"的夏莹，觉得不妥，马上改口，"到我们的馆爷家去吧。"

馆爷家堂屋门口。"爷爷好！"四个孩子不约而同的叫声把关先生从沉思中唤出。夏莹第一个跑进屋子说："爷爷，我们想学上网。"馆爷慢慢地抬起头来说："稍等一下，我写完这一段，咱就上网。"春妮看到屏幕上一段文字，标题是《梦回昆阳》，十分好奇，但又不好此时打扰，连忙说："冬毅学会了，让他先教我们吧。"馆爷高兴地看了一眼冬毅，心想：不错，不错！小伙子进步好快呀！接着关闭正在处理的文档，输入用户名和密码，为孩子们做好了上网准备。然后拿出笔记本放到了沙发旁的茶几上。

"我们先学浏览吧，很好玩儿的！"冬毅移动鼠标到一个"e"字形的图标上说，"这是 IE 浏览器，双击打开浏览器，然后在这里输入希望浏览的网址。"说着又指向刚弹出的页面上端的地址框。"我们不知道网址呀，怎么办？"春妮着急地说。冬毅单击地址框右端的倒三角符号说："这里通常有近期浏览过的网址记录，就选这个吧——新浪网。"说罢，选中"www. sina. com. cn"单击，那个网址马上出现在地址框内，不一会儿就弹出一个新浪网页面。但见五颜六色，非常丰富。"新浪网首页，对吧？"半天没有说话的秋成问道。春妮看了看说："秋成，行啊！""敝人也略知一二，皮毛而已。"秋成不无得意地说。冬毅接着说："这页面上有目录：新闻、体育、教育、科技，还有旅游，等等。点击一个就会显示相应的标题。比如，点击'体育'……""别，别。点'旅游'，'旅游'。"春妮不等冬毅说完就急切地说，"我妈总念叨着什么时候能去云南大理看看。"秋成笑着说："阿姨看《还珠格格》太多了吧？哈哈。"夏莹似乎已经大致明白了浏览的意思，轻轻推开冬毅的手，接过鼠标，点击了"旅游"目录。接着逐层点击"全国旅游景点"→"九寨沟"，对春妮说："先让阿姨看看九寨沟吧，我请客！哈哈。"一幅"九寨沟之秋"的图片立刻出现在屏幕上：青山，绿水，红果压枝，非常清新。"哇！好美啊。"大家不禁同声赞叹。

"超链接，也叫链接，"冬毅稍微提高了声音说，"是另一种寻找网页的方法，也是一个新的概念。"说着，冬毅在地址框里试着输入几个网址，终于成功显示了北京大学的校园网。"北京大学！"小朋友们几乎齐声惊呼起来。"是，咱们先去北大看看，将来报到时就知道怎么走了。哈哈！"冬毅十分兴奋，一反之前的腼腆，说出了心里深处的话。

"请注意，网页上有些文字下面有下划线或者颜色不同，表示它们是链接。当鼠标指针接触链接时，就会变成小手的样子——手形指针。点击它就会显示相应的网页。网页中也可能还有链接，如果感兴趣，就可以不断地点击、打开，从一个页面跳到另一个页面。所以，也把浏览网页比作'冲浪'。"

冬毅边解说边操作，翻了几下又打开一个网页，竟有一个"老三届"的链接。回过头来问："秋成同志，知道什么是'老三届'吗？""什么呀？不知道。"秋成毫不在意地说。冬毅顺手点击那个链接说："正好看看链接。"于是，一个新的网页弹了出来。竟是一段文字：

1966、1967、1968 三届初、高中毕业生，合称老三届。当时在高中、初中的三届学生，出校后基本都当了知青。"老三届"们下乡，大都是去了边疆，如东北的北大荒、云南的西双版纳、内蒙古等。后来，知青上山下乡的运动停止了，却留下了不少关于知青的小说和电视剧。

"看，这里还有链接。"冬毅指着"北大荒"说，"再去那儿看看？"春妮却说："跑哪儿去了？不是看北大校园的吗！"冬毅有些不好意思："好，好。返回去。"于是，在网页上方连续点击"后退"按钮，又回到了北大校园网。"啊，明白了。"夏莹说，"网页上端有两个按钮'后退''前进'，点击它们，可以沿着不同的方向寻找刚刚浏览过的网页。"这时，冬毅找到了"校园风光"，未名湖、博雅塔、大讲堂等图片都跳了出来。湖光春色，塔峰高耸，古典与现代交融，美不胜收！

博雅塔像一支火炬一下子点燃了孩子们憧憬的火焰，把一张张小脸映得通红，半天竟没人出声。反常的安静吸引了馆爷，他没有抬头只是问道："怎么了，孩子们？"夏莹口快，突然说："哈哈，北大校园，太美了！他们都在想着去那儿上学呢！""上大学！？"馆爷不由自主地抬起头来，"好哇。其实，未名湖美，能在湖边读书更美！——当年……"老人用棕色的手绢擦了一下眼角，然后又平静地俯下身去。只有细心的春妮注意到了馆爷那细小的动作，原来"上大学"

勾起了他一段希望和着辛酸的往事。

"你是咋知道北京大学的网址的?"夏莹突然小声地问冬毅。冬毅连忙回答:"猜的。其实,网址是有规律的。网络中每台机器和每个网页都有它的地址,就像每个人都有通信地址一样。这个地址称作唯一资源定位符,英文缩写为 URL。而 URL 的组成是有规范格式的。"(见图 9 - 1)。

说着,冬毅在旁边画了个草图,并认真地解释着:"这也是一所大学的网址。其中:'http:'表明采用的协议是 http(超文本传输协议),'www. bit. edu. cn'表明要访问的机器域名。那个'www'是一样的,'bit'是那个学校的英文缩写,'edu'部分叫顶级域名;不同机构的顶级域名是有规定的,cn 就是中国的域名。所以北京大学的域名,就不难猜到了——pku. edu. cn。"(见表 9 - 1)。

http://www.bit.edu.cn/network/news/work2003/news_973lixiang.htm

协议　主机名　　　　　　路径及文件名

图 9 - 1　URL 示例

说着,冬毅又捣鼓出一个表格来,然后指给夏莹说:"最后一部分,'/network/news/work2003/news_ xy. htm'表示网页的路径和文件名。不好意思,现在我还不知道'路径'是什么意思。"

表 9 - 1　常用顶级域名及其对应机构

顶级域名	域名类型	顶级域名	域名类型
com	商业组织	mil	军事部门
edu	教育科研机构	net	网络服务机构
gov	政府部门	org	各种非营利组织
int	国际组织	国家或地区代码	各个国家或地区

夏莹虽不是太清楚这些新词,但基本明白了意思,带着几分赞赏说:"比较聪明!""而且,相当可爱!"旁边的春妮紧接着小声说。夏莹伸手在春妮腿上拧了一把:"你是相当的可恶!"

"请安静!我给大家推荐一种很有用的方法——检索。"冬毅学着老师的口气把话题岔开,"互联网上有着极其丰富的资源,多以网页形式存在。但我们不可能全部记住它们的地址,好在搜索引擎能够帮助我们查找需要的信息。这就是检索。常用的方法是：

"在搜索引擎的查找框中输入关键字，搜索引擎就会自动找出相关的网页。百度、搜狐、新浪都有搜索引擎。"

春妮在一旁问道："可以搜索成语吗？""当然。比如，我们写作文，想找个勤奋读书的成语或典故，就可以检索。"说着，冬毅在地址框右端的三角符号上单击，"看看关爷爷用的什么搜索引擎。啊，百度——http：//www.baidu.com。单击，打开，在这个方框中输入'刻苦读书 成语'。"

"关键字吗？"夏莹又轻轻地问。"对。'刻苦读书''成语'都是关键字，输入多个关键字，可以查得更准确些。不过，其间要用空格分开。"冬毅一边回答一边按下了回车。秋成叫道："啊，查到的还真不少。不过，'悬梁刺股''牛角挂书'，地球人都知道了。"春妮拉过键盘也输入了一个，挑战似的看着秋成："这个呢，地球人？"秋成摇摇头，春妮这才按下回车，并点击其中一个搜索结果，一段解释显示出来：

韦编三绝：韦编，用熟牛皮绳把竹简编连起来；三，表示多次；绝，断。编连竹简的皮绳断了多次。比喻读书勤奋。出自孔子晚年读《易经》的故事。

"高，高！实在是高！网络真棒！"秋成又自嘲地说，"古人能韦编三绝，读书万卷，我们以后要日览千页，开阔视野！""好！秋成说得好。"馆爷合上笔记本，看着点滴知识给孩子们带来的愉快和激励，满心欣慰跃然脸上。

可当老人走近孩子们时，脸上却有些沉重。春妮轻声问："爷爷，是我们打扰您了吧？""哪里，哪里。"馆爷摇摇头十分郑重地说，"你们开始学习网络，我很高兴，不过也有几分担心，所以——""怕我们染上网瘾，是吧？"没等馆爷说完，夏莹就像表决心似的说，"爷爷放心！我们都是好孩子。嘻嘻。"

馆爷语重心长的样子让孩子们更加认真起来，仔细地听着馆爷的每一句话：

"网络的确是个好东西，它给人们带来了许多方便。天气预报，股市行情，各种资料，几乎无所不有，真的是足不出户能知天下事了，甚至偶尔断网就会觉着像崴了脚一样不方便。

"但是，世界就是这样，方便往往也伴随着副作用。比如，粮食不缺了，会出现浪费食物的毛病；家境富足了，容易忘记节俭的美德等。电脑和网络的方便，也使许多人放弃了思考，动不动就下载、复制，连'心得'也变成'网得'了，不知不觉地把自己变成了一台肌肉丰满的活生生的复印机。

"还有些人，把网络当成猎奇的场所，一味寻求刺激，模仿时髦，甚至形成一些浮躁的、不负责任的习惯。更有甚者，沉迷于网络的虚幻之中，忘记了现实、忘记了责任、忘记了自我和尊严，成了网络'瘾君子'，耽误了自己，伤害了父母，甚至酿成了悲剧。"

听到这里，春妮忍不住插话："我们邻居有个小孩儿，经常逃学偷着去网吧，学习成绩越来越差。他娘知道了就狠命地打他，那小弟弟哭得好可怜啊。可是没过几天就又去网吧了。真不知道该怎么办好。"

馆爷沉思一阵，又很动情地说：

"网瘾是个复杂的社会问题，我只想给你们一个建议：要爱父母，爱自己，有目标。

"父母含辛茹苦供子女读书，不能想象当你把他们省吃俭用给你上学用的钱送给网吧老板时，于心何忍？爱自己，其实也不容易。青少年时期是长身体、学知识的阶段，如果沉溺于网络，无奈之下，先偷家人，再偷他人，最后把本是少先队员的自己弄成了少年犯，那是多么的可惜、何等的无知呀！

"目标，呵呵，要养成树立目标努力实现的好习惯。目标有远有近、有大有小，比如按时完成作业、明白一个道理、学会一个技艺等。有了目标，就有了动力，自然就不舍得随便浪费很多时间了，而且会在不断努力之后享受成功和愉快，那是其他刺激无法比拟的，不可替代的。随着知识和年龄的增长，就会树立更大的目标——成为对亲人有担当、对社会有责任的人。"

馆爷站起来又对大家说："希望你们学会了上网，能让老师和父母高兴，而不是让他们担心和忧虑。记住我的提醒，好吗？""记住了！"小朋友们一起说着，就像下课时说"老师好"一样整齐。

这正是：
一网打尽天下事，古今中外无不及。
目标在胸常记起，不被绑架学驾驭。

回到家里，夏莹坐在桌前暗自思忖：他家里没有计算机却想方设法学习，这冬毅还真是可爱……如果能和他常通邮件就好了。想到这里，她的脸上不禁泛起一丝甜蜜的微笑，可马上又使劲地挥了一下手——学习。打开计算机，可没有想到却收到一封让她无比厌恶的邮件。

欲知后事如何，且看下回分解。

第十回
说邮箱常鸿引经，息是非秋成据典

周五下午，课外活动，南操场上，几个同学正在打球。鞠常鸿，白球鞋，红背心，十分耀眼。突然一个远投空心入网，场外几个女生齐声喝彩："常鸿，常鸿！好球，好球！"常鸿跑向后场，并得意地向她们招了招手。

"冬毅，来玩儿会儿。"一个男生看到冬毅正从球场边路过，朝他叫了一声。冬毅微笑着摆了摆手。鞠常鸿连忙转过头来叫道："冬毅，不玩儿吗？那就给我们送点儿黄瓜吧。"那男生斜了一眼常鸿说："说好了打完球请我们吃雪糕的，怎么又变黄瓜了？"常鸿小声地说："逗他呢！"说罢把球交给另一个男生，朝冬毅跑了过去。

冬毅知道鞠常鸿不怀好意，便问："要多少？""三十根吧。"冬毅："好吧，价格照旧，不过要外加五十元运费。"常鸿暗想：这家伙还真不好对付。于是，话题一转："给你说个正事儿吧。我给你发了一封电子邮件，收到了吗？"冬毅停下脚步说："我没有给你发过邮件，又没有告诉你我的邮箱，你怎么给我发呀？"鞠常鸿为自己选择的切入点暗自高兴，带着几分自豪说："那还不容易！电子邮件的格式是规范的，由三部分组成：用户名、@ 、服务器域名。"说着，还蹲下来在地上画了起来。"用户名是申请邮箱时申请者确定的，要具体些，以免重名。邮件服务器向用户提供邮件服务，用域名表示，也表示了它所在的位置。中间的那个符号'@'读作'at'。"

"不要读成'圈儿a'啊，书上说的。"冬毅插了一句，接着说，"还是说说怎么猜到我的邮箱的吧。"

鞠常鸿站起来说："你一定会申请免费邮箱，目前常用的也就是新浪、网易等几个网站，而你使用咱们学校网站的可能性最大。至于用户名嘛，我猜你不会用英文名字或很有个性的怪名，初学者嘛，哈哈，自然，八成是'dongyi'什么的，也许还可能加上你的生日或班号。所以，拼成你的邮箱的可能组合也就不很多了。比如：'dongyi1－2@ sina. com''dongyi@ kygz－org'等，我就给可能的邮箱群发了邮件，总会有一个是你的。"

冬毅一愣：这小子真能琢磨，申请时还真是这么想的。鞠常鸿似乎也看出了冬毅的心思，就得意地问："怎么样，山人我算得如何？"

冬毅问："给我写邮件有什么事吗？"常鸿说："你看看就知道了。我的用户名叫'昆阳大侠'。"冬毅的心绪从刚才的惊异中缓过来，反问道："有事就说吧。天天见面，还用邮件？"常鸿却说："你连邮件都不会回复，还学什么计算机呀？"

这时，球场上一个男生朝这边喊："常鸿，该去买雪糕了！"鞠常鸿答应着，离开时却对冬毅小声说："你要不回复，我就给夏莹写邮件，一天不回，就写一封。"

冬毅并不觉着鞠常鸿怎么坏，就是讨厌他那自恃条件优越又爱耍小聪明的习惯。所以，对他的政策是：不敬，而远之；没有要事不登门。但使他心烦的却是常鸿要给夏莹写邮件——说不清什么原因，自己特别介意常鸿对她的打扰、接近……冬毅想着，走着，不知不觉地来到了校门口。

"冬毅！"大门口有人叫着。但冬毅竟一时没有反应。"冬毅老兄，怎么了？"秋成又叫了一声。原来是春妮等三人刚才听到鞠常鸿要冬毅送黄瓜，放心不下，就在这里等他。冬毅把鞠常鸿猜到了他的邮箱并要他回复邮件的事说了一遍。最后还不好意思地看着夏莹说："我给你申请的邮箱也是那个思路，所以……""所以，担心……"春妮这次没有嬉笑，一本正经地说，"写就写吧，不理他就是了，反正邮件也不能抓她的俘虏。"秋成也说："还是先看看鞠常鸿给你写的什么再说。走吧，去馆爷家。"

四小友径直来到馆爷屋前，冬毅轻轻地敲了敲开着的房门。"进来吧，爷爷的大门对你们是敞开的！呵呵。"馆爷听到熟悉的笑声和脚步声，料定是那几个孩子。夏莹第一个走进屋子说："城南关外正在修一条东西向的马路，以后来请教就更方便了。"馆爷站起身来高兴地说："信息高速公路接通了，柏油马路也多了，你们赶上好时代了。""'信息高速公路'？这个词我看到 n 次了，但并不理解；还有上次冬毅告诉我们的上网操作，基本上都会用了，也还不知道所以然。"春妮不大好意思地说着。秋成接着说："让爷爷给我们讲一下，深入浅出地。""呵呵，要求还挺高的。"关老先生笑了笑说，"计算机网络涉及通信、计算机、人文等多个学科，将来你们会学习相应的专业课程。现在了解一些基本道理，以便理解某些应用就够了。"

老爷子背着双手，在屋子里慢慢地走着说着：

"信息高速公路是借用高速公路比喻能够快速传输信息的通道——传输信息的通道称为信道。信息高速公路是用光纤电缆'铺'成的。光纤是一种像头发丝一样粗细、柔软，能传导光波的玻璃丝，多条光纤组成一束，便是一条光缆。一根光纤的信息传输能力，相当于几千根金属导线，可以同时传送几百个电视频道的图像信号，或者几十万路电话的语音信号。"

秋成突然兴奋地说："太棒了，以后就可以站在光缆下看电视了。几百个，专挑武打的。嘻嘻。"逗得关老爷子哈哈大笑起来。显然，秋成的理解是错误的，但这异想天开的思想闪光却既可爱又珍贵。于是馆爷只简单地说了一句："目前还是需要接入电脑才能看的。"夏莹则又及时地调了秋成一侃："等没人时，再换成琼瑶的言情电视剧，是吧？如果真能那样看电视的话。"孩子们又一齐笑了起来。

"Internet，"馆爷习惯性地伸出手来，好像要拿粉笔似的，接着说，"啊，因特网，也就是互联网，是以高速信息公路为基础组成的大型网络系统，几乎覆盖整个世界。其中，把一个局部区域，比如一个部门、单位或学校里的计算机连接起来，组成的小范围的计算机网络，称为局域网（Local Area Network，简称LAN）；把相邻的许多，比如一个城市里的局域网连接起来，称为——""城域网？"秋成小声地说。"对。城域网（Metropolitan Area Network，简称MAN）。"关先生用鼓励的眼光看了一下秋成。春妮推了一下秋成问："你知道？""猜的。"秋成轻声但很得意地说。夏莹却不动声色地说："恭喜你猜对了，奖红色糖豆一颗。"孩子们都笑着看向秋成。秋成却学着广告的腔调说："秋成今天不吃糖，要吃就吃大雪糕！"

馆爷继续说："广域网（Wide Area Network，简称WAN）又称远程网。自然，它通常由城域网连接而成，可以覆盖一个省、一个国家或更大范围。互联网就是一个最大的广域网。所以说，互联网是网络的网络。不过，互联网的前身远没有现在这么大，只有四台主机，叫APAR网。"

"'啊怕网'？有意思。怕什么？"秋成忍不住又问。馆爷说："是APAR网，A、P、A、R。APAR是美国国防部高级研究计划署的缩写。不过，你很有想象力。APAR 网还真与'怕'有点儿关系。它的最初设计目标就是构建一个能够经得住核攻击或其他灾难的具有多条路径的计算机网络。当网络的某一部分遭到破坏时，数据可以沿着幸存的通路继续传送。这样，网络既为用户提供了共享资源的方便，也提高了系统的可靠性。"

冬毅一直认真地听着。听到这里，欠了一下身子问道："爷爷，网上的计算机五花八门，怎么能相互认识、相互通信呢？"馆爷停顿一下，说："网上的每一台计算机都使用同一套规则，这种规则叫作协议。协议规定了数据的格式和计算机之间传输数据的方法等。就像街道上的车辆和行人都要遵守交通规则一样。互联网使用的重要协议叫传输控制协议/网际协议，简写为 TCP/IP。"

关先生慢慢地扫视了一下大家："还有问题吗？"然后接着说："网络的发展和普及提高了人们的工作效率，也改变了人们的生活方式。比如现在，喝杯热茶的工夫就可以把电子邮件发到亲人、朋友那里，不再会有'烽火连三月，家书抵万金'的艰难了。此外……""电子邮件！对了……"夏莹突然想起了鞠常鸿的邮件，不禁脱口而出。春妮小声说："看你急的，先听爷爷说。"关老先生没有明白夏莹的意思，问道："电子邮件，你们都会用了吧？"春妮立即回答："就会收发邮件，其他还没有用过。"

馆爷犹豫了一下说："电子邮件是网络上个人对个人的最常用的通信方式。与传统的邮政等通信方式相比，具有传送速度快、信息多样化、收发方便、成本低廉、不受时空限制等优点。"秋成也说："是呀，现在邮局门前的邮筒都快生锈了，很少有人再邮寄信件了。"馆爷笑着点点头，继续说：

"电子邮件的使用比较简单，学校等单位的邮件系统也为自己的成员提供邮箱，一些网站也免费提供邮箱。申请后，用自己的用户名和密码登录，就可以使用了。除了收发邮件，还有不少很方便的功能。比如：

"通讯录。当收到朋友的邮件时，系统会提醒'尚未加入通讯录'。把朋友的邮箱加入通讯录，以后发邮件可以直接使用，免得忘记或打错。

"签名档。就是发送邮件时自动签上自己的个性化名字。很酷的，哈哈。在邮件系统中有一项'设置'功能，选择其中的"签名档"项，填上签名的样子，末了点'确定'。之后，写完邮件再点'签名'就可以自动签名了。签名的样子还可以有多种。

"还有一个功能——定时邮件。比如，打算在朋友的生日给他发送邮件，就可以提前写好，并在撰写邮件的页面下单击"定时邮件"按钮，填写年月日时分，系统肯定会在规定的时间发送邮件，绝不会误事的。"

听到这里，夏莹小声地调侃秋成："你知道爸爸的生日吗？"秋成犹豫地摇了摇头，不好意思地说："我记住了，今年给爸爸发个祝贺生日的邮件，就用定时邮件。"

"对喽！"馆爷爷小声说，"用学会的知识为亲人服务，是最好的生日礼物。"

关老先生看了看表，提高些声音说："还有一个很实用的功能：阻止垃圾邮件。

"现在很多职业道德不好的公司或个人，经常利用邮件发送广告，从不问你是否需要，接二连三，不厌其烦。可以把这些邮箱列入黑名单——点击'设置'，选择'黑名单'项，把那些邮箱地址复制到'黑名单地址'框里，再点'添加'按钮。

"凡列入黑名单的邮箱，它发的邮件将被自动阻止。如果需要接受其信息时，再把它从黑名单中删除就'解禁'了。哈哈。啊！要记住：设置完黑名单后，还要在'是否开启黑名单'后选择'是'，才开始生效。"

听到这里，春妮伏在夏莹耳边兴奋地说："一会儿，把那小子列入黑名单！"秋成只是笑了笑，馆爷却像被提醒了什么一样，认真地接着说：

"爷爷想提醒你们：网络开阔了你们的视野，甚至会改变你们的学习方法。比如，许多知识不再只从老师或书本那儿获得，而是使用网络搜索，还可以随时使用网上提供的'帮助'或学习软件得到答案。

"同时，你们会在网络的虚拟社会中活动，所以也应该像在现实社会中一样，注意礼仪。不能因为互不认识就出言不逊，更不能爆粗口。"

几个孩子相互看了看，都认真地点了点头。

馆爷习惯性地掸了掸袖子，转身端起桌上的紫砂小壶。夏莹赶忙提过暖水瓶，趁加水的工夫说："爷爷，想看看我的邮件。"馆爷高兴地说："好哇，学会使用电子邮件了。网连着呢，我到院子里透透气，你们自己玩儿会吧。"

春妮、秋成早已来到电脑前，并把位子让给冬毅。冬毅打开邮箱，有些迟疑。春妮催促着："快找哇，看有没有鞠常鸿的邮件。""常鸿是不会给你写情书的，怕什么。"秋成也在一旁凑热闹。冬毅在"收信箱"一栏下逐个打开几封近两天的邮件，多是广告。"这一封！Kunyangdaxia，他的用户名。"冬毅指着说。接着选中邮件左端的小方块，再单击邮件的"发信人"部分，邮件打开了：

朋友，您好。

如果您不是我要找的冬毅，就不必读这封信了，并为对您的打扰，表示歉意。

冬毅，好。

那天南关大街，你我击掌为约，我十分佩服你的胆量。但思量数日，一直不解，不知你打算怎么筹集为我购置礼物所需资金呢？我粗略地计算一下：即便是一台笔记本，按 5 000 元计，冬毅先生卖菜，每月盈利 300 元，除去你们母子必需的最低生活费 250 元，需要九年的积累。真是不好意思，让你受累了。

敬请回复。如果你不愿意回复，我就只好请教夏莹了。

昆阳大侠

××××年×月×日

春妮看罢，异常气愤，狠狠地说："仗着家里有几个臭钱欺负人。别理他！""还是要回的，要不他……"冬毅有些吞吞吐吐。站在椅子后边的夏莹，邮件看得清清楚楚，而且知道冬毅为难的原因，气得嘴唇有些发抖，说："这个无赖！给他回复，骂，骂他一顿！"大家七嘴八舌，冬毅握着鼠标不知如何是好。秋成站在一边没有说话，却在想着什么。突然，秋成轻轻地从冬毅手中接过鼠标说："借用一下你的邮箱，把鞠常鸿的邮件转发给我们三个。"接着自己坐下操作起来——在冬毅刚才打开的页面上，单击"转发"按钮，然后输入自己的邮箱地址；回头又询问夏莹和春妮的邮箱，并分别填在收件人地址栏中，还在几个地址之间加上了逗号。最后单击"发送"按钮，得意地说："各位同学，现将鞠常鸿的邮件转发给你们，请查收。"话音未落，屏幕上却提示"发送邮件失败"。"啊！"两个女孩齐声惊叫。冬毅则俯下身来仔细看了看说："给多个邮箱发邮件时，邮箱地址之间必须用西文逗号隔开，你刚才可能用的是中文逗号。"说罢，修改，重新发送，系统提示"邮件发送成功"。"服了，哥们儿！"秋成拍了一下冬毅，又埋怨说："这些老外，真不够朋友！在中国使用电子邮件，非要我们使用西文逗号。"春妮也打趣道："你将来开发个什么软件，不会也要求老外们一定输入个汉字吧？哈哈！"

秋成又在冬毅的耳边悄悄地说了两句，然后打开自己的邮箱说："各位朋友，我要给你们发邮件了。"冬毅小声说："注意，邮箱地址的写法和刚才是一样的。"秋成在"收件人"的框里填好夏莹和冬毅的邮箱地址，却故意把春妮的填在"抄送"框里。"凭什么呀!?"春妮叫道。秋成却调皮地说："你的资质不够，低年级的同学嘛。哈哈。不过同样可以收到的。"说罢，在邮件编辑区写道：

各位同学：
就如何回复鞠常鸿邮件的问题建议如下，具体方法请见附件"锦囊"。
请春妮……越多越好。
请夏莹，也照此办理。
秋成……如此这般。
冬毅，按兵不动，静观其变。
……

两个女孩看罢，一齐说："什么呀，附件里是什么?"秋成却诡秘地说："天机不可泄露。回去一看便知。"冬毅不好意思地说："能行吗? ——谢谢你们!"

小朋友的情绪就像盛夏的天气：鞠常鸿的一封邮件使他们焦虑、气愤，心情的天空立刻乌云翻滚；秋成的"锦囊"，又像一阵清风一下子吹得云开雾散，天真之光又四射出来。

这时见关老先生从屋外回来，竟都围过去嚷着："爷爷，我们看到了您在写《梦回昆阳》。再讲一段吧，让我们体验一下先睹为快。"

"哈，闲来无事，回忆而已。想听，我就给你们讲一段柏油路的故事吧。"馆爷答应了，端起紫砂壶不紧不慢地讲了起来：

"大青山由北向南，途中向左伸出两个支脉，隔出一片不大的平原来。当地人都分别称三面的环山为北山、西山和南山。昆阳城就坐落在这个平原的东边。上帝似乎特别眷顾北山，在下面埋了很多煤，成了现在的北山煤矿。西山，有个水库，还有一条简易的公路，算是对西山地区的照顾了。南山，除了石头和荒草，似乎还没有发现什么比较贵重的资源。

"牛头岗村，坐落在南山脚下。几十户人家，一色的石墙茅舍，这些特征足可以用来在字典里解释'山村'了。村里与外界的联系，几乎全靠一条山谷。山谷的一边是自然的路，明显的标志是牛车的轮子和人们的双脚走出的白色轨迹。山谷旁的坡上用树干支起的电话线，虽然过度低垂，却是这里的现代化标志。

"一天，生产队长派村上最有外交能力的大本事叔、机灵的四杰和壮实的二蛋去北山拉煤，以备炕烟之用。队长交代说：'出了咱庄儿十几里，就是去北山的柏油路，那路好得很哩，架子车不用拉，风一吹自己就往前跑了。装上千儿八百斤煤，拉起来也不费劲的。'

"傍晚，大本事叔带领的三辆架子车终于来到了柏油路上。二蛋第一次看到那么宽敞那么平坦的大路，不禁叫道：'哎，真宽啊，比咱队里的麦场还大呢！'四杰说：'当然了。你不看看是谁家的，国家的家什自然要气派多了！'说着稍一用力，车子就飞快地向前跑动，直推他的屁股蛋子。两个小伙子兴奋得撒着欢儿往前跑。

"来到一个坡前，车子慢了下来。四杰低头一看，哈哈地笑了起来，说：'二蛋，你信不，咱队长肯定也没见过这么好的路，要不这大路明明是黑的，他却告诉咱是白油路。'大本事叔不以为然地说：'外行了不是，来来往往这么多车，天长日久，再白的路还不给弄黑了。'接着又十分认真地叮嘱一句：'拉上煤后，咱可要小心些，别撒在路上把人家的白油路弄脏了！'"

听到这里，几个小朋友不禁笑了起来，问道："后来呢？"馆爷并没有笑，而是提高了声音说："几年后，政策越来越好，心灵手巧的四杰成了一个不错的泥瓦匠；浑身力气的二蛋开山采石，办了个石料厂；大本事叔利用山上的野生资源，养起了蝎子，都过上了好日子，不过，他们是不是真的明白：许多思想都是路传给他们的。

"路，也是文学的一个永久话题。因为它不但运输物质，更能传输文化！"

四小友告别馆爷，但今天并没有多少嬉笑，因为他们还在琢磨："路……传输文化？"

第二天晚上，鞠家客厅里，桌子上摆满了桃李瓜果、鸡鸭山珍，还有一碗独具风味的昆阳手擀长寿面。——常鸿妈妈的生日晚宴。常鸿姐姐一边操持，一边埋怨着常鸿："昨天就给你发邮件，我在外面开会，让你给妈妈买好蛋糕。这么重要的事，你都不放在心上。"常鸿十分委屈地说："没收到，真的没有你的邮件。不信，你看看！"说着从里屋取出笔记本电脑放到姐姐面前，熟练地打开了邮箱。

"哇！这么多！"常鸿仔细地在"发信人"栏目中寻找，十几个过去了，还是不见姐姐的邮件。姐姐这才转过脸来，不禁"啊"了一声。但见"山海经""三字经""问题少年的开端""牛皮癣患者的福音"……看着那些稀奇古怪的标题，姐姐冷冷地说："傻弟弟，邮箱里都是垃圾！"说着，轻点界面左上角的

"邮件文件夹"，弹出一个"邮箱空间使用情况表"：信件数 1 674，未读信件 1 372，已用空间 90.96%。

"谁这么缺德，没事干了？"常鸿气愤地骂着，点击鼠标，回退一步，从下往上浏览着发信人：xiayingchu2-1，chunnichu2-1，xiaying……"是她们，夏莹、春妮……一定是她们！""还有秋成呢。这个！"姐姐也吃惊不小，打开了秋成的邮件：

常鸿伙计，你好！

我是秋成。冬毅给我转发了你给他的邮件。他很为难，也不大方便上机，所以我来替他回复。你也许还会收到夏莹和春妮的邮件。

希望我们能相互尊重、互助学习。

附件是我改写的一个故事，请你指正。

秋成

××××年×月×日

"'伙计'，秋成还挺亲热的嘛。怎么回事，常鸿？"姐姐已感到事情好像不是简单的恶作剧，又问常鸿，"你给冬毅写的什么邮件？"常鸿已经感到事由己出，没有了刚才的那股底气，支吾着说："没，没什么的。"姐姐又点击"已发送"，打开了常鸿给冬毅的邮件。"别，别看我的邮件！"常鸿连忙阻止。"对不起，我是姐姐。为了了解情况，就只看给冬毅的这一封。"姐姐边看边说，最后看着常鸿："你！你！难怪——"美丽的眼睛里充满责怪的目光。

常鸿不再说话，径自打开秋成的附件——单击"邮件下载"按钮，又在弹出的窗口中单击"打开"按钮，附件打开了：

胯下之辱改编版：

韩信是我国古代一位著名的军事统帅，家居淮阴，出身贫贱。当地有一个年轻的屠夫，一天在闹市里拦住韩信说："你的个子比我高，又喜欢带剑，你要有胆量，就拔剑刺我；不然，就从我的胯下爬过去。"韩信注视了他一会儿，一言不发，俯下身子从对方的胯下爬了过去。在场的不少人都讥笑韩信胆小怕死。这就是后来流传下来的"胯下之辱"的故事。

后来，经萧何推荐，韩信做了刘邦的大将军。那个屠夫知道后，就杀了一头肥猪，送到韩信府上，磕头谢罪。韩信让谋士写了几个字交给屠夫：

助人为乐者，善也；漠不关心者，庸也；恃强凌弱者，恶也。

"姐，你看，他们合伙欺负我。"常鸿指着邮件说。姐姐竟没有说话，原来她在想："冬毅，冬毅，竟没有用邮件和常鸿斗嘴。常鸿虽不似年轻屠夫之俗，冬毅却有些韩信之量，秋成的改编故事也是善意……"

突然，楼梯上响起了脚步声，爸爸在门口说："咳，开会，回来晚了。老伴儿，蛋糕！"姐姐朝常鸿使了个眼色，常鸿连忙收好笔记本站起身来。

再说秋成，颇为自己的这封邮件得意——既没有使冬毅向常鸿示弱，又没有引起同学间的无聊嘴仗，同时，也为邮件系统感到惊奇，弹指之间就能把那么多的东西发给了常鸿。哈哈。

这正是：
光纤铺就信息路，E-mail 便利天下人。
网络交往当礼仪，传递信息尤精神。

秋成突然又想：计算机里那么多软件，可用起来竟是有条不紊，招之即来。是谁在领导着它们呢？真该感谢一下人家的！这个问题又使喜欢打破砂锅问到底的家伙秋成坐立不安了。

欲知后事如何，且看下回分解。

第十一回
秋成邂逅 Win98，DOS 忆往论短长

西河桥横跨在昆阳西护城河上，连接着南关大街和城外向西的一条马路，路并不宽阔，却是这边进出城区的主要道路。这天秋成一行放学回家，看到桥西梦幻网吧门前聚着一群人，就好奇地跑了过去。原来是网吧设备升级，在清理旧机器。破烂张正把一台主机扔在三轮车上，"啪"的一声，机箱变形，一块东西震落，撞在车厢上又滑落下来，像一只出逃失败的乌龟，绝望地趴在那里不动了。"硬盘"，秋成眼睛一亮。接着，破烂张又搬起了一个机箱，从几步之外朝车厢扔了过来。秋成突然一个箭步跳到车旁，飞快地捡起那块硬盘。接着就是"咣当"一声，机箱正落在硬盘刚才所在的地方。"秋成！"春妮惊叫一声，"不要命了？"秋成却认真地说："不能暴殄天物！"破烂张直起腰来嚷道："小孩子，什么天物、地物，到我这里就是废物。"秋成擦干净硬盘上的尘土，朝他说："大伯，这块破铁我喜欢，卖给我吧。"说着递过去两元钱。破烂张接过钱，欲言又止，最后示意他们快走，别耽误自己干活儿。

回到家里，秋成又用湿布擦了几遍。再看那小小硬盘，形似乌龟，溜光圆润，一色银灰，甚是可爱，于是就压在翻开的书本上，不时地欣赏把玩。

晚上，秋成再次抚摸了一下硬盘就轻轻地把它推到了台灯后面，开始写周记了。秋成的周记和作文里常常点缀一两句文言，颇受老师和同学的赞赏。今天他突发奇想，要使用一个网络语言——hold，用字典时却想起来下午把字典落在了学校里。秋成苦笑了一下，无奈地敲着自己的脑袋。

突然，一阵细微的声音传来。秋成侧耳细听："hold：vt.，拿住，握住；保留；vi.，同意，赞；保持不变……"竟是从台灯后面的硬盘中发出的。秋成先是一惊，定了定神，伸手摸了摸硬盘说："呵呵，伙计，怎么变成喇叭了？"

"秋成先生，是我，硬盘里的一个程序。"硬盘里又传出清晰的说话声。秋成有些意外，迟疑了一下问："认识？请问，您是……""我是 Win98。"那程序又认真地说，"岂止认识！救命之恩，没齿难忘！今天下午，多亏您舍身相救。"秋成突然想起，问道："那块硬盘？""对。那是我的家，当时我和姊妹们正在家里休息。"Win98 提高了声音说，"要不是你，不知道那老头儿会把我们弄到什么鬼地方去呢。如果把硬盘当废铁回炉了，我等倒也死个痛快。倘要扔到强磁场里，盘里的信息就会受到损坏，我们将面目全非，生不如死了。""不敢当，举手之劳！好奇而已。"秋成虽还在客气，但已经不再拘束了，于是又问："Win 什么，好像听说过。你是做什么工作的？"

Win98 没有立即回答，却慢慢地从硬盘里走了出来，但见她一头烫发，满脸微笑，一身花哨的连衣裙，一双鲜红的高跟鞋，身高五寸，亭亭玉立。站在硬盘上，宛如一个小屏幕中的卡通娃娃。她向秋成招了招手说："我，一种微机操作系统，秋成先生。"秋成慢条斯理地插了一句："我，学生。直呼我姓名吧。""秋成？好。我，98。"Win98 有些腼腆地说，"操作系统，英文：Operation System，缩写 OS ，也是一种计算机软件。

"计算机软件包括应用软件和系统软件。应用软件能帮助用户完成某项任务，你一定用过的。比如，文字处理程序 Word、音乐播放程序等。系统软件包括操作系统和实用软件。实用软件能提供各种维护、辅助功能；操作系统则是管理和控制计算机硬件资源和信息资源的管家，它能使用户更方便、更高效地使用计算机。比如，PC 机常用的 Windows ，苹果机用的 Macintosh，都是操作系统。"

"要说我的工作嘛——"说着，Win98 递过来一个头盔，轻声说，"请戴上，启动你的机器，朝着机箱方向就可以看个大概了。你的机器里一定有个 OS，我们同类，我的工作和她差不多一样。"秋成接过来，顺手戴上。哇，好一个魔镜，一片繁忙的场面立刻出现在眼前：一串串脉冲呼啸而过，有些则在路旁等候；一群外部设备和应用程序急躁地按着喇叭，以引起前方的注意；正在这时，又有一串特殊的信号要通过——用户大人驾到。

再往前看，不远的地方的确有个和 Win98 身形差不多的姑娘，胸前印着闪光的"OS"字样。但见她动作敏捷，指挥若定，指引不同的信号有序通过。

秋成恍然大悟，这位 OS 正是这里的交通警察，而此处正是机器硬件信号、应用程序和用户信息的交叉路口，各种信息都服从她的指挥。想到这里，秋成摘下头盔十分佩服地说："98，你们真了不起！那些信号跑得那么快，而 OS 指挥起来却是那么从容自若。"

Win98 一脸自豪："这没什么。你们人类以为'争分夺秒'就很快了，我们这里是以毫秒（ms，10^{-3} 秒）、纳秒（ns，10^{-9} 秒），甚至更小的单位计时的，你自然会感到非常快了。"

秋成挠了挠头说："我是外行，刚才只是看个热闹，对你们的功能还是看不出子丑寅卯来。"

Win98 似乎感到秋成并没有理解，于是稍微停顿了一下说："要不，我们从使用机器的角度来讨论吧。有些概念在机器使用中经常用到，应该了解的。不过可能有些枯燥。秋成，注意听，一刻钟，能持否？"秋成点点头说："不打盹，不走神。能持！"说罢，一只手托着下巴，认真地看着 Win98。

"启动机器是操作系统的首要任务。机器启动时，操作系统先被加载到内存（RAM）。这一步很关键，操作系统平时都在硬盘里，一旦进入内存就可以运行进而控制计算机了。所以，人们把将操作系统加载到内存的过程叫作'自举'（booting）。"说到这里，Win98 非常得意，秋成却不禁小声问："自举？"

Win98 点点头说："一个人拉着自己的鞋带把自己举起来——一个古老的传说。"

秋成："啊，明白。楚霸王项羽，力大无比，不用船而是拉着自己的头发过河，是那种'自举'吧！"

"哈哈！那些只是传说。对于计算机来说，系统运行需要操作系统的控制，没有启动机器操作系统又无法运行，这的确是个矛盾。而计算机确实是通过把操作系统加载到内存而自己启动的，还真有些'自举'的味道，是吧？"

秋成此时似乎才明白 Win98 说到"自举"时为什么那么兴奋，就颇为绅士地朝 98 点了点头。Win98 接着说："在尚未加电的情况下启动机器，是最长用的启动方式，称为冷启动。"秋成连忙插话："冷启动，那一定还有热启动了？是指夏天、高温时启动机器吗？"

"很有想象力，不过这次你错了。热启动是指在机器已经加电运行的情况下再启动的操作。所以，热启动不是按下电源按钮，而是按'Reset'按钮。通常，在机器里安装了新的软件，或者由于某种原因软件运行失败的情况下，才需要进行热启动。"

秋成有些不好意思，把话题转移开："还有关机，要求按照指定的操作进行，现在看来，也是操作系统的指引了。那么，在机器运行中操作系统又做些什么呢?"

"那就太多了,比如程序管理和内存管理等。"Win98 回答说,"要运行一个应用程序,系统必须先把它调入内存,并为其分配一定的存储单元。早期的微机操作系统,同一时间只能执行一个程序。如果需要使用两个程序,只好先关闭第一个,再打开第二个;然后再关闭第二个,打开另一个。所以这种系统称为单任务系统。"

秋成忍不住说:"如果我是单任务系统,吃饭时想看电视,只好先低头夹一口菜,然后放下筷子,再抬头看电视,然后再拿起筷子,再……哈哈,那不是得了小儿多动症,就是提前老年痴呆了。"

"就是那样,很不方便的。我家 DOS 爷爷就是这种系统,也最忌讳别人说他的这个缺点了。"Win98 看到秋成逐渐理解了,高兴地接着说:"所以现在的操作系统都是多任务系统,即同时可以执行两个或多个程序。比如,一边用 Word 程序编辑文档,一边用音频播放程序听音乐,年轻人几乎都这样的。

"在存储器管理方面,更显操作系统的合理与智慧。它控制每个程序都在自己的存储范围内活动,互不干扰。而且当一个程序执行完毕时,操作系统就马上回收其占用的空间,以便再用,提高了存储资源的利用率。哈哈,这比人类的某些行为要科学、合理多了。

"听说,大城市里不少人没有房子住,却又有大量的商品房长期闲置。对了,叫'空置',是吧?"

秋成不大在意地说:"是这样。也许我年轻,不懂。不过,也有好处——促进了统计学的发展。我看到了许多创新性的空置率统计法:什么黑灯计数法、水电表零读数计数法等。这是你们计算机绝对无法想到的,听说就有一种管理软件,曾给一家外出旅游的夫妇发了这样的通知单:请付本月水电费 0.00 元。"

Win98 听罢咯咯一笑,说:"另一个功能就是——啊,你一定看过武打片吧:月黑风高夜,蒙面皂衣人,越墙落地,触动机关,拉响小屋里的铃铛。屋里的人低声说:不好,有刺客!于是扔下酒杯,操刀躲在门后……""当然看过。对,评书也是这么讲的。"秋成笑着答道。

"不,我是想告诉你,计算机操作系统也是用类似的方法感知输入/输出(I/O)设备发生的事件的,而处理输入/输出设备的信息也是操作系统的功能之一。比如,用户按下一个键,就会向 CPU 发送一个请求信号,告知可继续输入了;再如,打印机打完了文档内容后,也会向 CPU 发送请求信号,告知可以打印另一个内容了。I/O 设备发出的这类信号叫作中断请求（IRQ），不过操作系统感知 IRQ 信号要比绳系铃铛更快、更多、更准。

"不难想象，如果没有中断请求和响应的功能，要么主机忙于其他事情置输入/输出于不顾，要么坐在那里等着输入/输出事件的发生，什么也别干了。哈哈。"

秋成高兴地插话道："对，是这个道理。就像大家都装个门铃，而不是一直站在门口等待客人一样。"秋成的理解鼓励了 Win98，她又微笑着点点头说道："除了使用中断之外，操作系统还需要通过驱动程序（Driver）控制 I/O 设备工作。所谓驱动程序是直接工作在各种输入/输出设备上的特殊程序。系统中安装的每一种输入/输出设备都必须为其安装相应的驱动程序。早期的操作系统，安装驱动程序是一件令人头痛的事情。好在如今的操作系统带有常用的驱动程序，如果检测到某个新安装的 I/O 设备没有驱动程序，就会自动为其安装。这就是微机江湖上说的'即插即用'。所以，现在使用高版本的操作系统，比如 Windows XP——我家的侄女，系统安装成功后，几乎不需要再安装什么驱动程序即可使用。"

"你的侄女？"秋成好奇地问。

"对。Windows XP，也曾是最红的微机操作系统明星呢！尤其她那绚丽而方便的界面深受用户青睐，就连俺家 DOS 爷爷也颇为欣赏呢。嗨！那老人家呀，从他嘴里听句赞扬的话，比从他身上掏钱还难。"

Win98 又说："对于用户来说，使用最多的就是操作系统提供的用户界面。因为许多操作，比如打开一个程序、对文档的各种处理等，都是通过用户界面实现的。

"用户界面分为三种。最方便的一种是图形用户界面（GUI），它用一组十分形象的图标（ICON）代表系统中的各种资源——数据、程序、文档，甚至网络等。轻轻地点击图标，就能实现常用的功能。第二种是菜单（menu）界面。"

"菜单？饭馆里用的那种？"秋成抬起头问。Win98 点点头："顾名思义，'菜单'就是要用户从多种可能（菜名）中选择自己需要的项目。"

说到这里，Win98 左右看了一下，压低声音对秋成说："最差的用户界面就是'命令行'了。要求用户必须按照规则机械地输入命令，错一个字符都不行。DOS 爷爷就是此类系统的典型代表。使用 DOS 操作系统需要先死记许多命令，简直就是学习一门外语。哈哈……"

　　秋成正要说自己没有见过那种烦人的 DOS 命令，突然身后传来一个洪亮的声音："有这么说我老人家坏话的吗？嗯——"话音未落，一位老者来到近前。个子不高，却显精悍；满头银发，几分潇洒，脸上的皱纹记录着丰富的阅历和沧桑；笔挺的西装，尤其那打得很正规的领带，一看就是个老外，但手里却在不停地团弄着两个核桃——又带着北京胡同里玩儿家的范儿。

　　秋成正不知所措，Win98 已迎上前去："爷爷，好久没有看到您了。您老好啊！"老者也不寒暄，直接道："闺女，你们 Win98 不是退休了吗，怎么还……""正好遇到我的一个朋友，随便聊聊。"98 扶老者坐下，转向秋成："来，认识一下：大名鼎鼎的 DOS 爷爷，我们微软 OS 家族的前辈！"秋成连忙向前一步："老人家好！"并规规矩矩地向老人鞠了一躬。

　　"哈哈！chinese，中国的。喜欢！"DOS 爷看着秋成爽朗地笑着，"我在你们那里待过多年，很喜欢中国文化，还学了些养生之道，喝茶、打拳、玩儿核桃等。不过，有些词始终没有明白——'大小伙子'，究竟是大，还是小？哈哈。"老人的爽朗一下子消除了秋成的拘束，于是接着老人的话也调皮地说："一样的，我学了些英语，但一直不知道'sister'究竟是姐姐还是妹妹。嘻嘻。""好，好。小伙子，有意思。和你聊天我也会变得年轻的。来，老朽也和你们聊聊操作系统。"看到爷爷这么有兴致，Win98 小声对秋成说："我们今天真幸运！"

　　老 DOS 开门见山："现代计算机如果没有操作系统是无法运行的。早期的计算机倒真的没有操作系统，是由操作员通过按钮控制计算机执行的。不过，只有'副专家'以上的水平才能使用，因为极不方便，哈哈。我在中国时就听过一个真实的故事：

　　"一个中年人使用 DOS 后，非常感慨地说：'真方便啊！打一个可执行文件的名字就可以运行它了。'而他的师傅，虽是单位最有水平的计算机技术人员，但为了唱一支《东方红》，还是在一台没有操作系统的机器上折腾了半个多小时。

　　"随着计算机的发展，操作系统慢慢形成并不断发展、完善。但稳定系统运行、方便用户使用始终是其主要目标。老朽经历了几代操作系统的更替，目睹了从输入命令行，到菜单选择，再到图标点击不同用户界面的演变——一代更比一代强。

　　"目前，最流行的微机操作系统当数微软公司的 Windows XP 了。自 1985 年微软推出 Windows 1.0 后，陆续发布了 Windows 95、Windows 98、Windows 2000 等不同的版本。Windows XP 是 2001 年发布的新版本。"

Win98 小声说道："爷爷，现在已经是 Windows 7 了，2009 年版的。"

"哈哈，Windows 家族还真是人丁兴旺啊，连我都记不清究竟有多少了。"DOS 爷稍微停顿了一下，带着几分认真说道；"平心而论，还有其他不少优秀的操作系统，像 UNIX、Linux、MAC OS 等。尤其是那些公开源代码的系统，能够集成更多人的智慧，精神可嘉，也是值得关注的。"

秋成听得津津有味，许多新名词他还是第一次听到。DOS 老先生却话题一转对秋成说："记着，小伙子：操作系统五花八门，却万变不离其宗，它们最根本的目的就是把繁杂、琐碎的硬件操作转化成简明、方便的界面操作，使用户无须了解许多硬件使用的细节，就能操作计算机。比如，你想打印一篇文档，在适当的时候点一下'打印'按钮就行了，不用关心用的是喷墨还是激光打印机，都可以打印。

"所以，对初学者来说，学习操作系统的使用是当务之急，也是成为计算机高手的第一步。你对操作系统了解得越多，计算机就为你服务得越好。呵呵，先学习一下 Windows XP 吧，特别是那些常用操作。XP，很漂亮的啊，挺惹人喜欢的。"说罢，老人站起身又把玩起手中的核桃来。

秋成连忙点头道谢，Win98 也说会介绍 Windows XP 认识秋成的。

老 DOS 意犹未尽，还告诉秋成，操作系统不只是一堆程序，还是一门学问。不单有不少程序开发的技巧，更蕴含着许多巧妙的设计思想，像中断的请求与响应、存储的分配与管理等，尤其是把人们熟悉的图书目录概念用于文件管理，许多操作系统至今还在使用。

Win98 也补充道："还有，现在的微机操作系统还保留着使用 DOS 命令的窗口，许多有经验的用户，还喜欢用命令行的方式解决特殊问题。比如，用 ping 命令检查网络是否通畅等。——大家没有忘记您老人家！"

老 DOS 听罢喜出望外，朝秋成说一声："小伙子，好好学习操作系统吧，十年后咱们华山论剑，题目：未来的操作系统。"说罢和两人招招手，飘然而去。弄得秋成连感谢的话都没来得及说。

Win98 连忙对秋成说："老爷子就这个脾气，不必在意。不过他老人家说的还是很有道理的。"秋成迫不及待地问："是的。那你什么时候教我使用 XP？""哈哈。一点儿一点儿地教，会使你变得懒惰，况且也不是长久之计。可以自己学习一些基本知识，在机器上试用。如有问题，再请教 XP。"说着从胸前掏出一个纸条塞给秋成，还在秋成耳边低语几句，说话间双脚已飘离了地面。秋成连忙拉住 98 的衣袖问："我以后还能见到你吗？怎么找你？""纸条上是求见 XP 的符咒。照着求见 XP 那样做，然后轻唤'98、98'——我就会来见你。别忘了我们都是 Windows——窗口系列。哈哈！"话音未落，Win98 已像一束彩色气球一样飘向了空中。

秋成慌忙展开纸条，昏暗中隐隐约约看到几行字。

正要往下细看，忽然敲门声响，爸爸送水果来了。秋成连忙把咒语夹进书本。再看台灯后面，那块硬盘依然安静地卧在那里。秋成却在想：那 Windows XP 一定更聪慧，下次有问题就问她。

这正是：
勤练操作熟生巧，基本原理记心怀。
如有问题求帮助，轻点自有师傅来。

欲知后事如何，且看下回分解。

第十二回
XP 演示多窗口，demo8 戏谑梦秋成

话说秋成这天做完作业，突然想起 Win98 留下的符咒，就从书中取出细看："双手合十，二目平视，意守丹田，默念问题；然后，在窗户的右上角轻轻连敲三下。"秋成看罢暗自好笑，这不是练气功吗，真逗。还是用我的 VR 学习机吧。

他小心翼翼地打开 VR 学习机，却迟疑了一下：学什么呢？啊，听 Win98说，Windows 操作系统，从 Windows 1.0、2.0，到 Windows 95、98、2000、XP，直到现在的 Windows 7、Windows 8，均以"Windows"命名，可见其重要性。秋成拿出字典查到：Window，中文意思"窗口"，也是一个商标。对！就学窗口操作。

秋成在 VR 学习机上输入：Windows 窗口操作。系统立刻提示：请稍等，正在搜索中。他只好把胳膊斜压在椅背上慵懒地向外边看去。不一会儿，窗外泛起一片淡淡的光，并迅速地变亮；还有许多不同颜色、不同亮度的方框从不同的方向朝这边飞来。秋成惊喜异常，正要站起，又有一个用许多彩色方格拼成的东西飘进屋来。"哇！魔毯！外国小说里说的那种。"接着，听到一个像电影旁白的声音："秋成先生，你好！我能帮你做些什么吗？"秋成有些慌张，又不知对方在什么地方，只好站起来朝着窗户方向说："谢谢！请问您是——"旁白声音答道："Windows XP，奉 Win98 姨妈之命，前来看望。""啊，啊，欢——迎，欢迎！"秋成一边说着一边暗想："我求助 VR 机，怎么 Windows XP 却来了？"

XP 似乎看出了秋成的疑惑，连忙解释："刚才我在电脑上工作，看到一位中国人转发了一个寻找 Windows 窗口操作演示的消息，旁边的 98 姨妈听到中国，很是在意。要我追踪一下，竟认出是你家电脑的 IP 地址，就让我来了。"秋成一听，满怀感激："谢谢 Win98 的惦记！"XP 又认真地说："何止她惦记，听说你

救过姨妈的命，我们家族的许多人，Win 7、Win 8 都嚷着要来看你呢。可姨妈说不要过多打扰你，先学会 Windows XP，以后可以自学的。"

　　没等秋成言语，XP 又接着说："秋成，你我分别在生物和电子两个世界，不便交流。听说你有个 VR 学习机？那就请带上数字头盔，如果想触摸物体的话，就带上数字手套。哈哈。"秋成轻轻点头，心想：连这个也知道？他照着 XP 说的做着，突然感到像看立体电影一样的轻微眩晕，眼前出现一幅奇妙的景象：似乎还是自己的小书房，但桌椅、书架等物件的光泽却比平时鲜亮得多。听到 XP 又说："这就好了，我们现在可以在虚拟现实环境中面对面地讨论了。"秋成定了定神，突然看到自己的书桌前坐着一位姑娘。白皙的脸上戴着一副浅红色的椭圆形眼镜，脖子上随意而潇洒地围着一条彩色纱巾，似乎不用风吹就能飘动；一身得体、华丽的外衣，把身材修饰得相当匀称，给人丰满、健康的感觉，只有内行人才能看出稍有臃肿的痕迹。——啊，Windows XP！

　　"开始吧，秋成先生。"Windows XP 故意把重音放在"先生"二字上。"你真漂亮！虽然，按我们的习惯不能这样对女孩说。"秋成不好意思地笑了笑，然后说，"难怪 Win98 说你是外观最漂亮的操作系统，果真名不虚传。""没问题，Win98 给我交代了，说你想学 Windows XP 操作系统。"Windows XP 得意地笑着说，"对于 Windows 系列，窗口操作是入门。正好我要培训一些窗口操作的演示程序，你就和他们一起听吧。"说罢把手一挥，七八个方框样子的小家伙一下子涌进了屋子，他们满脸好奇，笑嘻嘻地看着秋成。XP 迟疑了一下，顺手点了两个方框，一个方框立刻变大，颜色也亮了许多，方框的顶端上写着"demo 1"，另一个悄悄地躲在后面，只看到他的上端写着"demo 8"。"demo，就是演示。大家常这样说的。"XP 看着秋成说，然后又转向大家，"你们两个留下，其他小朋友，去逛逛昆阳城吧。听说有个昆阳中学很不错，去看看。一刻钟后到这里集合。"话音未落，小方框们一哄而散，XP 又在他们背后喊道："小心迷路，丢了我还得搜索你们！"

　　"好。demo 1，你负责记录讨论的内容。"Windows XP 转过身来看着秋成说，"中国功夫讲究基本功，学习攻防技法之前都要先练习马步、站桩之类的。操作系统的使用，也讲究基本操作——玩儿窗口。因为用户的许多意图都是通过在窗口中操作实现的。"秋成点点头，心中暗想：不只老 DOS 是个中国通，看来这 XP 也对中国了解颇深。

　　"窗口。"XP 示意 demo 1 坐好，然后指着他解说起来：

"所谓窗口就是用边框围成的一个方框。每运行一个程序或打开一个文件时，系统就会打开一个窗口。通常每个窗口从上往下都有：标题栏，用于标识是什么窗口；菜单栏，从左向右显示多个菜单，每个菜单中都包含一组相关的命令，可实现相应的操作；工具栏，显示常用的操作命令，以便直接使用；工作区，是窗口的主要部分，用以显示这个窗口的工作内容；状态栏，在窗口的最下方，显示窗口目前的状态。自然，不同环境下的窗口样子可能有所不同，但一般都由这些部分组成。"（见图 12－1）。

说罢，XP 把一张示意图拖到了 demo 1 方框里，然后顺手用鼠标把窗口右边的滚动条向下一拖，又要说话。在一旁认真做着笔记的秋成着急地说："对不起，我，我，我没看清那个图。"一边的 demo 8 不屑地笑着说："可怜的人类呀，咳，记忆速度太慢！"XP 连忙又向上拖了一下滚动条，示意图又显示出来，她转向秋成小声说："一个小小的文本文档，不大了解人类。别介意他瞎说，嘻嘻。"

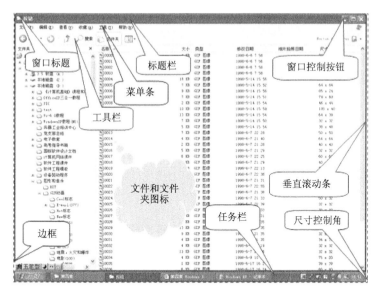

图 12－1　Windows 窗口的组成

XP 又接着说："我刚才拖动的那个叫滚动条，窗口下面也有一个。当信息不能在窗口中完全显示时，拖动滚动条的滑块，可使窗口内容上下或左右移动，以便查看当前窗口尚未显示出来的部分。就像老北京玩儿的拉洋片儿一样。——秋成，见过吗？"秋成一听窗口的滚动竟然和洋片儿那玩意儿相似，高兴地答道："见过，见过，我们这儿春节庙会上也有的。通过一个固定的孔，可以看到变化的画面。旁边有个老爷爷一边唱，一边拉动里面的洋片儿，还有《三国》的故事呢，挺有意思的。"

XP看了一下手表说："边框——有边才有框，窗口的边框划定了窗口的边界，也表示窗口的存在和大小。其实，平时就常用改变边的长短来改变窗口的大小。"

但见XP轻轻一点，一个窗口跃上屏幕，就像挂在墙上的一幅画一样。她把鼠标指针移到窗口的上下边框时，跳出一个垂直双向箭头，上下拖动边框，窗口高度随之改变。秋成心里暗想："如把鼠标指针放在窗口的左右边上，也定会出现水平双向箭头，左右拖动则可以改变窗口宽度。"忽然，XP把鼠标指针移动到窗口的一个角上，竟出现一个斜向的箭头，拖动它，窗口的高度和宽度同时改变。随着鼠标拖动，窗口随即变化，如影随形，简直是"如意窗口"，像孙悟空的如意金箍棒一样：长，长，长，如擎天一柱，直插云霄；小，小，小，似绣花钢针，藏匿指间。

秋成一走神，再回过头来时，窗口不见了。Demo 8看到秋成吃惊的样子，小声对他说："刚才XP又点了'最小化'按钮——就在窗口标题栏的右端，像'一'字的那个。窗口最小化后就变成了一个小图标，悄悄地卧在屏幕底部的任务栏上。寂寞啊，哈哈！"秋成看了一下XP，好像说：是这样吗？XP轻轻地点了点头，然后单击那个刚才被最小化后的图标。嘿，那个窗口立刻又回来了。接着，XP又单击标题栏右端的一个'口'字形小按钮，哇！一道闪光，窗口扩张，充满了整个屏幕。"是'最大化'按钮？"秋成问demo 8。"对。一下子变到最大，不必用'长、长、长'，比孙悟空的金箍棒还好玩儿吧？哈哈！——还能恢复原状呢。"demo 8说罢，也在附近位置点了一个按钮——怪怪的，像两个'口'字叠在一起，窗口真的变成了原来大小。不用说，那是"还原"按钮了。

Demo1一直在记录XP的操作，似乎有些倦意。Demo 8转过头来悄悄对它说："哥们儿，想不想也到屏幕上玩儿会儿？"Demo1点点头，两个小家伙一起钻进了屏幕。XP见状，笑了笑说："小子，耐不住冷清了吧？好，我正要演示多个窗口的操作呢。

"Windows具有多任务处理功能，因此，支持同时打开多个窗口以运行多个程序，并可以在多个应用程序之间交换信息，那是相——当的方便……"

XP刚刚停下，忽然听到两个小家伙在低声争论。Demo 8埋怨道："为什么你总在屏幕前面呀？"Demo 1得意地说："我是活动窗口啊。你仔细看看，我的标题栏深蓝、亮丽，十分阳光。你的呢，光泽灰暗，成色大减，像穿一件半旧的上衣。嘻嘻。""谁不想当活动窗口啊，会被首先关注的。为什么你是活动的？"Demo 8 不服气地追问。Demo 1 不假思索，说："我先来的呀！"一边的 XP 不动声色，用鼠标在 Demo 8 未被遮掩的部分轻点一下，Demo 8 一下子跃到了前面，立刻颜色变深，光彩照人。那老 8 得意地回过头去朝 Demo 1 一笑："对不起，老大，现在我是主角儿——活动窗口。哈哈！"XP 则朝秋成说："你看到了，如果需要把哪个窗口放到屏幕前面来，只需在其显露的部分上单击，就变成了活动窗口，并非按先来后到。屏幕上可能有多个窗口，但只有一个是活动的——用户正在操作的窗口就是活动窗口。从一个窗口转移到另一个窗口的过程，称作切换。"

秋成认真听着，并在琢磨：原来活动窗口总在屏幕前面，这样就便于观察它的内容了。而 Demo 8 此时却在暗想：老大，我把你遮挡得严严的，看谁还能点到你。——在后面待着吧你。XP 好像看出了老 8 的心思，于是把光标移到它的标题栏上，按住鼠标左键不动，鼠标轻轻一滑，然后放开。"啊……"——老 8 还没来得及叫出声来，整个窗口就被移到了边上，老大随即露出了半边脸来。秋成看得清楚，忍不住笑出声来。他明白了：XP 用"拖动"一招"教育"了老 8 一次——需要时可以把一个窗口移到其他位置。

XP 笑着朝大家说："你们都别争了，咱们玩儿个窗口'排列'吧。"说罢，用鼠标在桌面下面的任务栏空白处单击右键，弹出一个菜单。但见从上到下列出："层叠窗口""横向平铺窗口""纵向平铺窗口"等条目。XP 选择"纵向平铺窗口"，哇，老大和老 8 立刻并排站在窗口的前面，互不遮挡。秋成轻轻地捅了一下 demo 8 说："如果选择'横向平铺窗口'，你们俩将会分别横卧在窗口的上、下半部，你该不会又要抢二楼的位置吧？""去你的！咱哪能那么计较呢？"老 8 回应道。demo 1 也附和着："还有'层叠窗口'选择，各个窗口就像手里的扑克牌一样排列。顺序是由系统安排的，先服从分配吧。需要时，用户可以再移动。""多个窗口的不同排列，主要目的是方便窗口之间交换信息。比如把老大窗口中的内容贴到老 8 上面。这个功能非常方便，以后用 Word 编辑文档时，会常用到的。"XP 看着老大和老 8 得意地笑笑说："这样多好，和平共处屏幕，多方互通有无。"秋成拍手称道："好，好！像副对联啊！""对联？好，那咱们就窗口的使用写副对联好吗？我出上联：该前前该后后，何分前后。"说完，XP 看着秋成。秋成稍加思索，说："下联：当大大当小小，勿论大小。行吗？"老 8 抢着说："横批：窗口之道。"老大则慢条斯理地说："用户当家。"哈哈！大家都满意地笑了起来。

过了一会儿，秋成低声问 demo 1："老兄，是不是学会操作窗口就可以使用操作系统了？" demo 1 没有直接回答，而是笑笑说："不好简单地说可否，但实话说这只是初级阶段，还有文件管理等要学。" demo 8 听罢似乎更不客气："就是窗口上的操作，你也没学完呢。你不会是想骑着自行车进屋子吧？哈哈！还有菜单操作呢。"秋成有些不服气，说："菜单，我知道，不就是选择——点菜呗。""那对话框呢，知道吗？" demo 8 立刻反问。

秋成摸了摸脑袋，不好意思地说："这个，还真不知道。请赐教。"

"不用'赐'，让我们老大直接'教'你吧。哈哈！" demo 8 说罢，朝 demo 1 看去。demo 1 对老 8 讥讽道："你小子，要是吃水果时也这么礼让就好了。"然后转向秋成认真地讲解起来：

"使用计算机时，有时需要用户提供一些信息，比如打印时，用户就希望告诉计算机：打印几份、用多大的纸张、单面还是双面打印等。这叫人机交互，也就是对话。对话框就是人机对话的一种方式。

"对话框是一种特殊的窗口，大小固定，只能按照窗口的提示填写信息或选择项目。常见的形式有：选择一个矩形的命令按钮、选择一个小圆圈状的单选按钮、在多个小方框中打对钩（可复选），最有意思的是点击上下小箭头，增减对应数值；再者就是拖动滑杆改变数值，等等。

"有时也许是个小方框，可以在里面输入文字，那叫文本框。不过不用担心，一般按照提示去做就可以了。只有少数情况，你第一次使用时很难看懂它那莫名其妙的提示，那只好求助于'帮助'，理解之后再填写了。

"另外，要注意的是：一般而言，当屏幕出现对话框时，你只能集中精力对这个对话框进行操作，其他操作都没有反应，直到该对话框关闭为止。也有的对话框，允许进行其他操作。前一种叫模式对话框，后一种叫非模式对话框。这倒不要紧，反正听它的就是了。嘻嘻！"

听到这里，秋成朝 demo 1 感激地点点头，又问道："要是使用不同的操作系统版本该怎么办呢？"老大迟疑了一下，不料老 8 抢先说："嗨，告诉你吧，Windows 操作系统都是一个祖师爷教的，所以不同版本的招式、套路都差不多，只是越来越完善罢了。"接着又说："你这家伙，是不是看我们兄弟不收咨询费，才打破砂锅问到底的。"秋成正想说请他们喝昆阳的胡辣汤，突然窗外一阵喧闹，原来是游览昆阳城的 demo 们回来了。XP 就对 demo1、demo 8 说："老大，把今天讨论的操作演示复制给小弟弟们。你们两个也该下去了。"说着，用鼠标光标分别点击他们标题栏最右端形似"X"的关闭按钮，两个窗口先后关闭。

老大和老 8 跳下屏幕，demo 们围了过来。老大说："demo 2，你先来。"老 8 帮忙扶着 demo 2 的头说："老大，插优盘，USB 接口在这儿呢。"老大拿出一个小拇指大小的东西，轻轻地插进那个印章大小的洞里。优盘上一个小红点儿闪了几下——复制成功。几个 demo，有的接口在侧面，有的在背后，一样的操作，一会儿就都复制完了。再看众 demo，竟像酒足饭饱一样，在一旁谈笑风生。

秋成慢慢地走过来，恭恭敬敬地说："哥们儿，也给我复制一份吧。我，我的笔记记得不全。"老大迟疑了一下，老 8 却一把从他手里拿过优盘，诡秘地一笑说："蹲下。"然后爬上秋成的肩头，拿着优盘就往耳朵眼儿里插。然后，故意提高嗓门儿叫道："设备异类，格式不同，无法复制！"老大笑了："你小子就坏吧！"　"换个接口吧。"老 8 说着，又把优盘往秋成的鼻孔里招呼。"阿——嚏！"秋成鼻子一痒，打了个八级喷嚏，脚下一蹬，不料踢掉了桌下的电源插头。

秋成回到现实世界，左右看看，XP 和可爱的 demo 们都没了踪影。他揉了揉眼睛自言自语："他们呢?"一直守在身边的爸爸说："成儿，学完了? 这么长时间呀。"小秋成高兴地指着 VR 学习机说："这玩意儿真棒，想学什么就教什么，想见谁谁就来。""真的吗?"不料爸爸却留心地记下了这句话。

这正是：
轻拖边角变大小，平铺层叠随需要；
交互信息对话框，操作窗口入门道。

秋成也不解释，只是得意地回忆着那些有意思的窗口操作，突然想起老大说的"文件管理"，便急忙到桌前翻起书来。

欲知后事如何，且看下回分解。

第十三回
课件戏说计算思维，春妮自学文件管理

秋成邂逅 Win98，又跟着 Windows XP 在虚拟空间里学习了一阵儿，虽然醒来却感到十分困倦。于是，趁爸爸不在懒洋洋地走到床前，没等瞌睡虫引导，便"自举"式地滚落梦乡。

突然一阵敲门声，秋成揉了揉眼睛，慢腾腾地打开房门。爸爸嗔怪说："还睡呀，太阳都老高了。"身后的夏莹和春妮也讥讽道："秋成是属猪的，玉皇大帝御批可以多睡的，哈哈！"

夏莹进了门，就对秋成说："东关大楼在办电脑学习班，每次课两小时，票价20元。我们也去听听吧。"春妮补充说："两个班，一班讲常用操作，二班讲使用技巧。特别是一班的老师，大家反映很好。"

下午，三个小朋友来到东关商业大楼。买票时春妮有些犹豫，夏莹轻轻推了她一下，春妮不好意思地说："虽然不贵，可妈妈半天的工资没了。唉！"秋成听罢打趣道："我来买，权当请你看电影了。嘻嘻。""去，谁稀罕呀。"春妮有点儿不好意思，连忙又说，"只是想，花着大人的钱来学习，真得认真点儿，要不心里过意不去！"

三人走过二班教室，隔窗看去，人并不多，但一班却坐满了人。多是些少年学生，也有不少带着老花镜的爷爷奶奶。刚刚坐下，秋成就小声问夏莹："怎么还有老人？"夏莹不屑地说："不懂了吧，他们是学了回去教外孙呢！有的是替孙子来记课堂笔记的。如今是'可怜天下爷奶心'了！再者，就是退休后学习电脑打发时间的。"

这时，推门进来一位年轻女子，走上讲台对着麦克风说："各位下午好！我是公司的主讲教师潘幽兰，今天给大家介绍文件管理操作，然后咱们一起做实

验。"秋成抬头一看，但见那老师上身淡蓝制服，下身褐色长裙，马尾秀发，年轻清秀，端庄大方，觉得似曾相识，但马上又想：怎么可能呢？

一阵掌声之后，秋成没有来得及再想，老师便开讲了。

"计算机里的文件与传统的纸张文件不同，是指一组逻辑上相互关联的电子数据，像一篇文稿、一批数据、一首歌曲、一部电影、一张照片或一个程序等，都可以是一个文件。"潘老师提高嗓音接着说，"文件是个重要概念，并有许多属性，了解了它们使用计算机会更方便。——啊，请看幻灯。"说罢，激光笔一点，屏幕上显出一个幻灯片：

"每个文件都有一个文件名，像人名一样，以便区分和使用。文件名一般由三部分组成：主文件名、扩展名和位于二者中间的西文圆点'．'。像'文件管理．ppt''inform．doc'都是合法的文件名。文件名可以由汉字、西文字母或数字组成，但不能包含竖杠（｜）、分号（；）、问号（？）、反斜杠（＼）、星号（＊），还有尖括号（＜）等特殊符号。因为它们已被操作系统征用了。"

秋成目不转睛地看着，自言自语地说："幻灯挺好，我们上课时也用。不过有的老师只顾放幻灯，讲的太少，都快成电影放映员了。"听到有人这样说，潘老师连忙朝这边看来，当看到秋成时，脸上似乎显现一丝惊讶，但又马上平静地解释："那位同学说得有道理，我会尽量解释清楚，呵呵，争取不只做放映员。"潘老师说着纤指轻点，又换了一张幻灯片。讲道：

"文件扩展名是文件类型的标志，用户可用来判定该文件的用途。比如：com，命令文件；exe，可执行文件，即程序文件；sys，系统文件；txt，文本文件，也称 ASCII 码文件；doc，Word 文档文件；docx ，Word2010 版文档；htm，网页文件；rar，压缩文件；ppt，演示文稿文件；wav，音频文件；jpg，图像文件；等等。"

秋成听着，心里暗想：哎呀，我的老师呀，这么多，就是一口气念下来，也够我一呛了。"这只是常用的扩展名，还有不少呢，以后使用计算机时留意自然就知道了。"潘老师看了一眼大家又说："有了扩展名，看到 doc 便知是个 Word 文档；想听音乐，最好找个扩展名是 wav 的文件；我们现在放的幻灯，就是 ppt 文件。其实平时我们也是这样做的：分头，男孩；长发，女孩。所以发型就是性别的扩展名——标志。但是，不能通过简单地修改扩展名来改变文件的本来类型。《木兰辞》里说过'雄兔脚扑朔，雌兔眼迷离'，花木兰女扮男装十二载，但还不能迎娶华元帅的女儿。嘻嘻。"台下一阵笑声。

潘老师脸上露出满意的微笑，然后说："下面以你们家里的书架为例，讨论一下文件夹。当然，这里假设你们书架上的资料都是电子文档。"说着轻点鼠标，显示出一张图来（见图 13 – 1）。

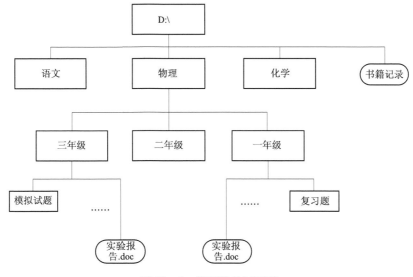

图 13 – 1　资料排放树形图

潘老师指着图说："文件要保存起来，以便打印或以后使用，通常都保存在硬盘或优盘上。硬盘能存放许多许多文件，如果把所有的文件都简单地堆在一起，既不方便也不安全，所以，把相关的一组文件放在一个文件夹（也叫目录）里。像一、二、三年级的物理资料放在'物理'文件夹里。文件夹下可以存放文件，也可以有下一级的文件夹，叫子文件夹。比如'三年级'下面，有'模拟试题'文件夹和'实验报告'文件。同一级的文件夹里不能有相同的文件名，不同的文件夹下的文件则可以同名。图中，方框代表文件夹，椭圆代表文件。

"这样，所有的文件和文件夹组织在一个分层的树形结构中。最上层的方框是根目录，并用特殊的符号反斜杠'＼'表示，它是系统赋予的名字，不能更改。'D：'称作盘符。用户可以选择不同的盘符进入指定的盘，找到自己感兴趣的文件夹或文件。"潘老师环视了一下同学们，高声说："下面，请大家就近分成三个小组，进行上机实验。有问题请举手，我和你们讨论。"

老师话音刚落，秋成就把手举得老高，还迫不及待地站了起来。潘老师很主动地走了过来，脸上还带着微笑。

"老师，"秋成问道，"A、B 盘，C 盘，D 盘，听说过，但不大清楚是怎么回事。还有，把我们的资料放在 D 盘，是不是有点儿不够重视呀？"秋成把个普通问题问得如此严肃，让老师差一点儿笑了出来。"哈哈，你这个小伙子，还是个小心眼呢。"潘老师接着说，"盘符的使用习惯是这样的：A、B 是两个软盘驱动器，现在已很少用了；C 盘通常存放操作系统等重要信息；然后是 D、E、F 等，它们通常是同一个硬盘的不同分区，也可以是多个实际的硬盘；其他的，如光盘、优盘等，就依次用 H、I 等字母表示。注意，在计算机使用中，盘符是一个字母后面跟着一个冒号'：'。你看，把你的资料放在 D 盘，已经够意思了。嘻嘻。"旁边的夏莹也觉着秋成今天的神态和问题都有点怪异，就对老师说："老师，这个同学爱做梦，所以说话常像发癔症。您别在意。"秋成听罢不服气地说："再说，这目录的树，根在上，梢在下。这种结构应该是花和尚鲁智深最先提出来的。当年，鲁智深倒拔垂杨柳，抡着树干挥舞了几下，看看院子太小，不便横放，就树梢朝下戳在了地上。"不料潘老师听罢并没有不高兴，却不以为然地说："我听过苏文茂先生歪批《三国》，但还没听到过你这样斜批《水浒》的。很长见识。哈哈！"接着又很认真地说："目录的树形结构是很科学的，也蕴含着深刻的道理，以后要注意理解、体会才是。"春妮一听马上满脸诚恳地望着老师，要她讲解一下道理。

潘老师和气地点点头，小声讲了起来：

"目录本来是指一本书中某个章节与页码的对应关系，传统图书馆中也用目录指明属于某类的哪一本书的存放位置。所以，目录的基本功能是对事物分门别类并建立有规律的联系。后来人们把目录的原本功能与电脑的自动功能结合起来，用于计算机文件管理，显得既清晰又方便。现在又把目录称作文件夹，平添了几分形象。

"比如，像下图所示（见图 13 - 2），我们把整个书架想象为一个大的文件夹，下面再包含不同科目的子文件夹等，依次再细分下去。当然，我们也可以先按年级分，再按科目分，并按这种布局构建文件夹。"

说着，潘老师双手提起长裙坐在机器前面，拖动鼠标，轻点键盘，口中念念有词：新建文件夹、复制、重命名……三下五除二，便做好了目录。"你们看，这就是先按年级再按科目分类的文件夹。"

老师操作之迅速让秋成吃惊不小，摸着脑袋说："这样好，其实我们现在常看的是三年级的东西。不过老师您操作得太快，没有看懂，嘻嘻。"

潘老师却说："不着急。只要明白了文件夹的结构，操作并不难。Windows

图 13 - 2　文件夹结构之例

操作系统，比如 Windows XP 的'资源管理器'，Win 7 的'计算机'都有文件夹的建立、移动、复制、删除、查找等丰富功能。你们一定会自己做的。"

几个小朋友本以为潘老师会再给他们演示一遍，没想到竟这样被她婉言拒绝了。看到他们有些失望，老师突然问道："秋成，知道为什么人称三国刘备为刘皇叔吗？""知道一点点儿。您，您也看《三国演义》？说说高见。"秋成又兴奋起来，并把问题返给了老师。她一脸自信地说："《三国演义》第二十回写道，宗正卿宣读曰：'孝景皇帝生十四子，第七子乃中山靖王刘胜。胜生陆城亭侯刘贞。贞生……济川侯刘惠生东郡范令刘雄。雄生刘弘，弘不仕。刘备乃刘弘之子也。帝排世谱，则玄德乃帝之叔也。自此人皆称为刘皇叔。'"秋成听罢—— 一字不差！吃惊地看着老师，不知道说什么称赞的话好。

潘老师话题一转，接着说："如果把孝景皇帝的家族看作一个目录树的话，刘备这个文件的路径可以表示成：

"D：\ 孝景皇帝 \ 中山靖王刘胜 \ 陆城亭侯刘贞 \ …… \ 济川侯刘惠 \ 东郡范令刘雄 \ 刘弘 \ 刘备

"其中，'刘备'是文件，其他都是文件夹。文件夹之间以反斜杠'\'连接。路径应该是连续的，这里从孝景到刘备有十几辈之多，就省略了一部分。"

"路径？路径是什么？什么作用？"几个孩子几乎异口同声问道。老师没有说话，只是又点击了一下鼠标，显示了一个幻灯片：

"在文件目录的树形结构中，可以从某个地方，比如根目录开始，向下逐层穿过子目录，找到指定的文件（或文件夹）。将所经过的目录和最后的文件依次用反斜杠连接起来，这就是该文件的路径。它是指引系统寻找指定文件所要经过的路线。

"路径可以用来快速地查找某个文件或文件夹，平时交流时也常用路径说明某个文件在什么地方。比如告诉别人你的文件是在优盘根目录下的'演示文件夹'下的那个'第三节.PPT'，就像我们告诉别人自己的家乡一样。"

秋成看完，转向老师认真地说道："那我的资料中'三年级''物理'的'实验报告'，其路径应该是：D:\三年级\物理\实验报告.doc。对吧。"

潘老师赞许地点点头："不错。理解正确，表述简明。还用'其'字雅了一下。哈哈！"

夏莹一直在惦着老师所说的什么"道理"，便忍不住说："者也先生别得意了，快让老师讲讲那个什么'道理'吧！""道理，对，差点儿忘了。"潘老师略加思索，然后说道，"这个道理的确很重要，只是需要慢慢体会。简单说来——"潘老师站了起来，一边比画一边解释：

"前面我们说过，目录的基本功能是对事物分门别类并建立有规律的联系。比如根据目录可在书中第几页找到第3章第2节的内容、在图书馆的文学类的第4书架找到《三国演义》一书。所以也可以说，目录包含了事物（内容或书本）与其存在位置的对应信息，并用适当的形式表示了出来。同样，文件夹结构包含了文件夹（或文件）及其相对位置的信息，并且表示成分层的树形形式，更重要的是这种形式能够利用计算机自动处理。

"我们不单是学会了计算机中的文件管理，其实，我们还可以从中悟出一个道理：对于一个实际问题，先对它进行分析并正确提取其中的信息，再把它表示成一种计算机可以处理的形式，这个问题就可以用自动化或机械化的方法解决了。——这种思维方法，就是人们所说的计算思维！"

听到这里，夏莹着急地说："'思维'就够玄的了，还加了个'计算'，太深奥了。"潘老师停顿一下，笑笑说："计算思维的确是个内涵丰富的术语，不过生活中也有不少使用计算思维的例子。要不我给你们讲个故事吧——乌鸦喝水，改编版。哈哈。"

"有一只乌鸦想喝水……"潘老师刚说一句，秋成就有些失望地接着说："看到一个瓶子，可里面水不多，喝不着。"潘老师并不在意，接着说："乌鸦绕着瓶子一边转一边想：现在问题的实质是怎样抬高瓶子里的水面；从别的地方弄些水来装进瓶子里显然不可行。于是，乌鸦就……你们知道的，把石子一颗一颗地放进瓶子里，而且每加一颗石子，就看看是否能喝得着了，或者水会不会溢出来。就这样，水面升起来了，乌鸦终于喝到了水。"

"这里，"潘老师看着小朋友们注意听了，又说，"不断地添加石子，在计算机里就是循环；看看是否能喝得着水，或者水会不会溢出来，就是控制条件。所以，乌鸦的这个思维也可以说属于计算思维。

"计算思维的本质是朝着抽象化和自动化的方向进行思维。即对自然界的实际问题，设法寻找代表问题实质的变化规律——抽象，并通过适当的方式表达出来，使之成为计算机可以处理的形式——自动化。这就是基于计算思维解决自然问题的基本原理和方法。

"如果把乌鸦的思维过程用语言表示出来，就是一种算法。——哈哈，算法。等你们上大学时会学到的。如果用程序设计语言表示这个算法，就成了一个程序。执行这个程序，就可以看到什么时候乌鸦可以喝到瓶子里的水了。"

几个小朋友相互看看，似乎明白了大致意思。突然，夏莹转向潘老师说："一颗一颗地放小石子太慢了！可以开始时放大些的石子，等到水面快涨到瓶口时再放小一些的石子。"

"很好。聪明！那就是对算法的改进了。嘻嘻。"潘老师听罢，拍了一下夏莹高兴地说。

潘老师一高兴，又讲了起来："还有，古典小说里的英雄们都背着一个万宝囊。"

听到古典小说，秋成又来了精神，说："里面装着攀登用的绳索，还有照明用的引火之物。哈哈。评书都这么说。"潘老师接着说："对。我们想想，那万宝囊的作用——把常用的东西放在身边，是不是和计算机里的缓存相似？"秋成马上答道："是这个理儿！随用随取。我知道，L1、L2就是这样，提高了CPU的处理速度。嘻嘻。"

潘老师长长地舒了一口气，然后慢慢地说："计算思维是一种科学的思维方法，也是一种解决问题的能力。有位知名教授曾这样说：计算思维是21世纪中叶每一个人都要用的基本工具，它将会像数学和物理那样成为人类学习知识和应用知识的基本技能。尤其是你们这些祖国的花骨朵……"

秋成突然接话说："岂能不知乎？"逗得几个人都哈哈大笑起来，竟忘记了是在上课。

旁边的一组学员们，刚才就听到这里在说什么刘备、皇叔的，此时又一阵笑声，他们便再也忍不住了，哗啦一下都围了过来，向老师、向秋成问这问那。

正在此时，教室门口悄悄地走进一个人来：中等年纪，着装时髦，浓妆艳抹。她就是担任二班讲师的魏若斯，还有个英文名字 Virus。由于二班的人不多，大家又兴趣不高，就提前下课了。她路过一班，见大家围着潘老师，讨论甚是热烈，心中妒火陡然升起，便转回自己的机位，通过网络向潘老师的机器恶狠狠地发起了攻击，然后悄然离去。

再说潘老师正在和同学们讨论问题，突然感到一阵眩晕，接着语速也越来越慢，甚至打字也出现了乱码。秋成一看老师，脸色苍白，呼吸急促，额头上沁满了虚汗，大吃一惊，连叫："潘老师，潘老师！"

潘老师吃力地摆摆手说："告、告、告诉同学们，下课。请夏莹、春妮到楼下倒两杯开水来，秋成帮我去、去、买些药。"见春妮、夏莹及其他同学下楼后，潘老师急忙从身上拿出一个蓝色优盘轻声对秋成说："还认得我吗，小兄弟？""啊！真的是你呀，蓝——"秋成看着她惊讶地叫了一声。"嘘——"潘老师示意他小声说话，然后说，"蓝优盘'课件'。"秋成又惊又喜，向前挪了一步问道："'课件'姐姐，你怎么在这里呢？难怪刚才你一上讲台，我就觉着似曾相识。"蓝优盘喘了一口气，慢慢地告诉秋成：为了自食其力，她凭着优盘本体内的知识应聘到这家培训公司做讲师，不料突然中毒，法力丧失殆尽，才有了刚才的尴尬一幕。

秋成一听霍地站起来说："是谁下的毒，告他投毒害命，让他受到法律严惩！"秋成又着急地说："不过眼下最要紧的是解药。告诉我，我去找！"蓝优盘深为秋成的善良、热诚所感动，两行热泪夺眶而出，但苦笑了一下说："谢谢！不过我中的毒既非立夺人命的鹤顶红，也非致人感冒的病菌，而是一种计算机病毒。它是一段小程序，可以混到普通程序之中，发作时能够自我繁殖，破坏计算机功能，影响机器正常使用。依你目前的功力，很难识别，更无法找到解药。"

"那怎么办呢？不能就这样让您如此煎熬！"秋成急得抓耳挠腮。蓝优盘又说："不必过于着急，据我所知这种病毒只能破坏我的功力，还不至于害我性命。"说着朝秋成招招手，附耳对他说，如此这般便可。秋成一听稍感宽慰，接过优盘飞奔下楼而去。

话说夏莹、春妮来到楼下，虽有小店却没有热水。春妮说要回家去取，夏莹白了她一眼说："那哪儿来得及？"她们灵机一动朝附近一家银行跑去，然后一人一杯热水，小心翼翼地端着往回走来。

再说秋成，按照蓝优盘的嘱咐，避开魏若斯悄悄来到一家网吧。隔着门就说："叔叔，我要交作业，可老师说优盘上有毒，麻烦您杀一下，等着用呢，嘻嘻。"恰逢周末，网吧生意火红，老板心情不错，笑呵呵地说："没问题，小子。我这儿是公共上网场合，各种病毒常来打扰，所以备有不少杀毒软件。360、卡巴斯基、瑞星、诺顿，哈哈，都有。"说罢，接过秋成手中的蓝色优盘，插入USB接口，点了几下鼠标，便点起一支香烟等待计算机杀毒。

老板看了一眼优盘，不由得称赞道："嘿，这款优盘不错，漂亮，秀气，似乎还有些灵气。"秋成没有说话，心中暗自说道："敢情，这不是蓝优盘，简直是蓝精灵！"

"好了！"但见老板用鼠标轻点屏幕下面的优盘图标，似乎显示什么"安全删除硬件"的提示后，便取下优盘交给秋成，还不忘做了句广告："小朋友，'乐翻天网吧'，以后常来啊。"秋成谢过，飞车向东关而去。

东关大楼教室里，潘老师喝了几口夏莹她们端来的热水，伏在桌子上休息，春妮和夏莹焦急地守在旁边。突然，秋成气喘吁吁地冲进教室，兴冲冲地喊着："好了，好了！杀，杀……"没等秋成说完，潘老师赶紧接过话来："啥，啥，啥也别说了，快把药给我。"这时秋成才想起来，她不大愿意让夏莹她们知道自己是个优盘的化身，于是连忙把紧握在手中的蓝优盘和两颗药丸放在她的掌中。说也奇怪，潘老师一触到那个优盘，便觉得痛楚尽消，全身通畅，脸上也像接通开关的彩灯一样立刻灿烂起来。她心里明白——杀毒成功，却又故意赶忙把药丸放进嘴里，不料满口是巧克力的浓郁香味，不由得朝秋成会意地一笑。然后对春妮、夏莹说："谢谢你们的照顾！刚才可能是低血糖的缘故吧，现在好了。你们回去吧。"说着主动伸出手来与他们握手道别。当握住秋成的手时，蓝优盘稍加用力，一股莫名的脉动沿着他的胳膊迅速向头顶传播，秋成似乎感到一些未曾知道的知识模模糊糊地从眼前晃过，并向大脑的记忆区域沉淀……耳边也响起像电影独白一样的声音：

"秋成，很喜欢你的善良和热诚，真的！我愿意把体内的电脑知识尽数复制给你。很遗憾，目前，信息复制只能在智能电子设备之间进行。所以，只好把我的部分知识内功注入你的体内。愿你更聪明、更坚毅。不过请注意：信息时代，缺的不是知识，而是创意！另外，我有我的生活，也不能离开同类。为了远离病毒，我会离开这里一段时间。——多多保重，后会有期！"

秋成满眼热泪，想说话却发不出声来，只是默默地望着蓝优盘。走到门口的春妮回头一看，见秋成还在握着潘老师的手，就没好气地叫道："秋成，该回家了！"

蓝优盘松开了手，秋成也立刻恢复了正常知觉。她又轻声说："最后，给你一些学习电脑的建议：明白目的，勤于练习；莫忘借用'帮助'，渐悟计算思维。"

秋成深深地向蓝优盘鞠了一躬："'课件'姐姐，谢谢你！"依依不舍地退着向门口走去。和夏莹、春妮打过招呼，秋成转身再看，蓝优盘已不知去向。

三个小朋友回到秋成家里，夏莹吵着应该趁热打铁练习一下文件管理操作。春妮却满脸不悦地说："秋成现在哪有那心思呀，恐怕还在想着他的潘老师呢！没看见刚才拉着人家的手都不放了？"

秋成一听，连忙解释："什么呀，老师，她，她真的教过我。"

"什么时候？"春妮不依不饶地追问。

"前天梦里。"秋成情急之下，竟说出了秘密。

"该不是做梦娶媳妇了吧。哈哈！"夏莹又不失时机地挖苦道，"不过，你这样说那才是：'不接手机，在厕所——谁信呢？'"

秋成急得满脸通红，争辩道："我还跟着她梦游了电脑城，不信我说些名词，不，术语：内存、外存、缓存、时钟、总线……你们知道吗？都是人家教的。刚才，刚才还给我输入了不少知识内功呢。"春妮本不想让秋成过于尴尬，又听他这么一说，就半信半疑地说："那你给我们做一下文件管理操作，做对了就信你。"

秋成"嗯"了一声坐下，一阵沉思：老师说过要"明确目的"，对。在 D 盘根目录下建立个资料管理目录，再在其下建立分科目的子目录；目录还可以复制、重命名……想到这里，便试着操作起来。过了一会儿，突然不好意思地说："刚才我还仿佛看到过知识内功里有的，怎么现在一点儿也想不起来了。奇怪……"夏莹朝春妮做了个鬼脸说："原来，我们秋成同志是程咬金的外甥，梦里头头是道，醒来武艺稀松。哈哈！"春妮说："外甥？"夏莹接着说："《说唐》里有个程咬金，好兄弟尤俊达教他斧法，可程咬金总是学不会。一天，程咬金梦里遇到一位奇人，教会了他全套精妙的板斧杀法。夜半梦中，程咬金骑在板凳上演练，甚是骁勇，招招致命。尤俊达一声叫好惊醒了咬金，结果醒来只记住了三招。乃后人传说的程咬金三斧也。"春妮心里着急，但还是慢慢地说："别，别，让秋成再想想嘛。"

秋成急得耳根都红了，放下鼠标，习惯性地挠着脑袋的右侧，突然拍了一下大腿说："帮助，帮助！'莫忘借用帮助'。怎么就忘了老师交给的秘诀呢！"一高兴，秋成竟有些语无伦次。夏莹抿着嘴小声对春妮说："看他，都不知道说什么了。"

秋成不说话，一本正经地操作着：单击"开始"按钮，选择"帮助中心"，在文本框中输入关键字——"文件夹"，然后单击"搜索"按钮。——他几乎屏住了呼吸，期待着"帮助"的出现。心里却暗自嘀咕："帮助"究竟什么样子？像梦里的课件呢，还是像书上的一段文字？……如果这次再不行，她们就更不会相信我了。那可真丢死人了……

一走神，秋成竟没有注意屏幕上已出现的信息。"有了，有了！秋成。"也在急切等待的春妮，看到屏幕上显示了几个搜索结果：新建文件夹、使用文件和文件夹……就连忙叫道，好像比秋成还高兴。"点呀，点。傻叫——"夏莹说着，拿起鼠标点击其中一个项目。创建新文件夹的操作详详细细地显示出来了。"这就是'帮助'。信了吧，蓝……老师就是这么说的。"秋成本来要说"蓝姐姐"又连忙改口，然后慢慢地站起让出座位说："照着帮助信息操作一下，夏莹先来。"嘿，秋成一下子变得有模有样，活像训练场上的班长。

夏莹坐下，浏览了一下帮助信息，然后慢慢地试着操作起来：

右单击"我的电脑"，选择"资源管理器"并单击打开；打开 D 盘，点击菜单栏中的"文件"→"新建"→"文件夹"项。一个"新建文件夹"立刻跳了出来。夏莹喜出望外——第一次就成功了。可仔细一看，又不好意思地说："什么呀，我要建立'物理'文件夹的。"春妮在后面小声地说："'新建文件夹'是隐含名，可以再输入需要的名字。你刚才可能只看了'帮助'的开始一段，后面说了的。"夏莹重新在"新建文件夹"上输入了"物理"，然后回车，文件夹名立刻变成了"物理"。

夏莹又用刚才学会的方法，接着在"物理"文件夹下分别建了一、二、三年级文件夹。然后站起身来，高兴地拍着手说："好了，该建化学的了。春妮，你来吧。"春妮看了一眼秋成，他正在来回地走着，还习惯性地挠着后脑勺，好像又在想什么了。于是就朝着夏莹应道："好，我来试试。咱们不如把物理文件夹复制一下，再改成化学或其他学科的。反正一、二、三年级文件夹里现在都是空的。这样就免得每门课都建一次文件夹了。"夏莹一把将春妮摁在椅子上说：

"好主意，你来做，我也学学。"春妮找到关于复制文件与文件夹的帮助信息，然后又回到原来的窗口，转过头来对夏莹说："复制文件夹有两种方法——不好意思，我这是二道贩子没仓库——现买现卖。"说罢，春妮右单击"物理"文件夹，接着在下拉菜单中选择"复制"；然后右单击 D 盘根目录，再选择"粘贴"。"啊，这就复制了？有两个'物理'怎么办呢？"夏莹着急地说。"不会。复制成的文件夹是'复件 物理'，这样在同一级目录里就不会重名了。"说着，春妮又把光标指到新建的文件夹上。

这时，秋成走过来说："怎么样，建好了吗，文件夹？"夏莹朝春妮努了努嘴。但见春妮选中"复件物理"文件夹，并按住鼠标左键不放，然后慢慢滑动鼠标。"拖动。"秋成在身后看着，轻轻地说。春妮放开左键——又一个文件夹"复件 2 物理"被复制出来。"不错！"秋成赞赏着，又连忙说："该改名字了，这么多'物理'了。""这样，这样。刚才春妮右单击时，我看到了。"夏莹说着拿过鼠标，右单击"复件 2 物理"文件夹，然后选择"重命名"，接着输入"化学"，回车一点——变成了"化学"文件夹，然后得意地朝秋成说："那叫'重命名'，记住了。'改名'，'改名'，老土。哈哈！"春妮头也不抬只是低声说："就你能。"夏莹马上朝春妮头上拍了一下："帮谁呢？朋友立场跑哪儿去了？"说着迅速地在旁边建立了一个文件夹，名字竟是"女尼来信"。秋成嘟囔着："什么呀，女尼，还男僧呢。冒傻气。"春妮一看，脸腾的一下红了，说了一句"傻子"，抢过鼠标，右单击，选中"删除"，重重地一个回车，竟出现一行提示："确实要删除文件夹吗？"夏莹带着挑战的胜利感高声问："问你呢，秋成！"秋成也不作声，倒去一边慢条斯理地踱起步来。春妮却快速地按下"y"键，那个扎眼的文件夹立刻消失了。

夏莹又朝秋成叫道："哎，在想什么呢？"

"慎思也。"秋成调皮地应道，接着又一本正经地说，"古人云：博学慎思。我理解：慎思者，对学习的东西，仔细考察、分析，甚至联想，有助于深入理解，提高创新能力。我刚才在想：既然计算机能管理文件夹，新建呀，复制、删除什么的，那么，同样也应该能管理文件。"

春妮一听，扑哧一笑："那不是大实话吗？"秋成却说："不，不。如果真是那样，我们就可以把文件夹和文件的管理一样地理解、一样地操作了。"夏莹马上拿起鼠标说："咳，'思'什么呀，试试不就知道了。"说罢双击打开一个文件夹，再在空白处右单击，马上出现了一个下拉菜单，又选中"新建"，点击。夏莹高兴地叫道："你们看，真是呀。刚才我们只是看文件夹了，还有那么多可选的项目呢，各种文档都有。"春妮看了一下说："那些什么 Word 文档、Excel 文档，我们不熟悉，就建个文本文档吧，馆爷说过的那种。"

就这样，三个人又把文件的新建、复制、删除等操作做了一遍。每次实验的成功使他们更加自信，失败则使他们增加了思考和探索的机会。

过了一会儿，夏莹用挑战的口气说："我也'慎思'一把！"然后看了一眼秋成又说："你说，电脑里文件夹和文件越来越多，计算机也能帮助我们找到想要的文件吧？"秋成用赞赏的眼光看着她点点头。春妮则悄悄地打开了"帮助"，通过"帮助"主题，一层层仔细地找着，终于找到了"查找文件或文件夹"。她拉了一下夏莹，得意地指给她看。

夏莹看了一阵，轻点 D 盘，然后在屏幕顶端的搜索框里输入"物理"二字，自言自语道："这个放大镜似的图标可能就是查找的吧？"说着点它一下。嘿，屏幕上一条淡绿色的条条慢慢变长，同时屏幕上不断出现"物理"的文件夹，还标出了所在位置。夏莹双掌一拍叫道："够哥们儿！真给找出来了。哈哈。"

春妮不声不响地接过鼠标，又在搜索框里输入".txt"几个字符，回车，竟找到了刚才建立的那个文本文件，并且只有这一个文件。她转过身来看着夏莹说："'帮助'上说：'在搜索框中键入字词或字词的一部分'，就可以找到包含这些字词的文件或文件夹。我觉着输入的越多，找到的文件就会越少，或者说就越接近我们要的东西，你说是吧？"

夏莹一下子就明白了，拍着春妮说："你也'慎思'一回，不吃亏了。"秋成又做出老者捋胡子的样子怪腔怪调地说："孺子可教也——！嘻嘻。"春妮却反唇相讥："谁让你教，俺自己'慎思'出来的。"

三个孩子一起哈哈大笑，心里充满了自学的快乐。

这正是：

具体操作自重要，计算思维犹指导。

明白目标勤习练，自学悟理更逍遥。

夏莹突然说："告诉你们一个好消息，听说学校要举办电脑应用系列讲座。去学学文字处理软件，以后咱们也可以用电脑写作文、记笔记了。"两人一听，欣欣雀跃。但谁也没有想到，那讲座竟给他们的好朋友冬毅带来一场灾难。

欲知后事如何，且听下回分解。

第十四回

小个子 mail 荐常鸿，课代表 Word 显风采

早就有人提出应该开设"计算机应用基础"课程，但许多家长和教师认为，高中学生的主要任务是考大学，所以，昆阳中学取中庸之道，决定开设"电脑知识系列讲座"，由实验室的张老师主讲，学生自愿报名参加。

这学期第一次上课，报名的人把老师的桌子围得水泄不通。教导主任在一旁和同学们进行着聊天调查。原来，高中的同学听考上大学的亲戚朋友说，"计算机文化基础"是大学一年级的必修课程，如果高中阶段对这方面知识知之甚少，还得专门补课，显得很没面子。"你们初中的同学，怎么也来凑热闹呢？"主任问。他们带着几分狡黠回答："电脑早晚都要学的。现在学会了，高中时就可集中力量准备高考了。"嘿，还真会设计呢。

开课了。几句经典的课前用语之后，张老师提高了嗓音说："今天给大家介绍一个'Word'软件……"刚听到这里，坐在常鸿身边的小个子就小声叫起来："什么，'玩儿的软件'？新游戏吗？"常鸿转过脸来低声说："老土！那是 w‐o‐r‐d——'Word'，不是'玩儿的'。"

"它是一种流行的文字处理工具。"老师接着讲道，"每天都有成千上万的人在使用它创建和编辑信件、报告、备忘录或其他类型的文档，以至于专家们大声疾呼：不要忘记汉字书写！可见我们生活中对文字处理软件的应用是如此之多，甚至可说是高度依赖。

"Word 功能丰富，使用方便，主要用于创建基于文本的文档。实际上它还允许在文档中插入表格、图像，设计成像专业印刷厂生产的印刷品一样。还允许在文档中插入声音、视频或动画，以增强文档的特殊效果，也可以创建能在网上发布的超链接文本。

　　"学会 Word，以后你们也可以用它写作文、写实验报告等。它能够提高工作效率，美化文档形式。在当今信息时代，简直像我们的自行车一样无法离开！故尔等不能不知，不能不学矣！"

　　显然，这个比喻有点儿"土"，但对于县城的孩子们，倒是最容易理解的。一阵笑声后，老师打开投影机说："Word 的功能十分丰富，不过有些是基本操作，有些即使高手也不常用，所以，建议大先家掌握基本操作，其他的可以在使用中学习，还可以随时求助于系统中的'帮助'。"

　　"老师，哪些是基本操作呢？"靠边上的一位同学问道。"这个问题问得好。所以就原谅你没有举手了。呵呵。"张老师停顿了一下说，"设想我们要写一篇作文——用 Word 就叫制作文档，现在让我们把手工写作和 Word 操作做个对照。"说着，老师手指一点，打出幻灯：

手工写作过程	Word 制作文档操作
展开一页纸	启动 Word 并打开一个空文档
在纸上指定的位置写字	在插入点输入内容
写完一段或整篇后，修改	进行编辑
抄写成稿	保存文档，打印输出

　　"可见，文档的创建、打开、保存与输入、编辑和打印等都是文字处理的基本操作。制作文档的操作顺序也大致如此。下面，我来演示有关操作。不必做笔记，仔细看操作，并理解什么时候需要做什么事情。"

　　张老师边操作边讲解，还不断地用目光询问同学们是否明白。

　　他启动 Word 并建立空文档，依次点击"开始"→"所有程序"→"Micro Office"→"Micro Office Word"启动了 Word 程序，桌面上出现一个空白文档——"文档 1"。

　　"闪动的光标给我们指明了输入的'方向'，就是输入的位置。"老师说着顺手输入了几个字，又说，"输入一些文字后，可以点击'文件'→'保存'，以保存输入的内容。写完一篇文字后，单击窗口右上角的那个 × 形的关闭按钮——关闭窗口，同时注意保存该文件。此时，会有些提示，你可以选择存放文档的文件夹，也别忘了给文档起个能表示内容的文件名，如果你不想把给女朋友的信与给父亲的信混淆的话。像'文档 1''文档 2'这样的文件名就难说了。——这就是内容输入和文档保存操作。当然，关闭了 Word 窗口，通常也就关闭了 Word 程序。"

"其实，启动 Word 的方法很多，比如双击任一 Word 文档。"说罢，老师双击刚才保存的那个文档，然后，点击"文件"→"新建"→"空白文档"同样也能建立一个空文档。

张老师熟练地在屏幕上打出一个图来（见图 14 - 1），说："要留意 Word 的窗口，以便读书、交流和操作时理解所指的是什么。不同的版本可能窗口不尽相同，但常用的操作项目大同小异，而且也是比较容易理解的。建议大家留意哪些操作属于哪一类、通常在什么位置等。之后，逐层选择或按照提示填写就可以了。显然，'进对门'很重要。道理很简单：误入五金店，难买巧克力。"

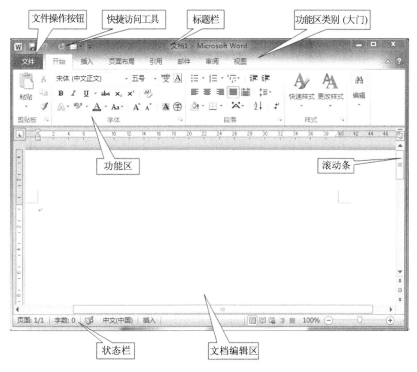

图 14 - 1　Word 2010 的主界面

同学们一阵笑声，张老师又加重了语气说："顺便指出：术语，在计算机学习中必须重视术语的理解、记忆和使用，否则，将影响和他人的交流，甚至不能正确理解资料的含义。学习 Word 时，你们会不断地遇到诸如：标题栏、菜单栏、状态栏、任务栏、滚动条，插入点、插入、改写、换行、缩进，文本的选择、复制、粘贴、删除、查找、替换等许多新术语。"

老师像说绕口令一样，一口气说了好多，似乎有些累了，润了一下嗓子又说："从前有个愚人，在床上到处乱翻。妻子问他找什么，答曰：一种穿在脚上，但不是鞋子的东西。妻子不禁扑哧一笑。愚人嗔言道：妇道人家，见识短，没脑子。妻子则说：我的脚上只有袜子，哪有脑子？——不懂术语我们也会在 Word 面前变成愚人的。"

老师又演示了不少操作，只是像放电影一样，不少学生觉着有些快了。要下课了，老师自嘲地说："刚才，我只是在旱地上教大家游泳的要领，课下你们要多练习才能真正学会使用。我建议，隆重地：

"一、关注、理解、记忆相关术语。二、结合手工写作习惯，理解 Word 制作文档的过程。这样能使你有的放矢。三、逐渐了解 Word 的功能——能做什么，尽量让计算机自动实现自己的意图。比如，复制与粘贴，查找与替换，是手工无法比拟的。不妨单击不同的按钮，看看它们是做什么的。"

"老师，什么时候上机实验？"一个同学站起来问。老师示意她坐下，然后从夹子中抽出一张纸对大家说："这是课程的时间安排，一会儿请课代表打印公布。现在——，谁愿意当课代表？"停了片刻，前排有两个同学举起了手，其中也有冬毅。老师看了一下冬毅，正要说话，突然感到手机震动。张老师习惯地按了个按钮没有查看，片刻之后，手机又震起来了。

老师正要低头，突然又看到有人举手，而且未等老师点头就站起身来。那人正是那个小个子。他说："老师，我推荐鞠常鸿当课代表。刚才还给您发过邮件和短信，对不起。"

张老师笑笑说："说说理由。"

"常鸿有笔记本电脑，还有些便利条件，能当好的。"说罢，小个子又推了一把鞠常鸿低声说，"课代表，课代表。快！冬毅都举手了。"

鞠常鸿第一反应是不能让冬毅出这个风头，于是没来得及多想，就站了起来，然后才举了一下手说："我来做课代表。"

许多同学回头看去：鞠常鸿他站立着，正在合上笔记本。原来，常鸿听老师要讲 Word 基本操作，并没有在意，就打开了"九珠妹"游戏玩儿了起来。听小个子说老师要选课代表时，才匆忙地站起来。

坐在南边的夏莹和春妮，一直在认真地听讲。这时，也回过头去看了一下鞠常鸿，然后又把目光转向了老师，焦急地等待着。

老师看着鞠常鸿，略微迟疑一下，慢慢地说："课代表是为同学们服务的——好吧，就请鞠常鸿同学当课代表。下课。"老师说罢，叫鞠常鸿过来，把课程安排表递给了他。

回到教室，常鸿还在为刚才的胜利而高兴，心想：要尽快把课程安排时间表打出来，每个同学发一份，让大家都知道我是最合适的课代表。于是坐下来，熟练地打开了 Word。

连任何小型讨论也不放过的小个子，课后和同学们调侃一阵，走过来怪声怪调地说："课代表先生，这就开始行使职责了？让我们观摩一下高手的操作吧，刚才老师操作时有的地方没看清。"常鸿头也没抬，说："你就喜欢'玩儿的'软件，还要学'Word'吗？"小个子一脸认真地说："哥们儿我是你的铁杆粉丝啊，就给我简单地说说嘛。"旁边的几个同学听小个子一说，也都走过来看常鸿操作。本来就相当高兴的常鸿，此时更加兴奋了，于是展开那张课程安排表，颇为得意地说："好，好。献丑了。输入汉字之前，要先选择一种你喜欢的输入方法，可以单击屏幕下方的输入法指示器，在弹出的方框中选中一种，比如'微软拼音输入法'——就是在它前面打钩。我现在用的新版本操作系统 Win 7，它的输入法指示器是这个样子：⑤中🌙°⌨︎👤🔧。"

常鸿用鼠标指针指了一下，又说："很好玩儿的，当鼠标指针指到上面时，机器就会显示那一项的作用。比如，指向'中'，就显示'切换中/英文（Shift）'。说明现在是中文输入状态，点一下，就会切换成英文状态。按'Shift'键也有相同作用。"

常鸿又转向小个子说："你不会把'Shift'键分成那些字母打吧？"小个子把头一仰："嘿，那是'上档键'嘛，小弟玩儿游戏时常用的，常用！""常鸿，快输入吧。"旁边有人催促着。

常鸿把鼠标移到刚建立的空文档上部，单击，指着出现的光标说："这叫插入点，表示将在这里开始操作。现在是输入，编辑时也一样。"他一边说着一边打字，输入的汉字很快把光标挤向了右端。有个同学小声说："这一行满了，快把插入点挪到下一行吧。"常鸿没有说话，当他输满一行时，光标自动跳到了下一行的开头，他这才回过头来说："看到了吧，Word 能够自动换行。只有另起一段时，才需要打一个回车。所以，在每一段的末尾都显示一个回车符号。回车符号也是实实在在的一个字符，所以书上叫硬回车。"

输完一行"2009 - 3 - 4，星期三，下午 15 点，上课地点：2 号教学楼 212 教室"后，常鸿突然停下来说："下面的内容大都与这一行差不多，所以不用再一行一行地输入了，可以复制、粘贴，然后稍作修改。"

　　他把鼠标指针移到"2009－3－4"几个字之前，轻轻单击，然后按住鼠标左键并向右拖动，直到这一行最后的"教室"两个字，放开。所过之处，立即变成了深色，格外显眼。"这叫选中，选中的这些连续的文本叫文本块，它们就是要复制的内容。"常鸿小声说，接着右单击，弹出下拉菜单，选择了"复制"命令。"现在把刚才复制的内容粘贴到需要的地方。"说着，常鸿把指针移到最后一行的末尾，连打了几个回车，于是出现几个空行。选好插入点，右单击，又弹出一个菜单，选择"粘贴"命令，刚才选择的那一行就"贴"了上去。"真的贴上了啊！"几个同学正在惊奇时，常鸿按住"Ctrl"键，同时又打了 V 键，于是又贴了一行。他接着说："使用中，常用快捷键操作。刚才，我打的'Ctrl＋V'就是粘贴快捷键，所以又执行了一次粘贴。因为复制之后，复制的内容就存放在'剪贴板'里了，可以多次粘贴的。另外还有复制操作的快捷键——'Ctrl＋C'、剪切快捷键——'Ctrl＋X'，等等。快捷键比打开菜单选择命令方便。所以，要记住一些常用的。"

　　小个子回头看看同学们，得意地说："看咱推荐的课代表，够棒的吧！简直就是小老师呀！"有两个同学也附和着："学校的电脑比赛，常鸿要拿冠军了。"小个子又强调着："非他莫属，非他莫属！""别，别，我也是刚学。你们用用也就会了"。

　　大家的尊重使常鸿有些不好意思，也更激发了他的表现欲，他恢复了正常的语调接着说："选中文本块是常用的操作，因为它是复制、剪切、粘贴、删除等操作的基础。最实用的一种文本选中方法是……"

　　说着，常鸿又把鼠标指针移到"2009－3－5"几个字之前，单击鼠标；然后按下"Shift"键，同时在第二行的"室"字右边单击一下，说道："这次没有拖动，而是用'Shift'键配合，选择了前后两次单击之间的文本块。这种方法适合选择不太长的内容。如要选中较长的段落或整篇文档，下面这些方法比较方便。"

　　他把鼠标指针移到文档左边的空白处，指针变成了一个中空箭头；然后单击鼠标，箭头对着的一行立即变了颜色——被选中；又连续单击两次，好长的一整段都被选中了；再连续单击三次，像变戏法一样，整篇文档立刻变色——选中。

　　"哈哈，好玩儿。"好长时间没说话的小个子伸手拉住常鸿的右手，"等等，等等。我明白了：在文档的左侧空白处，单击一次、两次或三次，能分别选中一行、一段或整篇文档。那我要选中所有的文档，该怎么做呢？"常鸿听罢，诡秘地把头贴到他的耳边，却大声地说："那就连续点击七七四十九次。哈哈！"

一阵笑声之后，旁边另一个同学也做出一本正经的样子说："课代表同志，你这就不对了，不该把这方法教给他的。"正在半信半疑的小个子一听，马上反问："为什么？"那同学说："你学会了，说不定哪一天上网，你会连续点击九九八十一次——妄图选中网上所有的女孩照片！"小个子和同学们一阵大笑，然后佯装生气地说："我不选了，行了吧？学术讨论，严肃点儿，严肃点儿嘛！"常鸿故意打岔："不选，容易，在屏幕上任意地方单击一下，就取消了选中效果，恢复成原来的颜色了。"

那位同学趁机说："好，我也提个问题吧。老师课上演示过文本的剪切、移动，还有删除。剪切与复制有什么区别呢？"

小个子咳了一声说："这个问题，我来说吧。不用宰牛刀了。复制和剪切都要先选中文本块。但如果是剪切，粘贴后，被选中的文本就移到了新的地方，像剪报纸一样，原处就不复存在了，倒是可以多次粘贴的。如果是复制，粘贴后，选中的内容依然存在。至于删除，就简单了，选择文本后，按'Del'键就行了——删的部分就没了。"

有个同学赞扬地点了点头说："看来小个子这把'小刀'挺厉害的嘛，也可以'宰牛'了。"小个子得意地说："这个问题，我考虑很久了，认真地。因为，复制的概念，本来就是我国古人先提出来的。大家知道，有个农夫种地时挖到一个宝贝缸，装进什么都取之不尽。县官儿知道了就想占有，可不小心把他爹挤倒在缸里，结果一个一个地拉起许多爹来。那县官儿既要照顾爹们，又害怕知府知道夺走他的宝贝，也就没有顾得上申请专利。嘻嘻。"

小个子的滑稽联想弄得大家忍俊不禁，有个同学敲了一下小个子的头说："你这解释那真叫：熬焦了的稀饭——胡诌（煳粥）！还是让常鸿继续说吧。"

常鸿也不推辞，继续说："刚才说的复制、粘贴、删除等修改文本的方法，都属于编辑操作。实用过程中，输入和编辑往往是交替进行的。比如，发现刚刚输入了错字，可以用'Backspace'（回退键）逐个删除光标左边的字符；同样也可用'Delete'（删除键）删除光标右边的字符。"

他简单地做了个删除的演示，接着又随意选择了两行文字，按下了 Delete 键。然后说："我故意错删了一段文字，可以用工具栏上的撤消按钮 ↶ ▾ 撤消刚才的操作，删除的文字就又恢复了。如果，觉着还是删掉好，就按撤消按钮右边的恢复按钮 ↷ ▾——恢复到撤消前的状态。"小个子在一边说："那么纠结？"常鸿说："是斟酌！"

"Word 还有个功能，简直是神了——查找和替换。"常鸿颇为感慨地说，"假如我们输入一大段文字后，发现有个习惯性的错别字，或者其他散在文档中多处同样的错误，倘若手工修改，既费时又难免遗漏，用'查找和替换'可以轻松搞定。比如，咱们刚才输入的文本中，'2009 - 3 - 5'这样的表示就不太正规。"说着，他依次单击"编辑"→"查找"命令，又弹出一个小窗口——查找卡；然后在"查找内容"后面输入要查找的内容"2009"；再单击"查找下一处"。立刻就找到了文档中的第一个"2009"，并改变了颜色。

常鸿抬起头来说："这些操作引起的窗口变化，说起来有些烦琐，好在系统的提示基本上可以看明白，照着一步一步地做就是了。我们现在找到了第一个。"他麻利地把"2009"连同后面的几个数字，改成了"2009 年"某月某日的形式。接着，又单击"查找下一处"按钮。就这样找到并修改了所有的年月日的表示方式。

"这就是'查找'。'替换'的操作，和'查找'差不多，只是多了一项'替换为'，在那里填上要换成的内容就是了。"常鸿说着单击"替换"卡，然后在"查找内容"后面填上"下午 15 点"；在"替换为"后面填上"下午 3 点"。最后，单击"全部替换"按钮。"好了!"常鸿高兴地说，"现在所有的'下午15 点'都换成'下午 3 点'了，而且保证无一遗漏。"

常鸿很是兴奋，还说出了自己的一些体会："Word 虽然叫作文字处理软件，但是有些功能与文字处理并没有直接联系，倒是利用了计算机的智能提供了许多方便。比如，拼写检查，输入过程中当你拼错英文单词时，Word 就会提示错误。像小个子想当然地把'good'的比较级拼成了'gooder'，Word 一定会提醒的。哈哈。"

"课代表，"后面一个同学向前探了一下身子指着屏幕说，"能不能把上课和实验的时间、地点部分做成表格?"又有两个同学附和着："是呀，那样会清晰些。"

常鸿回头看了一下，略加思索说："对。Word 文档是可以插入表格的。我试试。稍等一下。"他从书桌下拿出一本《Office 使用说明》来，查看目录，翻书浏览。小个子在一旁又调侃道："嘿，怪不得人家 Word 功底如此了得，原来有《葵花宝典》呀!"

"这算不上，网络才是真正的宝典呢! Word 应用的一般问题都能在网上搜到答案。真有不少高手。"常鸿把书放在旁边继续说，"在 Word 文档中插入表格，是指可以在 Word 文档中自动生成一个表格，并作为这个文档的一部分。Word 基本上是通过选择菜单来建立表格的，有两种方法：一是输入行数、列数确定表格的样子；二是引用系统中已有的表格形式，后者叫'自动套用格式'。"

说着，常鸿选好插入点，依次点击"插入"→"表格"→"插入表格"，弹出"插入表格对话框"，并分别输入列数 5、行数 4，"确定"按钮一点，立刻出现一张空表，4 行 5 列，整整齐齐。速度之快让小伙子们一齐"咦"了一声。

演示的成功使常鸿非常高兴，又补充道："如果在刚才的那个'插入表格对话框'中直接点击了'自动套用格式'，会有许多不同样式的表格供你选择，可选择喜欢的一种，再根据提示输入需要的列数、行数，点击'应用'按钮，就会建立一个和选中的样子一样的表格。

"不同的 Word 版本，具体操作也许不尽相同，但基本思想是一样的。可以根据情况试着去做。反正也不会浪费纸，错了再做就是了。"

"课代表同志，表还空着呢。"有人提醒说。

常鸿说："那好办。表格内容的输入和编辑与文档的处理一样，就像我们刚才打字、修改一样。对了，有个名词，不，术语要说明一下——单元格。

"单元格就是行和列交叉处的方块。需要在哪里输入或修改，把光标移到那个单元格上单击即可。"

常鸿边说边做，把文档中的上课时间、地点等内容，一块一块地复制、粘贴到表格中。一张简单的表格很快做好了（见表 14 – 1）。

表 14 – 1　文字处理系列讲座课程安排

上课时间	上课地点	形式	课时	备注
周三下午 3 点	2 号教学楼 212	讲授	3	
周五下午 2 点	第一实验室	实验	4	

常鸿取出插在书包侧面的一瓶果汁喝了两口说："表格的建立和内容的输入、编辑，大家看到了，并不难。但是我们建立的表格常常需要修改，比如插入行或列、合并或拆分单元格，当然也可能要删除它们。坚持先选中后操作的原则就行。"

常鸿把光标移到表格的"备注"一列的顶端，指针变成了一个黑色箭头，然后右单击，弹出下拉菜单，又选中"插入"项，再选"在左侧插入列"。表中立刻插入了一个空列。

"同样，我们也可以在表格的左侧单击选中一行，再用上面的方法从下拉菜单中选择'在上方插入行'，就可以插入一个空行。"常鸿又用强调的语气说，"请注意下拉菜单中还有许多项，而且会随着你选中元素的不同出现相应的项，如拆分单元格、合并单元格、删除单元格、删除行等。按照自己的意图选择就是了。还有用斜线绘制特殊的表头等，你们试试也就会了。哎哟，有些累了。嘻嘻。"

"课代表先生，辛苦了，广大人民是不会忘记你的！哈哈。"小个子又调一侃。

"为人民服务嘛。"常鸿拍了一下小个子的肩膀接着说，"为回报你的'不会忘记'，我专门给你说一些表格数据的计算方法，有个方法也许你会常用到的。"

小个子认真地点点头，仔细地听着。常鸿说罢，很快又画出一张成绩统计表（见表14-2）。

表14-2 成绩统计表

姓名	英语	计算机	总分	备注
张三	98	95	193	
小个子	71	65	136	
李四	83	82	165	

但见他选择总分一列的第一个单元格，接着选择"表格"→"公式"，弹出"公式对话框"，又在"公式"下面的空白处输入：= SUM（LEFT）。便得出左边两个单元格的和。用同样的方法又填上了后面两个人的总分。

常鸿还提醒说："Word 2010，处理表格时比较麻烦，'表格工具'这个菜单通常是隐藏着的，只有鼠标点击到表格的区域内，才悄悄地显示出来。单击'布局'→'公式'就会显出'公式对话框'了。"

常鸿指着公式对话框的下面继续解释："在'粘贴函数'里有很多函数可选，如求和函数 SUM、平均值 AVERAGE、最大值 MAX 和最小值 MIN 等；函数的参数可以用 ABOVE 、LEFT 或 RIGHT，分别表示当前单元格同列上方、同行的左侧或右侧的所有单元格。当然也可以用单元格的命名规则——列号和行号表示的单元格，如 B2、A3。"

突然，常鸿转向小个子说："你要先记住 MIN 函数，以便验证你的成绩是不是最末的。哈哈。"说着，常鸿在总分一列最下面的单元格一点，用 MIN（A-BOVE）函数得到了 136。

这时候小个子才明白，却不慌不忙自嘲地说："嗨，老兄也太小看人了。咱怎么也能保持在 average 附近的水平吧。"不知谁却说："那就给王富贵用吧。哈哈。"

这时候，冬毅走进了教室，他刚帮助张老师打扫完实验室，见好几个同学围在那里热火朝天地讨论，就慢慢走了过来。但见小个子一边说着"我来试试"，一边从常鸿手里抢着鼠标。没有注意，不知是谁碰了一下键盘右端的一些按键。

常鸿回过头来告诉大家，今天就到这里，他要整理课程表了。几个同学道谢，背上书包走了，还有几个人依然留在那里，显然要将见习进行到底。常鸿仔细地看了看，要将输入的内容在一个地方修改，没想到，打上的字却把后面的字给抹掉了。又试一次，依然那样。他心里一惊：病毒？没有上网呀。正在这时候，一只手慢慢地伸了过来，轻轻接过鼠标，在状态栏上那黑色的"改写"按钮上一点。接着一个声音轻轻说："再试试看。"常鸿下意识地又打了几个字，啊！行了。他回过头来，看到冬毅弯着腰，右手扶在桌沿上，似乎是准备着这一招不灵再采取其他措施。明白了，常鸿的心情一下子像八宝饭上撒胡椒——添了异味：当着这么多同学，让这小子在这儿露了一手。可又不好发作，就没好气地说："雕虫小技！"冬毅站直身子，淡淡地说："是没什么，本来就……我看到你刚才输入的情况，又看到状态栏里显示'改写'状态，就把它改成了'插入'状态，就行了。"小个子俯下身去，仔细地看了看状态栏，然后反驳道："胡说！你看看，现在不仍然写着'插入'吗？"见习者们也都看过去，的确是那样。冬毅依然不动声色地说："那就对了。刚刚改过来的。你再点一下 Insert 键就又改回到'改写'了。先前，也许就是谁不小心碰了 Insert 键，才改变的。因为，插入键也可以在'改写'和'插入'状态之间切换。"

"原来如此。又学一招！"一个同学不禁脱口说道，还拍了拍冬毅，"又一个高手。"旁边的一个同学还低声说："看来这电脑比赛有悬念了，鹿死谁手还不知道呢。"不料常鸿听罢，一下子脸涨得通红，"啪"的一声合上了笔记本。

这正是：

功能归类各有门，选对菜单再紧跟。

轻叩帮助师常在，慢点右键又一村。

人们散去了，一个险恶的念头却在鞠常鸿心中慢慢滋生！

欲知这念头将会伤害何人，且看下文分解。

第十五回
菜园坡冬毅遭劫，比赛场夏莹智辩

傍晚的昆阳城，南大街上挤满了来往车辆和下班行人，马路两旁又冒出不少小摊儿，人流变得越来越慢了。常鸿的姐姐常璎索性推着那辆墨绿色的女式自行车在街边慢慢地挪动。十字路口亮起了红灯，她停下无意间左右看看。突然，一家饭馆里有个熟悉的身影吸引了她。常鸿？那人背对门口坐着，好像在小声说话；桌子上凌乱地竖着几只空酒瓶，还有两只斜躺在桌面上；对面坐着一高一矮两个半大小伙子，从他们的身材和发型很容易辨认出来——南街王和三脚猫。常璎大吃一惊——常鸿怎么会和他们在一起？

丁零零，身后有人按铃催促，原来已经放行了。常璎只好随着人群向前涌去。

回到家里，刚进厨房，就听到常鸿回来了。姐姐洗着菜叫道："常鸿——"没等她说下去，常鸿就换上拖鞋说："明天下午两点学校电脑作文比赛，我得准备一下。"说完就关上了房门。

第二天，周五，下午。常璎刚从昆阳中学送完报纸返往邮局，骑到西菜园附近的菜园坡时，看到南街王和三脚猫坐在马路边上，小声说着什么，还不时地向东张望。早就听说那高个子年纪轻轻，游手好闲，常在南大街一带欺负外来商贩、过路弱者。由于姓王，人们就私下称他"南街王"。矮个子十五六岁，虽身材瘦小，却十分机灵。曾到什么武术学校习武，可耐不住辛苦，没多久就"自主毕业"了，结果是没学成金鸡独立之类的功夫，却养成了顺手牵羊的毛病，常把别人的物件牵进自己的口袋里。人们就送他个外号"三脚猫"。

这两个孩子在通往昆阳中学的路上出现，使常璎感到非常奇怪，可又不屑于与他们搭话，就远远地从他们对面骑了过去。过了一会儿，迎面看到冬毅扛着扁担急匆匆地向这边走来，挽在扁担上的两只筐子随着急促的步子有节奏地磕打着他的脊背。常璎正要叫住他，一辆卡车从他们中间穿过，后面掀起好大的一团尘土。她赶忙转过头去，等下车再看，冬毅已经走远，小伙子还不断地看手表。常璎也下意识地看了一下表，差一刻两点。啊，两点、比赛、昨晚饭馆里的三人聚会、现在菜园坡上的两个小子、就要路过菜园坡的冬毅……这些点儿突然在她脑子里连成了一条轨迹。难道……想到这里，一种预感沉甸甸地压了下来：一场伤害多个人的灾难可能就要发生。如果那样，自己心存欣赏的冬毅将会失去一次机会，常鸿的不光彩行为也终究会被查出；万一事情闹大，甚至会影响父亲的声誉……

"常璎，常璎!"对面的叫声把她从焦虑中唤醒。一辆银灰色的轿车停在十字路口的角上，驾驶室里探出一张清秀友好的脸，朝她说道："我送关先生去昆阳中学，当今天比赛的嘉宾评委。搭车吗?""小闫。"常璎连忙打招呼，但心里还在急速地想着怎样避免那场灾难。突然一个想法冒了出来，便带着几分唐突说："关先生，你们别走南边儿了，那儿堵车。走菜园坡吧!"关老先生从车里朝姑娘微笑着点了点头。

看着汽车朝菜园坡方向开去，常璎松了半口气。心想：但愿……

菜园坡上，南街王和三脚猫看到冬毅一路小跑过来，就慢慢地站起，走到路当中，抱着胳膊站在那里，阴阳怪气地说："冬毅——同学。"冬毅警惕地看着他们："什么事?"南街王耸了耸肩膀："聊聊呗。""改天吧!"冬毅说着继续朝前走。两个人却并排挡在他的面前，冬毅向右，他们就向右，冬毅向左，他们就跟着向左。"你们要干什么?"冬毅低声问道，并退后一步，满脸涨红，努力控制着自己。南街王一脸傲慢地说："不给哥们儿面子，是不? 那——今天就别想过去。"说着，从口袋里拿出一把电工小刀，在手里摆弄着。三脚猫也在旁边煞有介事地说着评书套话："天堂有路你不走，地狱无门自来投。"冬毅虽然猜不出此事的原因，但却明白他们是在存心找麻烦。于是，向右边挪了一步，顺手把扁担横握在手中，站在那里目不转睛地看着他们。

这时，昆阳中学第二微机实验室里，天花板下的投影机在墙上投出一行红色大字——"昆阳中学第一届电脑作文比赛"。第一排坐着几位领导和评委，中间靠右的一个位子很显眼地空着，桌签上写着"关恒"；第三排往后，桌子上整齐地放着显示器，每个位子的右边贴着参赛者的编号和名字。校长和张老师不时地看看手表，焦急地往门口张望。夏莹看冬毅的位子还是空的，皱了皱眉头。常鸿只是瞄了一下那个空位，一丝难以掩饰的窃喜在嘴角掠过。墙上，电子钟的秒针一下一下地跳着，时针一点儿一点儿向两点逼近。

菜园坡前，冬毅依然和南街王对峙着，心里却在飞快地揣摸：要劫财吗？不对，他们知道我的情况。要打架？也不是，他们并未主动出手。——啊！让我迟到，不能参加比赛，好阴呢！想到这里，冬毅怒火中烧，正要用扁担把南街王拨开，然后夺路而过，突然，身后传来几声汽车鸣笛。冬毅回头一看，只见一辆小汽车已经快到身边了，他只好朝右边让开。如此一来，南街王就正对着开过来的汽车。三脚猫也下意识地向左退让，并拉了南街王一把："汽车！"

汽车里，小闫没好气地说："这些孩子，打架也不看看地方。"关老先生却早已认出了冬毅：那熟悉的身影，那普通得有点儿特殊的衣着，尤其那根标志性的扁担。虽不知道缘由，但已明白是对面的孩子在阻拦他上学，便连忙说："小闫，慢点儿开，把那两个孩子隔到左边去！"小闫换挡、减速，按着喇叭，故意把车向南街王身边靠去，车身把三个人左右隔开了。关先生探出头来，朝冬毅摆摆手，示意他快跑。冬毅弯腰捡起筐子，在车子右边向前冲了过去。南街王朝车子大声嚷道："咋开车呢?!"退到路边的三脚猫一看急忙喊道："没了！那小子没了！"他们扭头一看，冬毅已快跑到学校门口了，汽车也一溜儿烟地开远了。

"倒霉！500块钱没了。"三脚猫丧气地说。南街王却不大在意："不是先给了咱250块吗。我们干的也真够二百五了。"

实验室门前，关先生握住校长的手快步进门，走向前排。趁人们迎接关先生的时候，冬毅也不声不响地坐到了自己的位子上，只是不断地喘着粗气。张老师简短地说明了比赛要求，然后大声宣布比赛开始。

一排排的机位上，有的一上来就忙着敲键、写作，过一会儿就有些手忙脚乱，看年纪像是初中的学生；有的先低头沉思，键入提纲，然后开始写作，看来在电脑面前也没有忘记老师教给的作文要领；有的则时而快速输入，时而放慢速度，边思考，边打字，颇有点儿电脑写作的范儿。八仙过海，各显神通，每个人的头脑都在随着面前的电脑高速运转着。屋子里一片沉静、肃穆。

过了一阵儿，语文老师和张老师好像忘记了是在比赛，竟背着手在通道上轻轻地走了起来，还不时地停下来看看屏幕。呵呵，那是多年监考留下的"毛病"。走到常鸿身边时，看到他已写了好几段文字，标题和正文都设置了适当的字体、字号，还插入了页眉、页脚，好像正在使用"绘图"在画些什么。张老师的脸上露出了笑容，也许在想：小伙子已经掌握了 Word 的主要操作，而且还不错。常鸿也抬起头来朝老师笑笑，流露出不少天真来。可当他要低头继续操作时，又禁不住回头看了一下冬毅的位子：冬毅也在那里飞快地操作着。——啊！竟一时有些意乱，心里暗自骂道：三脚猫，真他妈的"三脚猫"！

丁零零！一阵清脆的铃声。张老师抬起手大声说："时间到！请同学们停止操作。半个小时后，我们将在这里讲评、颁奖。为了体现公平、公正、公开，欢迎同学们观看讲评。"窗外看热闹的同学们高兴地鼓掌，齐呼："耶——！"

下午四点。实验室里挤满了人，有刚才参加比赛的，也有对作文比赛感兴趣的。当然，也少不了像小个子一样看热闹的。

语文王老师走上讲台，双手上下轻轻地摆动两下，示意大家安静，然后高声宣布：

"经评委会认真评议：一等奖，作品题目'昆阳之春'；文章形式丰富，格式工整，首行缩进、页眉插入、页码添加等方法使用正确；字体、字号设置适当。内容充实，情感质朴，从昆阳的明代县衙、魁星钟楼，到现代盐田、孤石水库；从奇特的地理，到憧憬未来……行文畅达，语言感人。表现了一个随父母离开大城市来到县城的青年对其第二故乡的深深之爱！作者——高二1班甘悟。

"授予高二2班汪涵，二等奖！"

简单讲评之后，王老师停顿了一下又说："三等奖暂未确定。评委会推荐了两篇较好的作品，拟从中选一篇更好的授予三等奖。请评委们评议，也欢迎同学们评论。"说罢，朝张老师点了点头。张老师立即将两篇文章投上大屏幕。

但见左边一篇的题目是"啊，笔记本，我的朋友"；右边一篇的题目是"文字处理学习尤感"。同学们立即发出一阵"哇"的惊叹。张老师站起来大声补充："今天大家都当一把评论家，咱们也取题目中的关键词作为文章名字，分别称为'朋友'一文和'尤感'一文。"

同学们又慢慢安静下来，有的在推测文章的作者，因为删去了作者的相关信息；有的则开始认真地浏览起文章内容来。

"朋友"一文：标题，大字号、艺术字；正文，重要字词还着上彩色；另有一幅插图，形式很是抢眼。文章篇幅也比较长，一页有半，估计千字有余。一看便知作者是使用 Word 的高手。

"尤感"一文：风格与"朋友"迥然不同。标题，只是加粗了一下；正文，也是清一色的宋体黑字；篇幅不长，倒是分栏排版使布局恰到好处，不散，不挤，刚好一页。特别是文后附有小诗一首，立添三分雅韵。好几个同学竟低声念了起来。

　　常鸿和夏莹也早已认出了自己的文章，先是一阵高兴，接着又有些紧张起来，因为不知道要去掉哪一篇呢！于是赶紧认真地阅读另一篇文章，判断一下"对手"的分量。

　　评委们分别就两篇作文发表了看法。大致意见是："朋友"一文，标题醒目，不落俗套；对计算机在信息时代的重要作用描述充分，尤其是"没有了笔记本"的假设，想象颇为丰富；输入汉字较多，对 Word 的操作也相当熟练。缺陷是文笔略显粗糙。

　　对"尤感"一文的主流意见是：文字朴实，情感真切，小诗附后，颇为典雅；文笔虽稍显稚嫩，但却透着清新之气；尤其提出在学习电脑打字的同时，勿忘书法练习，立意正确，观点新颖。对 Word 的操作基本正确，分栏排版也很得当。不失为一篇好文章。

　　不少同学也发表了自己的看法。突然，小个子擦了擦眼镜，又飞快地戴上，举手说："老师，请把字号放大点儿，后边看不清楚。"张老师回头笑笑，立刻换成了较大显示比例。不料，"朋友"一文中，靠首页底部的部分图形被推到了下一页，图形立刻分了家。小个子顺口说："图，图怎么散了！"张老师又犯了一次职业病，像平时回答问题一样，脱口回答："如果使用一下'组合图形'就好了。"

　　听到此处，常鸿禁不住在大腿上重重地捶了一下，心里暗自骂道：怎么搞的，竟忘记了这一点！并马上心生念头：不行，也要给那小子的文章找出点儿毛病来。于是又急忙重新扫描起来，立即发现标题里的"尤感"二字，哈哈，白字！就迫不及待地举手发言："'尤感'一文的标题，把'有感'写成了'尤感'。白字！""对！白字。应该扣分。"小个子见常鸿发言，明白了三分，立即附和。另一个同学却带着不平的口气说："人家还有几句诗呢，够有才的了！"接着，一阵沉寂。

　　突然一个女生起立讲话："老师们，同学们，大家好！'朋友'一文，Word 操作熟练，所用的功能也相当丰富，值得学习。"同学们哗地一齐朝她看去，正是夏莹。她脸色涨得通红，但言语并不慌乱，看来是鼓足了勇气，也做好了准备。"不过，我不同意'尤感'是白字的说法。我认为：虽然什么什么'有感'是常用的句式，但'尤感'可以理解为尤有感悟或感触尤深。非但不是白字，而且更有内涵。谢谢！"说到这里，竟有几个同学鼓掌赞成。几个评委也对这个小姑娘的理解有些惊讶，禁不住又回头看了看，并点头赞许。

校长满脸笑容，显然为选出的文章质量上乘和同学们的热情高涨而高兴。见他向左右的评委们小声说了些什么，然后走上讲台说："根据同学们的评论和评委们的一致意见，决定'朋友'和'尤感'两篇文章并列第三，均授予三等奖！作者——分别是高二1班的鞠常鸿和高一2班的夏莹！让我们向所有获奖同学表示祝贺！"

全场响起一片掌声。接着，校长又带着几分激动说："也许不少同学都听说了，我们这里有个同学，因家里条件有限，为了学习计算机打键，自制了一个模拟键盘。我们欣赏、赞扬这种自强不息的精神，也希望广大同学能够继承我们中华民族的美德，发扬艰苦奋斗作风，健康成长。评委会决定授予他——高二1班李冬毅同学特别奖，以资鼓励！"全场又是一阵经久不息的掌声。冬毅从座位上站起来，满眼泪花，没有作声，只是向周围鞠了鞠躬。

散会了。夏莹、秋成和春妮在南大门外边等着冬毅。大家都为夏莹的获奖高兴。夏莹却并没有兴高采烈的样子。春妮逗着她说："小莹子，玩儿深沉呢？女生中可就你一人获奖了。不是怕要你请客吧？"夏莹突然扑哧一声笑了，伸了伸舌头说："告诉你们，一开始我还真的是想写'有感'的，投到屏幕上才知道写成了'尤感'。鞠常鸿那样一说，我一着急，倒想出来个解释，歪打正着，哈哈。""那叫急中生智。"秋成一本正经地评论着，"夏莹同学的发言，既反驳了白字之说法，又不失应有之虚心。可谓得体矣！妙哉！妙哉！""也是最牛的评论！"身后传来冬毅的声音，"评论得当，又之乎者也，不愧是者也先生。"见冬毅来了，几个人就推车前行。夏莹这才大方地对冬毅说："应该说鞠常鸿对Word的操作确实掌握得不错，人家用的不少方法，什么绘图、组合呀、页眉、页脚呀，我都没用过呢。"冬毅想起下午菜园坡上的事，还是气愤难平，本想告诉他们，但听夏莹能说出很客观的话，就改口说："是，是这样的。不过，咱们抓紧学习，很快也能学会的。"春妮向大家提议："找关爷爷教教我们不就行了嘛。""好，后天。"约定之后，冬毅走了，三辆自行车缓缓地朝城里前进，车轮上不时颠出阵阵笑声。

这正是：
灯下键盘轻轻点，树上月婆偷偷瞧。
不恋游戏空欢喜，习得技艺品自豪。

不知后天几个小伙伴又要闹出什么笑话，且看下回分解。

第十六回
文档修饰功能巧，自学讨论情趣多

周日下午三点，夏莹等四个小伙伴如约来到馆爷家大门前。夏莹边走边朝堂屋大声叫着："关爷爷！"冬毅却走到门口，拿起靠在墙上的扫帚准备打扫院子。馆爷笑着迎他们进屋，并对冬毅说："不用了。刚才，居委会过来两个人，要我给他们弄个黑板报，说是迎接检查，临走时还帮我扫了扫院子。"

走进屋里，冬毅满怀感激地望着馆爷说："谢谢爷爷！那天……"馆爷知道冬毅要说什么，但不想让另外几个孩子知道有人阻挠冬毅参赛的事情，连忙把话题岔开："这次你和小莹都获奖了，的确不错。我很高兴。"说到了夏莹正想说的话题，她连忙说："可我对 Word 的许多操作还不会，有些地方还真是不如鞠常鸿呢。""常鸿那两下子，也就那么回事，文笔更是不敢恭维。"秋成不以为然地说。夏莹转过脸看着秋成："但对 Word 操作他的确比我们熟悉，应该承认，也包括你。"听到这里，馆爷心里顿感宽慰，说："夏莹这么想，是对的。"停顿了一下，接着说："知识没有国界，取长不分你我。虚心好学，才能不断进步。古人云——""三人行，必有吾师焉。"秋成自知班门弄斧，嘴里还是习惯性地之乎者也了一句。春妮轻轻地推了他一下小声说："知道还瞎说。还是请爷爷教我们怎样排版吧。"

馆爷爽快地答应："好吧，你们也让我过把瘾——再当一次老师！哈哈。"说罢走向窗前的书桌并示意孩子靠拢过来。"Word 的排版，也叫格式化文档或修饰文档，是制作文档的常用操作。"馆爷慢慢地坐下，又说，"如果满篇都是密密麻麻、同样格式的文字，会让人感到单调。文档修饰正是通过采用不同的文字风格、灵活的页面布局、适当的插图等手段，达到吸引读者和便于阅读的良好效果。"秋成又忍不住插话："图文并茂！"馆爷点点头接着说："文档修饰与个人习惯、读者对象，甚至审美理念等多种因素有关。不过，了解一些常用操作是必需的。"说着打开一个文档指着说："这是我给居委会弄的黑板报草稿。——哈哈，有点儿蹩脚。不过，它会用到常用的文档修饰操作。咱们一起做个电子板报吧。"小朋友们移动位置，看到屏幕上出现了一幅清晰的图片（见图16-1）。

报头：大字号；可插入图形；		
标题，较大字号 正文内容 分栏排版 第一栏	正文内容 分栏排版 第二栏	正文内容 分栏排版 第三栏 插入小图形

图16-1　黑板报版面

"报头通常是一幅图，当然要有醒目的文字标题，所以先说一下字体、字号和字形。"馆爷回头看了一下大家说，"字体，也叫书体，是指字的书写形式和风格，比如汉字有楷、草、隶、篆、行书等。每种字体又根据其风格，以创始人的姓氏命名，像楷书中的欧（欧阳询）体、颜（颜真卿）体、柳（柳公权）体，等等。""还有庞体？"秋成低声问道。春妮抿着嘴小声说："庞中华的钢笔书法吧，也算吗？"馆爷迟疑片刻："这个嘛，我也说不准。它倒是对青少年的书写习惯很有影响，称作一种体也无妨吧，现代的。哈哈。"夏莹也问："宋体的创始人叫宋什么呀？"。馆爷答道："哈哈，不巧，据说是秦桧创立的宋体。但因为他杀害了抗金英雄岳飞，臭名昭著，后人不愿意把这个荣誉给他，就用朝代来命名这种字体了。可见，人品，人品很重要！"夏莹见冬毅在旁边仔细地听着，却一直不说话，就调侃说："秋成，听见爷爷说了吧，以后要多做好事，不做坏事。要不，即使你将来有创造发明，我们老百姓也不买你的账啊。"秋成听到，立即后退一步："记下了！我要高举红灯闪闪亮，学你爹心红胆壮志如钢——"还做了个举灯的姿势。春妮捂着嘴笑道："傻样儿！李玉和该是你祖爷爷了吧。"冬毅似乎感觉到了夏莹的意思，就接着问："那——根据什么选择字体呢？"

馆爷高兴地点点头："好。了解字体的目的就是在不同的场合选择适当的字体。宋体，字形轮廓方正，笔画横平竖直，结构严谨，棱角分明，阅读时有一种舒适醒目的感觉。现代印刷中主要用于书刊或报纸的正文部分。

"楷体，是一种模仿手写习惯的字体，笔画挺秀均匀，字形端正。广泛用于学生课本、通俗读物或批注等。

"黑体，字面方正，字形端庄，笔画粗壮，比较醒目。适用于各级大小标题或正文中需要突出的部分。"

馆爷详细地解说着。冬毅慢慢地移动了一下身体，鼠标轻点字体对话框右端的小三角，悄悄地打开了下拉菜单，出现了许多字体选项。夏莹看了一下冬毅小声说："注意听啊！"秋成却说："人家在给爷爷当助教呢！老外了吧。"馆爷看了看屏幕，顺手端起茶杯说："冬毅，你来说说选择字体的操作。"秋成也鼓动着："说吧，说吧，获奖者嘛，有这个义务的吧。"

冬毅不好意思地握住鼠标说："这些选项中，有汉字字体，也有英文字体。单击需要的字体，比如'黑体'，之后再输入的字就是所选字体了。"说着，冬毅又在一个文档中选中一段文本，然后重新选择"楷体"，所选文字立即变成了楷体。冬毅直起腰来说："就这样。可以给文字设置需要的字体。——不好意思，我就知道这些。"

"谢谢冬毅！啊——冬毅先生。"春妮调皮地看了一下冬毅说，"明白了。我看到'字体对话框'旁边显示'五号'的地方，该是'字号对话框'吧？那也可以像刚才设置字体那样设置字号了？"冬毅点点头："是的。真聪明。"春妮得意地笑笑说："我还知道字号的数值越大对应的字越小，嘻嘻。小时候跟舅舅去印刷厂，他告诉我的。记得旁边的一个叔叔还逗我说，你舅舅在厂领导中级数最大，所以官儿最小。"秋成却在一旁逗她说："那也不错了，好赖你也算是干部子女了不是。"说罢，从冬毅手中接过鼠标来回晃着。冬毅却认真地说："还有一种表示字大小的方法——磅值法，倒是磅数越多对应的字越大。字号对话框右边也有个小三角，单击它，往下就可以看到的。"夏莹看着秋成问："在干什么呢？"秋成头也不抬，答道："找字形对话框，应该也是那样用的吧？"夏莹咯咯地笑出声来："者也先生，真聪明。不过，字形的选择有现成的按钮，在这儿呢。"说着，夏莹拿过鼠标，把指针移到 **B** *I* U 一排按钮上，"先选中文本，然后点击 **B**、*I* 或 U 就可设置成粗体、斜体或加下划线了。"秋成直起腰来，装出沮丧的样子，仰天长叹："既生瑜，何生亮？为什么不给我举一反三的机会呀？——不好，不好，Word 设计有缺陷，规律性不强。"秋成故作疯癫的样子，逗得三个同学又笑起来。夏莹收起笑声说："秋成，你说得也有些片面，规律还是很多的。像按钮旁边的小三角，一般都表示此处有下拉列表。比如单击 U 旁边的小三角，还可以选择下划线的宽度，甚至再点一下出现的小三角，还能设置下划线的颜色。——要努力发现规律嘛，是吧？"

这时，馆爷喝完茶走过来，拍拍秋成的肩膀说："下面讨论插入图形、美术字、文本框。举一反三，哈哈，机会会有的，会有的。"听到馆爷要讲插入图形，夏莹急不可待地向前靠了一步说："爷爷，快教教我们。比赛时，因为这一点儿，我差点儿输给常鸿那小子。"馆爷笑笑，好像不只是回答她而是对大家说："其实，输不输给谁并不重要。倒是在文本中插入图形、艺术字等，可以使文档美观大方，你们应该掌握的。"秋成又用滑稽的流行语言说："必须的!"

馆爷接过鼠标，单击工具栏上的新建空白文档按钮 ▢，建立了一个空白 Word 文档，然后说："Word 可以使用的图形资源包括自选图形、剪贴画、图形文件等。所谓插入图形，就是把选定的图形放置在文本中并作为文档的一部分，达到图文并茂的效果。"

说着，馆爷单击菜单栏中的插入按钮，并指着弹出的下拉菜单说："你们看，可以插入字符、图片、美术字、文本框等。现在，插入一张图片作为黑板报的报头。我已经选好了一张，可以依次选：'图片'→'来自文件'，并在弹出的窗口中选中需要的文件。"夏莹目不转睛地看着馆爷的操作，明白了意思，立即说道："就是说，要插入一张图片，它是来自一个文件。"话音未落，一幅图画出现在文档的顶部。春妮惊喜地叫道："好玩儿，真快! 要是画，就这个警钟也得半天工夫。不过显得有点儿小吧。"馆爷点点头说："图片也是'金箍棒'，可大可小。"但见他把鼠标指针移到图片上，指针变成了十字形，然后单击，图片的周边立即出现几个小点儿。"这叫控点。"馆爷又小声说。然后，把指针移到控点上，指针又变成了双向箭头。按着鼠标左键不放，并向外慢慢拖动，图形像一块橡皮泥一样渐渐拉长了。秋成看了片刻，充满自信地说："向里拖动，图形应该变小吧! 同样的方法，也可以改变图片的高低了。"馆爷微笑着点点头。夏莹附在春妮的耳边说："秋成终于能'举一反二'了，哈哈。"秋成不服气地说："小莹子，你门缝里看人，把俺看扁了。我一定要'反三'!"冬毅在一旁说："相信! 不过兄弟不必当真。"秋成不说话，慢慢地从馆爷手里拿过鼠标，移到图形上边的控点上，但没有再操作，却嘟囔着："不行，这样还是只能改变一个方向的长度。——啊，对了!"秋成试着把光标移到图形角上的控点，双向箭头的光标立刻变成了斜向。他又试着沿箭头方向拖动，哈! 图像的宽、高果然同时变化了。他松开鼠标，拍了一下手，转向夏莹说："对了，这和改变窗口大小是一样的道理。怎么样？够'三'了吧？"夏莹不说话，只是朝春妮调皮地笑着。好一阵儿，春妮慢吞吞地说："是呀，刚才你是'二'，现在你又多了个'一'，就是半个'二'。所以，'二'得更厉害了。"

"不错，不错。就要这样，学习不但要记忆，更要思考。"馆爷看着秋成高兴地笑笑说，"单击图形，出现控点，表示这个图形被选中或者打开了。之后可以对它进行各种操作，比如改变大小，还可以移动位置。"说着，他再次移动鼠标，指针又变成了十字形，按住左键拖动，图形就像冰面上拖动的物体一样，平滑地移动着。放开左键，图形就停在那里了。冬毅在一旁小声地说："现在，我们学会了调整图形的大小和位置了。""总结。聪明！"春妮也诡异地看着夏莹说。秋成却故作不平地说："啊，他说了一下对问题的理解，就是'总结'，还'聪明'；我'反三'一次，却更'二'了。——有失公平吧？"春妮头也不抬地说："那就改作'不太二'吧。"又把大家逗笑了。

冬毅想尽快听完讨论，早点回家帮妈妈干活儿，于是就把话题拉回主题："报头做好了，该安排板报内容了，是吧，爷爷？"馆爷答道："我找到一段'消防三字经'，还不错。不过，标题最好用艺术字。"一向仔细的春妮接着说："艺术字也可以插入吧？刚才看到过。""是的。"馆爷点点头说，"艺术字其实就是图片，所以和插入图片的操作类似：选好插入点，就是插入艺术字的位置；选择喜欢的艺术字样子；填入艺术字的内容。"说罢，关先生又点击工具栏上的插入按钮，选择"图片"→"插入艺术字"。哇！屏幕上立即出现几十种不同的艺术字。"你们喜欢什么样的，选一种吧。"馆爷松开鼠标说。夏莹马上按动鼠标左键，选了一种，然后输入"消防宣传黑板报"几个字，单击"确定"按钮。"终于完成了，好麻烦呀。"夏莹看着屏幕上显示的艺术字松了一口气说。春妮看了一下夏莹说："急性子。这比手写又快又好看，够好的了。"

馆爷站起身来，左右晃了晃胳膊说："下面对文字内容排版，你们谁来试试？""我——"秋成立即举手说，"我建议：两个比赛获奖者，冬毅已经讲过了，自然该夏莹汇报演出了——分栏排版！"夏莹取过紫砂茶壶，双手递给馆爷："爷爷，您喝水，歇会儿。"转身坐到桌前，故意高声叫道："秋成同学，站好，我来教教你！"本来就离桌子不远的秋成，反倒后退一步，躬身笑道："拜见大侠！嘻嘻。请多指教。"春妮也靠拢过来说："我以为者也先生要自告奋勇演示呢，原来只是建议呀，还用了个那么大的语音破折号——大喘气。"

夏莹大大方方地说："分栏排版很简单，真的，我用过。"说着，单击 D 盘，在屏幕右上角的一个条状框中输入"三字经"几个字，屏幕上立刻显示几个文件，文件名中个个都含有"三字经"。夏莹轻声解释着："这叫'搜索'，根据文件名或其中的几个字，可以找到需要的文件。前天我们还做过的。"夏莹又双击"消防三字经"打开，显示出文档内容来。

秋成声音不大却有些惊喜："对，前天咱们在我的机器上找过那个文本文档。爷爷这里这么多文件，也能这么快找到，的确方便！"

夏莹选中文档内容，熟练地拷贝、粘贴到黑板报文档中。"分栏，分栏。"春妮在一旁催促着。但见夏莹按下左键，拖动鼠标，选中要分栏的部分，低着头问："分几栏？"春妮："两栏吧。"秋成却嚷着："四栏，四栏！看看什么样子呀。"夏莹一边操作一边讥讽秋成："你以为分栏越多越好吧，连 Word 的便宜也要占吗？"说着单击工具栏上的格式按钮，选择"三栏"选项。"分三栏合适些。啊，对了，加上分隔线吧。"夏莹说着，又在分栏对话框中"分隔线"一项左边的小方框上点击，方框内立刻出现一个对号，再点"确定"按钮。所选部分立刻变为三栏，左右均匀，上下整齐。秋成看着又不禁感慨起来："Word 这玩意儿真妙，做起事来，又快捷，又美观！"冬毅在一旁默默地看着，见夏莹操作熟练，动作麻利，心里一阵欣喜，可又不好意思直接赞扬。于是就跟着秋成说了一句双关语："妙哉！妙哉！"

几个小朋友似乎都沉浸在成功的快乐之中，还不断地指点屏幕上的板报，评头论足。春妮却说："右边一栏下面还有些空白，不要浪费空间才好。"夏莹不假思索地说："好办，再画一束花吧，表示和谐、平安。"秋成却说："女孩子家就喜欢花呀草呀。找一幅与消防主题相关的图多好呀。"好像夏莹觉着有道理，就打开百度网站（www.baidu.com），在方框中输入"民警图片"，然后点击"百度一下"按钮，弹出许多标题。又双击其中一个，网络慢条斯理地运转，真是急人。秋成等待着，急不可待地说："要能找到'黑猫警长'就好了。""小男孩家，就喜欢打打杀杀。哈哈！"夏莹不失时机地报复了秋成一句。网页终于打开了，夏莹把鼠标指针移到一张小民警图片上："者也先生，这个如何？"冬毅急忙说："好，好，就这个吧。"单击打开图片，并存放在一个文件夹中。"可以插入图片了？"春妮看着夏莹说。夏莹站起身来，顺手把春妮拉到椅子上说："你来，刚才关爷爷演示过了嘛。"春妮不好意思地接过鼠标：选好插入点，依次操作："插入"→"图片"→"来自文件"→"小民警图片"，顺利地将图片贴上了文档。不过图片稍微大了一些，春妮单击图片，试图把它变得小些。于是，把上边的控点上向下一拉，不料秋成拍手笑道："哈哈，怎么把警察叔叔弄成个胖子了！""别管！我让他减减肥不就行了吗。"说着把图片右边的控点向左拖动一下，小民警的宽高比例正常多了，右边却又留出一点儿空白来。

秋成转头看着冬毅，好像说："老兄，有什么办法吗？"冬毅会意，摸着后脑勺说："昨天看过'插入文本框'的操作，好像可以在图片上插入文字。但没有做过。""那就试试呗，馆爷这里又不收上机费。"春妮接着冬毅的话茬儿，眼睛却看着夏莹，好像是要她帮忙似的。夏莹轻轻地推了春妮一把："起来。"然后看着冬毅并没说话。秋成顺势把冬毅摁在椅子上小声说："你操作，大家一起试试看。不行还有关爷爷呢，怕什么！"夏莹几分询问几分鼓励的目光，使冬毅的脸有些变红，好在那张经常被紫外线扫描的脸，这点儿红还没有明显的着色效果。"要是做不出来，多丢人呢，又是在她的面前。"冬毅心里打鼓，转而又想，"照着书上说的，应该能做成的，最多反复一两次。连试一试都不敢，不就更那个了吗？……"想到这里冬毅答应着，但并没有立即操作，而是看了看馆爷书桌上的一摞书，正好有一本《Office 使用手册》，伸手取来，稍加浏览，指着一段轻轻地念给大家："Word 把文本框视为图形对象，文本框可以视为文本的'容器'，其中的文字可以横排、竖排；可以放置在页面的任意位置，还可调整其大小。文本框还有一个便利之处，就是提供了一个独立于正文的编辑和排版之外的区域……""容器？区域？什么玩意儿，不懂，不懂！"秋成着急，毫不客气地打断了冬毅。"还没读多少书呢，就成呆子了！"夏莹朝着秋成嗔怪，"实际操作一下，也许就理解了。"冬毅笑了笑，快速地复制一份刚才做出的板报文档，便在备份文档上试着操作起来：插入点选在小民警图片旁边，单击"插入"→"文本框"。随着冬毅的操作，春妮看着弹出的选项连忙说："竖排，选'竖排'！"冬毅在"竖排"一项上单击，屏幕上马上出现一个四周打着阴影的方框，中间写着"在此处建立图形"，指针不知道什么时候也变成了十字形。冬毅迟疑了一下，心里有些着急，说："怎么把文字弄上去呢？"拿着鼠标的手也停了下来。春妮好像也在疑惑，脱口而出："下面怎么办呢，怎样建立图形啊？"冬毅小声却显然着急地说："可我们是想打上去一句话呀！"手却下意识地点了一下鼠标，不料，竟跳出个小小的方框来，指针在方框中闪动着。秋成看到，推着冬毅说："打字，打字！有指针就说明可以打字的。"冬毅试着胡乱地按了一键 A，自然在光标处打了个"啊"字。一直在旁边仔细看着的夏莹，此时已经意识到冬毅插入文本框的试探差不多成功了，于是说："'啊'什么呀，输入一句合适的话呀！"——可以输入文字了！冬毅心里一阵高兴。听到夏莹催促，竟随便输入了一句话，然后，在方框外边单击了一下。一个小方框贴在了小民警图片不远的地方，框里竖排着几个字："快来看呀！"

　　"行了，行了！文本框试验成功。小民警都开口说话了。哈哈。"秋成又高兴又自豪地举起手来叫着。夏莹却嘻嘻地笑着说："什么呀，这话土得快掉渣了！"冬毅不好意思地离开座位，低声说："你，你来修改吧。"

　　夏莹也不谦让，坐定身子，握起鼠标，但并没有马上操作，却满怀自信地说："刚才插入图片时，我看到也可以插入'自选图形'，说不定那里有更好的图形呢。"说罢，依次单击："插入"→"图片"→"自选图形"，又选中一个云形标注；然后右单击标注图形，在弹出的菜单中选择了竖排形式。正要输入文字，秋成抢着说："平安无事喽，平安无事喽！"春妮不慌不忙地说："看《地道战》了吗？那是糊弄鬼子的，民警叔叔能那么喊吗？"夏莹没有理睬，径自输入："小心灯火！"然后又小心地把标注拖动到小民警的右上方。接着单击刚才冬毅插入的文本框，指针变成了十字形，按下"Del"删除了（见图16-2）。春妮高兴地拍手叫着："好了，好了。漂亮多了！"

消防常识
"三字经"

三去一　火自完　灭火法
有四点　一冷却　二隔离
三窒息　四抑制

防火制　落实坚　本岗位
懂火险　报火警　会圆满
懂预防

人生路　长漫漫　五千年
火陪伴　恰用火　送温暖
如大意　受灾难

多学习　常操演　遵法规
不蛮干　谁主管　谁负责

小心灯火

火着起　条件三　可燃物
氧助燃　点火源　紧相连

图 16-2　消防黑板报

　　夏莹站起来，跳一般地走到馆爷身旁，见他正在全神贯注地用笔记本写东西，不好意思打断老人，就瞄了一眼：上面一行标题——"漫漫求学山路远，飘飘风雪围巾红"。夏莹按捺不住内心的兴奋，轻轻地说："爷爷，我们做好了。请您看看。""黑板报？"馆爷抬起头问。夏莹点点头，慢慢地扶老人走到桌前。关先生看着屏幕上的板报：通栏的板报报头，分栏排版的文字，右下角还插有小民警图片，尤其是云形标注，颇有些艺术感。"不错，不错！"馆爷不住地点头，"我设计的黑板报形式并不高明，但你们做得挺好，并且用到了插入图形、文本框等不少修饰功能。哇！真棒！"关老先生用了个孩子们的流行词汇，把本来就兴奋的他们逗得都乐开了花。

夏莹突然拉着馆爷的胳膊带点儿撒娇地说："啊，差点儿忘了！您还没有给我讲图形组合呢，就是鞠常鸿漏掉的那个操作。"关先生说："那些操作不复杂，注意几点就是：单击工具栏上的 ![](按钮，打开绘图工具栏；按住'Shift'键，同时逐个单击、选中要组合在一起的图形；再单击绘图工具栏上的'绘图'按钮旁边的小三角，在弹出的菜单中点击'组合'就行了。"馆爷又扫视了一下大家，认真地说："这样经过组合的图形，将作为一个复合图形处理，便于对它统一地缩放、移动等。上次比赛时，鞠常鸿可能忘记了组合，所以，图形移动时才会错位。"

夏莹正要拿起鼠标试一下，突然屋外传来一声熟悉的叫声："关大叔在家吗？"几个孩子听出是夏莹的妈妈，都转向门口应着："阿姨！"冬毅则连忙站在秋成身后，声音也低得几乎听不到了。夏莹却没有往日的亲热，呆呆地站在那里，嘴也噘得老高。"怎么了？你妈妈来了。"馆爷一边迎着客人，一边看着夏莹说。夏莹没好气地说："她，——她说话不算数！""小莹在生我的气呢。"夏莹妈妈走进来一脸为难地说，"我答应过，如果比赛获奖，就给她买一辆新自行车。没想到，厂里效益不好，这不，连工资都发不下来了。唉！"秋成好像只听到"买一辆新车"似的，竟没头没脑地说："我的车子也旧了，让爸爸也给我买一辆。"冬毅有些惊讶，却没有说话。

一阵安静。这几个孩子在一起，这种安静几乎好珍贵，因为他们通常是嬉笑、交流或争论。关先生心里却很不平静，不由得暗自思忖：名牌、舒适对人们的吸引力还真大啊！即使这些普通家庭的孩子也有追求的想法，何况……这的确是个需要关注的问题。

"爷爷，我们该回去了。"细心的春妮挽着阿姨的胳膊说，也打断了关先生的沉思。馆爷起身送大家，走到门口时小声对夏莹说："等会儿我给你发一个邮件，自行车嘛，呵呵……""推荐哪一款？捷安特的太贵了。"秋成回头说。老人笑了笑，和大家招手告别。

这正是
页眉页码常需要，字体字号按需选；
插入图形艺术字，图文混排更美观！

夏莹万万没有想到，馆爷的那邮件竟使她坐立不安！
欲知为何，且看下回分解。

第十七回
漫漫求学山路远，飘飘风雪围巾红

夏莹回到家里迫不及待地打开邮箱，真的有一封馆爷发来的邮件，还带个附件。她连忙打开，不料里面只字未提自行车之事，竟是老人家《梦回昆阳》中的一段故事：

常村镇坐落在大青山东山脚下，澧河贴着镇子南边的寨墙向东流去，北边一条无名小河，向东不远汇入澧河。两条河形成了一个像小孩子学书法时写成的"丫"字，镇子就夹在两个笔画之间。镇西北角一座用土墙围起的院子，那就是方圆几十里内颇有名气的昆阳五中。据说，是为了照顾山区的孩子，县里特意把为数不多的中学设一个在这里。家在常村镇东20多里的黑岗，就是在这里度过了他终生难忘的初中岁月。

周六下午是学生们最高兴的时候，可以回家见到爹娘，饱餐一顿，也许还有母亲特意留下的好吃的。周日下午则相反，不舍、无奈和希望掺和成一种苦涩的情绪杂拌儿。用现在的话，真该叫"黑色星期天"，而且那么纠结。黑岗和小伙伴们要背着干粮，徒步二十多里山路，按规定在晚自习前赶回学校。他们就这样一次又一次地完成了那艰苦的常规拉练。

他们尤其喜欢走在春天，特别夏天的回家路上。女孩儿们采着不同颜色的野花，做成花环，或干脆插在头上。嬉笑着，欣赏着，认真得像是在上化妆实习课。男孩子们光着膀子用上衣扑打蝴蝶、蜻蜓，在奔跑和跳跃中把一周的约束全都抖落在清新的田野里。

最有趣的是逮蚱蜢、抓蝈蝈。蚱蜢比较傻，只会蒙头蒙脑地乱蹦，只消蹲下身子，并拢五指，用手快速地把它扣在地上即可。运气好时，不一会儿就可以逮到许多，用一根带有毛穗的草茎穿起来，便是一顿美味的烧烤。

蝈蝈的智商就高多了。阳光下，它们趴在庄稼秆上，尽情地叫着。可是当你走近它时，叫声却戛然而止。那狡猾的家伙通常会躲在青叶的背面，一动不动，好像连呼吸都屏住了。此时，如果贸然前进，触动庄稼棵子，它那两只像弹簧一样的大腿一蹬，一下子就钻进青纱帐，拜拜了。有经验的小子们，定会停脚、弯腰，仔细观察。发现目标后，再从庄稼茎叶的缝隙中，小心翼翼地把手伸到它背后，敏捷地捏住脖子将它拿下，再用大些的叶片做个小口袋囚禁起来。带到家里可就待若上宾了。用高粱秸最上端的一段桤子做成宽敞的笼子，放些菜叶或瓜片，再请蝈蝈进去。平静一会儿，蝈蝈就会在里面吱吱吱吱地叫起来。对于乡村孩子来说，那简直就是一场音乐会。

上学的路上有一段是马路，其实只是在黄土上撒些石子和沙子的大路。不过就是在这条够不上等级的公路上他们第一次看到了汽车。那家伙驮着那么多东西和不少的人，还跑得飞快！从身边过去，卷起一大团尘土，连声对不起也不说就跑远了，所以大家都不喜欢它。让人着实羡慕的倒是自行车。丁零零一阵声响，还没来得及扭过头来，车子已经到了眼前。车上的邮递员自豪地向孩子们挥着手。二愣好奇地紧紧追赶，差一点儿抓着了车子后座。"来呀，学生孩儿！来呀！"邮递员回头骄傲地叫着，一溜烟地骑远了。二愣喘着气，满心羡慕地说："有辆车子就好了，哪怕是旧的。我就天天回家！"和二愣同村的女孩抿着嘴说："大白天，还做梦！嘻嘻。"黑岗苦笑着，没说话，心里却想：好好读书，将来说不定真能弄辆车子骑骑呢。

秋季碰上雨天，就会有些麻烦。雨点儿打在脸上，阵阵凉意自然不在话下；泥泞溜滑的黄土路也不难对付——五个脚趾使劲地向下弯曲，小步慢行。这是农民们代代相传的"秘诀"，虽不像凌波微步那样高雅，却也有效。赤脚踩在凸起的石子上，强烈的刺激穿过柔韧的脚茧，变成异样的疼痛，还能忍受。最讨厌的是长在崎岖小路上的蒺藜。长长的蔓上结满了浑身是刺的小球，一脚踩上，立即暴露了血肉之躯的生理缺陷——硬刺轻易地攻破脚茧钉进肉里，立刻一阵钻心的刺疼。想拔下来更要费一番工夫：金鸡独立，一只手扳起被刺中的脚，把脚底反转过来；另一只手的两个手指轻轻地去摘，用力过大，又会扎伤手指。还必须动作迅速，时间长了，失去平衡，受伤的脚会本能地着地，八成会被同一颗蒺藜再次扎上。那就是雪上加霜了！蒺藜拔出后，还会留下"后遗症"——一个小小的红点，又疼又痒，难受无比。

每当想起它来，都有点儿毛骨悚然，同时也为上天的造化惊异不已。蒺藜那玩意儿，无论什么时候，都是处于战备状态——总有刺向上的。后来，在一个老电影《多瑙河之波》中看到的水雷，简直就是大个儿的蒺藜，漂在水上，无论从哪个方向接触它都会引爆。哈哈，那设计者一定借鉴了蒺藜的造型，只是无法列出参考文献。

赶上下雪天回学校，就简直是有点儿可怕了。

那年冬天，周六晚上下了一夜的大雪。第二天早上，黑岗隔着窗子一看，啊，整个院子都白了。鸡窝显得矮了半截，平平的窝顶上积雪足有半尺多厚。他连忙穿好衣服，用绳子扎紧裤腿，朝大门外走去。门前的水沟，两岸的积雪向中间延伸，小水沟变窄了许多；不远处的那口水井，井口也小了一圈。早有勤快人扫出一条通向水井的路，不过黑色的路面不一会儿又变成了灰白色，路也变成了用雪修成的小渠。村口通向邻村的方向，有个人探着身子用铁锹在雪地上挖洞，然后把后面的脚踏进洞里，再挖下一个。黑岗知道，这是着急外出的人在为自己开辟临时通道。

黑岗回到家里，母亲已站在门口，看着他裤腿上的雪说："雪真大……咋去上学哩？"黑岗迟疑了一阵，又着急地说："等雪化了，不知要到什么时候。"母亲忽然拉着黑岗一边往外走，一边说："找你二旺哥，你们一块儿早点儿走。"

二旺家院子很大，大娘正在堂屋炉子旁不紧不慢地纳着鞋底。看到黑岗和他娘一起进来，就知道干什么来了。连忙说："他婶子，进来烤烤火。俺家二旺啊，昨儿个冻着了，怕是今儿个不能上学去了。"黑岗娘跺跺脚上的雪说："原想让二旺和黑岗一起走，也好有个伴儿。""你没听说吗，去年那场大雪，就有学生孩儿掉进路边的枯井里了。"二旺娘先是压低了声音朝母亲说，后来才慢慢恢复了平常的语调，"亏那孩子机灵，把脖子上的红领巾解下来扔到井沿上，才被路过的人看见。可救出来时也冻得半死了。"黑岗娘不敢再往下听，可怕的景象不断在心里闪过："岗儿，如果……"于是，简单地打了声招呼，就往外走。黑岗跟在母亲身后，仿佛听到大娘还在嘟囔："上学也不能不要命啊！就那一根独苗苗……"

到了大门口，母亲停下脚步，下意识地拉紧黑岗的手，好像儿子身边真的有一眼枯井似的。突然，身后院子里传来高兴的叫声："逮住了，逮住了！"黑岗转身看去，雪地里一条棕色绳子从东厢房门口一直伸到西墙下的一个筛子旁边，二旺正兴高采烈地从筛子里捉拿几只上当的麻雀，连帽子也没有戴。妈妈却依然站在那里，只是认真地看着白茫茫的远方。她要亲自慎重地考察：该不该让心爱的儿子出征。

"岗儿，你看，你看！"妈妈突然指着村东边叫道。一个身影在雪地里移动着，蓝色棉袄的领口上围着一条鲜红的围巾，左肩上斜挎着一个书包。走近了，那人倾身从雪地里抽出右脚时，一条长长的辫子从脸旁垂了下来，白地儿蓝花的书包也向前摆动着。是她！黑岗松开妈妈的手，向前迎了一步，禁不住叫出声来："王——晓敏姐！"

王晓敏是班上年龄最大的女生，听说对象参军当了排长，希望她有一定的文化，于是就到离家远些的常村镇读中学了。比同学们大几岁，她显得懂事，谦让，书也读得格外认真；还有一手秀丽大方的钢笔字，像她的人一样美。

王晓敏停下脚步，抬起头来喘了一口气："啊，李黑岗，你家在这里呀？"妈妈也连忙过来打招呼："姑娘，这是上学去的吧？"晓敏擦了擦额头上的汗应道："是的，俺家在东边。"说着，放下身上的东西，站在大门下的干地上。"这就好了。"母亲高兴得像找到了丢掉的开门钥匙一样，说，"黑岗和你一起走，我就放心了。"

晓敏姐谢绝了到家里歇歇的邀请，黑岗就赶忙回家去取东西。妈妈在身后说："看看人家，是个闺女家，比咱家还远。你是男子汉……"又指了指隔墙的院子，小声说："咱可不能怕冷，装病，不去上学！"

出发了。离村子很远了，黑岗回过头来，看到村西头的高坡上，一个黑点儿动也不动，那一定是母亲还站在那里。

晓敏姐显得老练多了，她不断地提醒着：小路上要尽量找田埂、路沿儿之类的高处走，那里的雪多被风吹走了，比平路上要浅些；大路上，要沿着别人的脚印或车辙走，会比较安全。她还提议，尽量少走小路，于是带着黑岗直奔通往常村镇的马路。那里也许会有人走过，至少没有落入枯井的危险。黑岗像听老师的话一样，紧紧地跟在她后面。

深一脚，浅一脚，比平时走路要费力多了。起初感到浑身热乎乎的，接着是汗津津的，再后来就是大汗淋漓了。稍不小心，跌倒在地，雪涌进袖筒，滚进领口，让人哭笑不得。

脚下就更尴尬了。虽然尽量踩着别人的脚印走，雪还是有机会就往鞋子里钻。冰冷的雪遇到温暖的鞋袜，很快化成冰凉的湿气，让人不禁打起寒战。开始，还不时地停下，金鸡独立，脱下鞋子把雪倒出来。后来发现这动作很不划算，刚倒出来，脚一着地，雪就又毫不客气地进去了。索性随它去吧，不一会儿，鞋袜便湿漉漉的了。好在不停地走路，脚上散发的热量似乎能维持着鞋袜一定的温度。

雪停了，风却冷得出奇，夹着卷起的雪粒打在脸上，说不清是疼是痒的难受。天上灰蒙蒙的，地上白皑皑的，过度的空旷和单调，好像只有走路的艰难才能感到自己的存在。走啊，走啊。没有太阳，没有手表，只有肚子在报告：饿了；两腿在暗示：累了。黑岗多想坐下来休息一阵，可是他们都知道，此时此地，如果坐在雪地上，风吹汗落，必定感冒。正好是一段坡路，他们就不约而同地放慢速度，借此恢复一下体力。

黑岗从袋子里摸出两个玉米面做的菜团子，递给王晓敏。晓敏有些不好意思，但还是接过来陪着黑岗慢慢地啃着。真是奇妙，饿的时候无论什么食物，香甜指数都会剧增。增加的卡路里很快使两个孩子精神起来，便在行进中萌生一些想象。黑岗心想：如果再有一碗热腾腾的小米粥就更好了；王晓敏也许想的却是一碗葱花茶：碗里漂着几个香油花，还有几片油绿的葱花，热气腾腾，香气扑鼻……

回头看看半天没有说话的晓敏，见她两鬓湿润，满脸通红，缓慢而认真地走着。每走一步，沾满雪团的军用鞋就在身后画出一道痕来。黑岗突然问："哎，晓敏姐，你喝过咖啡吗？"晓敏笑着摇摇头说："没有。但看到小说里说：一声'waiter'，服务生端来两杯热咖啡，放在客人面前，还要说：请慢用。嘻嘻。"黑岗却马上说："咳，要是我，就说：等急了，饿着呢！"逗得晓敏也笑了起来，又说："《三国》里有望梅止渴，可没听说过咖啡止饿。"

无意间说到《三国》，黑岗也接茬儿说："我也给你讲个故事吧，愿意听吗？"晓敏笑着点点头。黑岗一把抹去嘴边的饭渣子，指着斜前方说了起来：

"从前，有个商人走到这个老虎岭上，归心似箭，却疲惫不堪。看到岭上有座老虎庙，便跪求庙里的土地爷送他一程。"

"用的马车，还是拖拉机？土地爷家一定有的。"没想到晓敏也兴致勃勃地调侃。黑岗却认真地继续说：

"不，不。土地爷点点头，然后把手中的拐杖轻轻一甩，立刻变得三丈有余，又用拐杖轻轻地敲了敲门外的两座石雕老虎，叫道：'醒醒，醒醒。'老虎即刻血口大开，张牙舞爪。商人见状，魂飞胆丧，抱头鼠窜，一口气就跑到家了。哈哈。"

说着，走着，不知不觉爬上了老虎岭顶端。突然一阵山风，扬起一团雪粒，劈头盖脸朝他们打来。王晓敏连忙背过身去，大声叫着："快跑！老虎送我们来了。哈哈！"说罢，拖着一串咯咯的笑声向坡下跑去。

经过大半天的艰难跋涉，终于看到了学校的轮廓，还有那食堂冒出的烟雾，仿佛闻到了给力的晚饭香味。小黑岗忍不住举着起双手大叫："常村中学，我们回来了！"晓敏也高兴地了整了整头发，快步走在前面。

啊！意想不到的麻烦来了——那条无名小河横在了眼前。

年年夏天，这条小河曾给过路人多少清爽。每到初冬，也会有好心人早早在河里放上一些大块石头，当地人叫"搭石"。行人可以小心地踏石而过，免去冷天蹚水之苦。今天，搭石却不见了，只剩下几块，还远远地卧在河的那边。大雪纷飞的今天，小河突然变得那么不近人情了。

晓敏无可奈何地看了看黑岗，他也沮丧地放下东西，不禁骂道："搭石哪去了？他妈……"想到晓敏在身边，又收住了脏话，呆呆地看着河水发愣。正在这时，身后一阵踩雪的声音，一个中年妇女风风火火地走了过来。晓敏迎上去询问哪里能过河。妇女也没好气地埋怨着："上午一辆往水库拉货的汽车，陷在河里了，没有办法就把搭石搬去垫路了，好不容易才爬上岸的。听说，明天公路段的人会来弄好搭石的。""明天！我们怎么办？"黑岗着急地自言自语着。"蹚过去呗。我要去镇上给俺男人取药。你们等一会儿吧，也许会有牛车路过的。"说着，拧下鞋袜，毫不犹豫地下水去了。晓敏看了看黑岗，黑岗不服气地说："咱，也蹚过去！"

刚脱掉袜子，冷风一吹，寒气像打开城池缺口的入侵者一样直逼全身，黑岗不禁倒吸一口冷气。他鼓起勇气先用手舀了些河水洒在脚上，然后站起身来说："把东西给我，先拿过去。"

王晓敏说："不用吧，这点儿东西没问题。"

"不，先把东西拿过去，我回来背你。"

"不，——别，我能蹚过去的。"

"背姐姐过河，有什么？况且，女孩子蹚凉水容易得病的。——我是男子汉！"

"那……"

黑岗很快把东西拿到对岸，又回来慢慢背起晓敏，小心翼翼地迈进了水里。冰冷的河水和石头像锥子一样刺着双脚，仿佛骨头里面都冻得生疼。晓敏似乎呼吸加快了许多，却没说一句话。

来到岸上，黑岗在雪地上蹭掉脚上的泥巴，再用手拂去脚面上的冷水，赶紧穿上了鞋袜。他一边跺着脚，一边朝通红的手上哈着热气，无比骄傲地说："蹚就蹚了，这不我们也过来了！不就是凉点儿吗？"

晓敏却说："那你刚才还往脚上舀水，好像怕烫脚似的。"

黑岗像个小大人一样得意地说："这是老祖宗传下来的办法，先让脚适应一下再下水，免得生病。即使夏天也要这样的。"

晓敏背起东西，没有说话，心里却在想：还真是个小男子汉！

学校，晚上。班主任老师特意来教室看望，见来了不少学生，很是高兴。一反惯例，老人家没有催交周记，先是特意表扬了王晓敏，然后就主动地给大家讲起了故事。牛角挂书、程门立雪、达尔文与进化论等，一连串儿讲了好几个。最后还在黑板上抄录了一句话：

你想成为幸福的人吗？但愿你首先学会吃得起苦。

——屠格涅夫

黑岗回头看看坐在后排的晓敏姐，满脸的平静，只是默默地听着。但是，感觉她那原本就修长的身材似乎又高了许多，一种莫名其妙的心情在黑岗内心悄然萌发。

夏莹一口气读完了这个小故事，心里泛起阵阵少有而复杂的感觉。她站起身来，扶着椅背不由自主地看着屏幕，心情许久难以平静。先是羡慕黑岗们沐浴乡村路上清新、恬静的田间风光，尽享抓蝈蝈、逮蚱蜢的无华童趣；再是惊讶他们步行几十里山路，甚至赤脚上学的辛苦；更是佩服他们不怕艰险，冒雪返校的自律精神。夏莹慢慢坐下，下意识地拿起一面精致的小镜子，枕在一只胳膊上陷入了沉思。

"他们好奇地追着邮递员的车子，超级的梦想也不过是一辆自行车，旧的也行。哈哈。"夏莹仿佛看到了黑岗和他的小伙伴们羡慕的样子，"也许，那时候就那样吧？不，妈妈早出晚归，还要给家里人做饭，现在骑的不也是用了好多年的旧车吗？"夏莹回头看看门外墙边自己的那辆车子，似乎在问自己："离学校并不很远，还有一辆'专车'，虽然不是很新，但毕竟也够方便了。干吗要想着换一辆新的呢？真是的，不该让妈妈为难的……如果，将来自己的女儿非要一辆汽车……咳，想到哪儿去了！"夏莹一阵脸红，收住了思绪。决定不再要求买车了，可又不好意思直接告诉妈妈，于是就拨通了春妮家的电话，说明了自己的想法，并希望告诉秋成，他也不要想着买新车了。春妮心里很是赞成，却并没放弃玩笑的时机，在电话里说："怎么这么快就改变了，进步得好快呀！是不是要争当'四好学生'啊，加上'艰苦奋斗好'。嘻嘻！""别问了。我在邮箱里给你发一个小故事，你看看就知道了。"夏莹很认真地说，"啊，对了，别忘了给秋成转发。冬毅上机不方便，我去街上复印店给他打印一份。""周到！周到！哈哈！"话筒里传来一阵清脆的笑声。

晚饭时，桌子上的电话响了起来，夏莹妈妈连忙放下筷子，拿起了听筒。"阿姨，我是春妮。"一阵清脆而熟悉的声音，"我们在一起商量了，小莹不要买新车了。您别为这事儿着急了。""啊，好，好孩子！谢谢你。"放下电话，妈妈看着女儿有些惊讶地问："不买车子了，真的？"夏莹看着妈妈，不好意思地点点头。妈妈慢慢坐下自言自语："怎么一天就长大了，懂事了？"夏莹趁势撒娇道："一天也是长大一天啊，快点儿长大好孝敬您呀！不信，今天晚上，我就替您洗碗。"妈妈满心宽慰，慢慢地说："你只管好好念书，将来上个好大学，妈就放心了。其他的我还能做。"

不同的家境，一样的目标；不同的妈妈，一样的母爱。夏莹听罢妈妈的话，一阵感动涌上心头，禁不住转到妈妈身后，抱着她温暖的肩膀，把脸贴在妈妈耳边，轻轻地晃着，不说一句话，却流两行泪。妈妈轻轻地拍着女儿的手背，心里突然在想："闺女大了，好像不能只是照顾她的生活、盯着她的学习，还要关注她的——什么？对，思想成长！这不，女儿的想法半天工夫变化如此之大，自己竟不知什么缘故。"

这正是：
春金晨银少壮短，辛砥苦砺意志长。
勤读常思良习就，何须劝学贴身旁。

第二天，夏莹打印了那篇故事，要亲手交给冬毅，不料又惹出了个不小的麻烦。

欲知后事如何，请看下回分解。

第十八回
常鸿妒心生是非，甘悟置腹辩奋斗

　　第二天下午刚下课，几个男同学便拿着篮球、羽毛球拍如出笼困兽一般蹿出了教室。春妮却收拾起桌上的东西直接走到夏莹桌前，夏莹看她背着书包就问："就走吗？"春妮点点头小声说："今天早点儿走，去我舅舅厂里打印那篇故事，免得你到街上打印花钱。""当然好。叫上者也先生吧。"夏莹答应着朝那边的秋成招了招手。

　　北大街西侧一个挺大的院子，是昆阳城里最早的印刷厂。信息技术在这个小县城也普及得很快，大街上随便一个角落，塞上几台计算机和打印机就挂出一个"打印中心"甚或"印刷厂"的牌子。所以印刷厂的生意并不兴隆，只是靠印当地政府的公文和小广告过日子。进了院子，春妮带着两个小伙伴径直向厂长办公室走去。

　　见春妮进来，正在浏览杂志的厂长舅舅高兴地说："妮儿，今天放学这么早。你妈妈、爸爸都好吧。""好，好。谢谢舅舅！"然后，春妮直截了当地说明来意。舅舅见春妮身后还有两个同学，就冲他们点点头，风趣地说："没问题，让我们也关心一次下一代嘛。"说着从春妮手中接过优盘。夏莹和秋成看舅舅如此热情，也少了些拘束，连忙拉着春妮站在身后观看。

　　舅舅弯腰把优盘插在机箱前面的 USB 接口上，指着屏幕上的提示"发现新硬件"说："这表示优盘已经接到计算机上了。现在新一点儿的显示器上也带有 USB 接口，可以插在侧面，更方便些。"可能是舅舅今天不忙，情绪挺好，主动和孩子们拉起话来："技术发展得真快呀！前几年，我们用的是软盘，容量很小，还得小心翼翼地放在盘盒里。要移动大量的数据，可不方便了，我就带着硬盘出过差，像抱个小孩儿一样担心。"

舅舅又指着了一下优盘说："这玩意儿真好！像打火机一样大小，不到二两重，可以随身带；可擦写百万次，能长期保存数据至少十年；抗震、防潮、防磁、耐高低温，具有写保护功能；兼容 PC、笔记本等多种设备，即插即用，可热插热拔；容量也越来也大，几十兆的优盘很常见，现在几十个 G 的也不稀罕了。"

秋成小声说："我那个优盘更小，比扣子大不了多少。"

"是呀。当年我们厂里买的第一个优盘，是给工程师的，连我这个厂长都不舍得买一个。现在，你们小孩子都随便玩儿了。"舅舅深有感触地说，"我都有点儿忌妒了。哈哈！一点点，一点点。"春妮急于打印，就礼貌地把话题岔开："舅舅，请打印三份，可以吗？""没问题。"说着，舅舅站起来从书柜里取出两沓打印纸："这两种规格是最常用的，大些的是 A4 纸，小些的是 B5 纸，可以根据需要选用。"

舅舅稍微犹豫了一下，轻轻地叹了口气说："我们国家的习惯是用纸张的开数表示页面大小的，可惜现在也就是我们这些'老印刷'们还这么说了，年轻人大多只知道 A4、B5 了。""厂长叔叔，给我们普及一下吧，请赐教。"舅舅看了一下说话文绉绉的小伙子，春妮连忙介绍："我们班的同学——秋成。喜欢传统文化，说话之乎者也，我们就叫他'者也先生'了。嘻嘻。"

"啊，这个爱好不错！"舅舅好像遇到了知音一样，来了精神，"我国实际生产中，使用正度纸和大度纸两种整幅纸张，这样的纸称为全开纸。在不浪费纸张、便于印刷和装订的前提下，把全开纸等分裁切成若干小张的页数称为开数；将它们装订成册，则称为多少开本。目前大度纸裁切规格为：大 16 开和大 64 开；正度纸裁切规格为：16 开、32 开和 64 开。大 16 开相当于 A4，正度纸的 16 开与 B5 差不多。"

说着，舅舅还找出一张图来，解释各种开数之间的关系："把四开纸沿着长边对折，就变成了八开，四开长边的二分之一就是八开的宽度，四开的宽度则变成了八开的长度。依次类推。现在常用的 A4、B5 打印纸分别属于 A 型和 B 型，同样，A4 是 A5 的两倍，B4 是 B5 的两倍。"

躲在身后的夏莹似乎有些着急，附在春妮的耳边说："好一个健谈的舅舅，看来要请你吃晚饭了。"舅舅好像没有听清楚，依然认认真真地说："文档的打印并不难，但打印前还要做些准备：比如，页面设置、打印预览等，以便达到预期的打印效果。""'御览'？打印文档皇帝老子也要看看吗？"秋成忍不住又插科打诨。"哈哈，小家伙好想象力啊！打印预览是 Word 的一种功能，可以在打印之前查看文档的打印效果，以便修改不满意的地方。"说着，舅舅依次单击"文件"→"打印预览"，又解释道："可以选择单页显示或多页显示，还可以选择合适的显示比例。拉动滚动条就可以浏览各页的打印效果了。这种方式还有个动人的名字——'所见即所得'，意思是现在看到的样子就是将来打印出来的样子。"话音刚落，眼尖的秋成就指着屏幕叫道："啊，怎么像账本一样，横着呢。"舅舅并不惊讶，还故意用孩子们的腔调说："小子耶，现在知道打印预览的重要了吧。有不满意的地方，我们还来得及修改。修改一下页面设置吧。"说罢，关闭打印预览，单击"文件"→"页面设置"，弹出一个"页面设置对话框"，又逐个解释其中选项卡的作用："'页边距'卡下可以设置纸张'天''地'和左右留边的宽度；还可以改变打印的方向——现在选择'纵向'，刚才看到的就是'横向'打印的效果；'纸张'卡下可以选择纸的大小，比如选择 B5。其他两个卡是专业排版人员使用的，以后再学吧。"

舅舅看了一下手表说："现在可以打印了。"于是，单击"文件"→"打印"命令，立即弹出一个"打印对话框"，用鼠标指针在屏幕上画着说："打印时，需要选择或填写这几项。首先，确定打印范围：可以选择当前页，即光标所在的一页；填写页码，多个页码之间用逗号隔开，如'1,3,6'，即仅打印这三页；选择全部，不言而喻。另一个选择是打印份数，填上个数字即可。3 份吧。最后，点击'确定'。"打印机立即窃窃私语起来，雪白的打印纸驮着清晰的文字欢快地向外爬着。舅舅好像此时才有空浏览一下文档内容——"漫漫求学山路远，飘飘风雪围巾红"，接着仔细地往下看着，看着。打印完了，他转身递给春妮，竟又点击了"打印"按钮。春妮不解地说："谢谢舅舅！够了，够了。"舅舅只是慢慢地说："不错，不错！看些这样的小故事比追星好多了。现在，许多孩子都不知道'锅是铁打的'。再打两份，给你表弟也看看！"春妮有些不服气地说："舅舅，你也太小看我们了吧！谁不知道锅是生铁造的，我还知道铁的化学分子式呢！"舅舅没说话，却哈哈大笑起来。秋成轻轻地碰了一下春妮说："那话的本意是说：当知生计不易，要勤俭持家。用当代的话说，叫勤俭节约，低碳生活。"舅舅颇为欣赏地回头看看秋成说："小伙子说得对。有些孩子，被子从来不叠，衣服要名牌儿的，裤子要弄出几个洞来。哈哈，真不知道是什么思维逻辑！"夏莹听着，很认真地说："叔叔您说的是个大课题——生活富裕了，还要不要艰苦奋斗？我们的同学中就有许多不同的看法，以后有空儿真想听听您的高见。秋成想现在和您展开讨论，很'阴谋'的——要您管他晚饭呢。"舅舅爽朗地笑了。孩子们再次言谢，和舅舅告别。

周二上午，课间。广播里照例播放着广播体操的口令，虽然并没有多少人做操。夏莹来到高二教室前的一排树下，心不在焉地做着体操动作，眼睛却不时地看着教室门口。冬毅终于从东边向教室走来，夏莹轻声叫道："冬毅!"但没有停下动作。冬毅停下脚步，看到夏莹，下意识地左右看看，便走了过去。夏莹迅速从口袋中取出一个折叠起来的信封递过去。冬毅说："什么东西?"夏莹："好东西，看看就知道了。"说完若无其事地向自己的教室走去，头也没回。

不远的地方，常鸿正和同学们聊天，瞥见夏莹在那里做操，就不禁暗自关注那里的动态，刚才的"短片"自然看了个完完整整，于是也不动声色地跟着冬毅走进教室。"冬毅，张老师让你去实验室一下。"一个同学从外边进来，放下羽毛球拍，朝冬毅叫道。冬毅答应着，连忙把信封夹在课本里，朝教室外跑去。

鞠常鸿迅速地联想起来：夏莹，冬毅，信封；像沿着轨迹做图一样推测：恋爱信?一种说不清的别扭立刻从心中升起：好你个夏莹，平时要么言语加枪带棒，要么懒得看我一眼，却偏偏欣赏一个卖菜的穷小子。今天要给你们点儿尴尬尝尝。想到这里，他伸手从冬毅的书中抽出了那个信封。突然又想："不，拆看他人信件毕竟不妥。可也不能就此了事呀?"正在迟疑，正好班主任董老师走进了教室："鞠常鸿，你在……"常鸿有些慌神，但马上镇定下来说："老师，在等您，有事情向您报告。这是外班一个女生给冬毅递的纸条。""冬毅?"老师愣了一下说，"怎么在你手里?""就在他的课本里呢，我……"老师认真地说："我知道了，放回去吧。"常鸿有些意外，停了一下看着老师说："你不看看吗?要么我送给教务处吧?"一阵反感直冲董老师心头，他并不介意常鸿的多事，因为他毕竟还是个孩子，却惊讶他手法之"高明"，同样也是因为他毕竟还是个孩子。"倘若送教务处，可能会引出一场不必要的事端。"想到这里，他深深地吸了一口气，慢慢地说："那就给我处理吧。你——上自习去吧。"

冬毅气喘吁吁地跑回教室，绕过老师，坐回座位，拿出书本，翻找信封。啊!他大吃一惊——信封不翼而飞!可又不便声张，霎时急得满头大汗，不知所措。

"李冬毅，出来一下。"听到老师在身后小声叫他，冬毅急忙扭过头去，站起身来，一脸茫然地跟着老师走了出去。教室的另一边，常鸿朝小个子做了个鬼脸，得意之感立即在心里沸腾起来。

董老师在办公桌前和冬毅相对站着，只是冬毅的头是低着的。老师拿出信封，带着几分严肃地问道："谁给的？"

"同学。"

"是什么？"

"不知道，我，我没看。"

老师拿起一把小剪刀，欲剪却又递给了冬毅，说："自己打开看看，然后告诉我，好吗？"语气平和了一些。

冬毅忐忑地在信封一端剪开，不情愿地抽出信纸，当看到是几张打印纸时就放心了一半。心想："她是不会用打印纸写信的。"于是，慢慢展开，快速浏览，还比较仔细地看了末尾一段，终于悄悄地舒了一口气，故意吞吞吐吐地说："是有点儿初恋的味道。""什么？"老师脸色一下子沉了下来，"给我！"冬毅双手把信递给老师说："不过大概是二十年前的事儿。"老师接过信来，一眼看到标题，暗自好笑："这是什么恋爱信呀。"又仔细地浏览了一遍，忍不住笑了笑了说："你小子，还有点儿蔫儿坏呢！没事了，回去上自习吧。——啊，这篇文章先借给我看看。"冬毅认真地给老师敬了个礼，转身离去。

下午，例行班会。班主任老师简单地总结了一周来班里的情况，座位上不少同学在低头做着作业，常鸿则急不可耐地等着对"纸条事件"的处理宣判。终于，老师拿出了那个信封，但脸上丝毫没有生气的样子，却笑着说："同学们，给大家读一段故事吧。"说罢，认真地念了起来。当读到风雪返校、赤脚过冰河等段落时似乎感同身受，竟颇为动情。后来才知道，那老师曾有过一段下乡的难忘经历。同学们，或好奇，或感动，很快也都认真地听了起来。

最后，老师十分认真地说："这应该是20世纪60年代初的故事。不过，现在我们依然面临一个问题——日子好多了，还要不要艰苦奋斗？"

大失所望的常鸿小声说："咳，老生常谈，没劲！"小个子也跟着调侃："老师，那个黑岗和晓敏姐后来好上了吗？好像他们在初恋耶。""不知道。子非鱼，焉知鱼之乐。"老师诙谐地朝小个子说，"你还小，等长大了，找本《情书大全》看看就知道了。记得纪晓岚先生那里有一本。"同学们一起朝小个子起哄："对，找他去借吧。哈哈。"

正在这时，教务处的一位年轻老师推门进来说："董老师，教务处要您马上去开会。"董老师答应着，然后朝大家说："今天的班会就讨论一下'当今还要不要艰苦奋斗'这个问题。班长和宣传委员负责组织。"

老师走了，教室里的气氛一下子轻松了许多，不少同学在不经意地等待着，有的干脆又埋头做起作业来。鞠常鸿把两只胳膊随意地斜放在前后两个课桌上说："'艰苦奋斗'，老掉牙的论题，有时间搞点儿时尚的不好吗？像野炊呀，KTV 之类的。"后排的一个同学在桌面上轻轻地拍着篮球说："赛一场球也好哇。"

"同学们，请安静。"突然前排有人站起来说。是一个女生，个子不高，十六七岁，白里透红的圆圆脸庞上，嵌着一双乌黑发亮的大眼睛，两条短短的小辫上简单却整齐地扎着粉色橡皮筋，天蓝色的校服更平添几分大方，正是宣传委员王怡瑄。她转身向着大家继续说："今天下午是班会时间，请大家各抒己见，积极发言。况且，辩论可以锻炼陈述能力、应变能力，增长知识，提高认识，对我们练习写作也有好处。"

"有道理。"常鸿看着王怡瑄说，"愿意就这个问题探讨探讨。请委员同志给我们说一下什么是'艰苦奋斗'。带个头儿吧，哈哈 。""这个——"王怡瑄没有想到鞠常鸿会首先发言，但一想有人发言就好，于是略加思索应道，"这个成语妇孺皆知，恐怕连外星人也知道的，因为常听地球人说呀。——我的理解：艰苦奋斗就是勇于面对艰苦，坚持不懈努力，力争达到自己的目标。我先抛砖，希望大家推玉。"向来喜欢出风头的鞠常鸿，面对全班同学，表现欲又在心里动荡起来，于是站起来说："需要奋斗，毋庸置疑。不过，为什么非要艰苦奋斗呢？愉快着奋斗着不好吗？"如果说常鸿没有直接刁难而且首先发言使王怡瑄意外的话，他提出的这个问题更使全班同学吃惊不小。不少人觉着"愉快奋斗"虽然近乎荒唐，可又不知道从哪儿着手反驳，一时竟没有同学附和，也没有人反驳。

好一阵子过去了，后排的一个高个男生颇不服气地说："'愉快奋斗'，倒是别致，可字典里哪有呀！艰苦才有利于激发奋斗精神的！"小个子悄悄地溜到常鸿身边，相互咬了一下耳朵，扬扬手说："如果是那样的话，请问这位辩友：为什么人们都去英美等发达国家留学，而不去非洲'奋斗'呢？"高个男生一听，小个子话中带些诡辩味道，也不甘示弱，并在言语中也加了些辛辣："这位辩友，您已经回答了自己的问题——不是因为非洲艰苦，而是因为英美比较发达呀！"

"这位辩友"，小个子无意中的模仿，却一下子把讨论升级成了辩论，许多同学也感到有点儿意思，开始关注每个"辩友"的观点，并小声交流起来，偶尔还叫着"反对"或"赞成"。

王富贵坐在东南角上，一直在认真地听着，突然站起来，张了张嘴却没有机会插话，急得满脸通红。小伙子一脸憨厚，厚厚的嘴唇好像向人们表明自己不擅言辞。他上身穿一件橘黄色的步森高档衬衫，却竟有三颗上端的扣子没有扣上，扎在腰间的衬衣也差不多脱出了三分之一。时髦的衣着根本无法完全覆盖他那近乎天生的乡土淳朴。王怡瑄看到连忙说："请王富贵同学发言。"

"谢谢！"富贵朝王怡瑄笑笑说，"说实话，无论如何我是不会再喜欢艰苦了，因为和幸福相比，那真是：天，天上地下！"同桌同学小声说："天壤之别。""天壤之别。"富贵接着说，"我家原来很穷，草屋漏雨，棉被露絮，饭里掺野菜，菜里却没油，家里最值钱的是一辆坏了一个把的架子车，连俺亲舅舅都看不起我们。现在，俺爹生意越做越大，先买拖拉机，再买小汽车。嗨，坐汽车和拉架子车的味道，哈哈……""天壤之别！"没等富贵说完，就有几个同学一起叫道。

王富贵的话毫不掩饰，言出由衷，坦诚得可爱。全教室的同学一边笑着，一边为他鼓掌。

"富贵，很直率。谢谢你！不过，我要给你一个建议：有空了赶紧给你未来的儿子存些钱去！"说话的是数学课代表，他那认真的样子和无厘头的话语逗得同学们又大笑起来。富贵不解地问："为什么？你逗我，俺娘还没给我娶媳妇呢。"课代表又一本正经地回答："古人云，富不过三代。况且你又如此害怕艰苦，将来家业必定衰败。存些钱，免得你的儿子受二遍苦哇。"同学们没有再笑，富贵也慢慢地坐下来，挠着头自言自语："真的吗？"

一阵沉静。班长故意提高声音说："富贵同学在考虑给儿子存钱的事呢。咱们继续，继续。"常鸿也为富贵的发言笑得前仰后合，心里说："傻小子，倒说实话。喜欢艰苦？哈哈，除非是傻瓜。"听到班长招呼大家，他顺势说："都讨论到下一代了，还是未来的，真够深入的。我想还是身边的事更有说服力。"班长点了点头。常鸿突然把眼光扫过冬毅转向大家问："请问，冬毅每天早上卖菜，是生活所需呢，还是为了体验艰苦而后奋斗呢？"冬毅听吧，气得嘴角抖了两下，朝着他重重地说："鞠常鸿，你——"班长也觉得常鸿的话太过分了，马上接过来说："鞠常鸿同学，你——你听听我的看法吧。冬毅当然不是为了体验艰苦才卖菜的。但是，卖菜不但使他有微薄的收入，可以维持生活和学业，同时也使他锻炼了意志，培养了艰苦奋斗的习惯。其实，我们每个人都有或贫或富的一面，也许区别只是在于物质和精神而已。"常鸿听出了班长平和的语气中的话外之音，正要说些什么，小个子却抢先说道："看来，下学期冬毅同学要用精神交学费了。"

"注意文明用语!"王怡瑄立即向小个子发出告诫,不少同学也都投去责怪的目光。小个子有些不好意思,却还是小声说:"辩论嘛。"这时,教室西北角一个男生站起来礼貌地说:"王怡瑄,我要求发言。"他中等身材,衣着普通,清秀的脸上架着一副白框眼镜,典型的青年学生模样,只是不知从哪里透出一股稳重气质来。

"欢迎甘悟发言。"王怡瑄话音刚落,甘悟就接着说:"一说到艰苦奋斗,人们往往想到的是窝头、咸菜等物质方面。我认为,其实核心内涵在于精神层面,像韧性是钢铁的一种良好特质一样,艰苦奋斗是人们的一种思想境界,一种高尚品位,一种坚强意志,一种不可或缺的素质。"

甘悟瞄了一下手上的纸条接着说:"至于艰苦,对于人生来说,几乎是不可避免的,所以积极地面对才是客观的。比如,汶川地震,只能艰苦奋斗,重建家园,别无选择;科学研究,'神九'发射,均非一蹴而就,都饱含着成千上万人的艰苦奋斗;就说备战高考,何其苦也,我们不都是在用不同的方式奋斗着吗?"

何其苦也,仿佛道出了这些中学生的心声,所以,全班同学都在仔细听着。甘悟也有些感慨,声音也不知不觉提高了:"古今中外,名言古训,不胜枚举;相关典故,耳熟能详。远有达尔文,近有安金鹏。所处时代不同,家境贫富迥异,但他们都沿着艰苦奋斗的道路,登上了成功之巅。所以,艰苦奋斗也是人生的价值取向,如同善恶一般,但凭人们选择!——谢谢大家!"

"好!好一篇作文!"不知谁叫了一声,许多同学一齐鼓起掌来。怡瑄的同桌悄悄地推了一下她说:"甘悟知道的真不少耶。安金鹏又是谁呀?"怡瑄低声说:"甘悟他爸妈都是很有名的医生,家庭条件不错,可他从不张扬,不像……啊,安金鹏,天津的一名中学生,家境贫寒,刻苦求学,后来成了数学界名人。《读者》杂志曾经报道过。"

王怡瑄看了看表,快该结束了。见董老师正从教室后门进来,连忙站起:"老师,讨论得差不多了,同学们发言很积极,争论也相当热烈。请您做总结吧。"董老师高兴地说:"很好,很好。不过我没听讨论,不好总结。那就给你们讲个故事吧。"同学们知道,董老师讲故事颇有一套,天南海北,古今中外,奇闻逸事,应有尽有,而且颇有些哲理,于是齐声称好。

董老师慢慢走上讲台,学着说评书的样子讲了起来:

"话说一四口之家,父母出国,外孙女随离休的外公生活。小姑娘天生丽质,冰雪聪明，又是父母的一枝独秀，外公更是视为掌上明珠，疼爱有加。这天，外孙女进门还没放下书包就叫道：'姥爷，姥爷，拨款吧，我要买东西。'外公在里屋连忙应道：'买什么呀？'小姑娘不经意地说：'iPad，五千，人民币，不用美元的。'外公没听明白话里的洋文，又问：'什么？'小姑娘不耐烦地拉长声音说：'i—Pa—d。别问了，说了您也不懂。'老人听罢，不禁震怒。心想：'哎，派的！原来如此。学校怎么搞的，买些指定的复习资料也就算了，这五千块钱的东西也是随便派的吗？'于是电话叫车，气冲冲地直奔校长办公室去也。

"校长见老领导驾到，倒茶让座，一阵寒暄。几经周折，才明白原来是外孙女看上了一款时髦产品——iPad，要爷爷掏钱。老人拍着头哈哈大笑起来，之后两人自然地聊到当前青少年的艰苦奋斗教育问题。"

说到这里董老师站起来郑重地说："于是，校长决定在全校开展一次关于艰苦奋斗的讨论。艰苦奋斗精神的培养非一朝一夕的事情，希望同学们从身边小事做起，自觉地、有意识地培养这方面的素质。最后告诉大家一个生活秘密：勤俭办事，艰苦奋斗，谦虚礼让，无论在什么时代、什么场合，都更容易赢得别人的喜欢和尊重。"

这正是：
辛甘同是人间味，何时须尝谁人知。
愿君学会不怕苦，春夏秋冬自能适。

辩论风波尚未息，神童传说又传开。
欲知后事如何，且看下回分解。

第十九回
夜半制表嵌芯片，机前苦练习真功

这天，昆阳中学南大门外，夏莹、春妮和秋成在焦急地等待着冬毅。他们听说，班主任老师找他谈话了，而且又是鞠常鸿挑的事儿。冬毅走出校门，看到他们连忙紧走几步来到秋成身边。"怎么样，冬毅？老师训你了？"夏莹焦急地看着冬毅。"没有，没有。"冬毅摇摇头，只字未提夏莹给他信封的事，只是把班会辩论时，鞠常鸿出言尖刻借辩论奚落自己说了一遍。夏莹非常气愤，重重地骂了一句，还带了半个脏字。秋成则平静地说："别理他！君子坦荡荡，小人长戚戚嘛。"

突然，冬毅着急地说："张老师要我做一个运动员成绩统计表，学校要开运动会，体育老师请他帮忙的。我要赶紧回去，我妈，我妈不舒服了。照顾好她之后再来学校。"夏莹一听，不禁面带关切，秋成也看出了冬毅的为难。于是主动说："把名单和要求给我吧，我家有机器，晚上做比你方便。"冬毅正在迟疑，夏莹说："照顾老人要紧，快回吧，让秋成做。"

晚饭后，秋成拿出表格要求，打开机器，试了几次却没有成功。于是就去取VR 学习机，可是竟不见了！正要去问爸爸，突然听到他的房间里传出轻轻的声音。撩开门帘，但见爸爸正在聚精会神地操作 VR 机，眼里还充满了泪水。

啊！秋成突然想起，从自己懂事以来，这么多年爸爸从没有提过再婚之事，一是怕他受委屈，再就是心里还一直装着妈妈。此时此刻，实在不忍打扰，于是就慢慢放下门帘，悄悄地回到自己屋里。

可秋成心里又想："无论如何也要把表格做出来，绝不能失信于冬毅老兄。"秋成忙乱地翻着书本，竟翻出了那张曾让他发笑的符咒字条。对！向 Windows XP 求助！试试看。于是，秋成又照着符咒，双手合十，二目平视，意守丹田，心中默念：XP，XP。然后，在窗户的右上角轻敲三下。

说时迟，那时快，远方的天空立刻出现一片淡淡的蓝光，接着有几个彩色魔毯缓缓飘动，像傍晚空中飘着许多带彩灯的风筝一样。飘着，飘着，突然，有些"风筝"向远处散去，只有一只迅速地飘进窗来。秋成心里一阵高兴：Windows XP 来了！

"久违了，秋成先生！"Windows XP 还没有落地，就调皮地打着招呼。"XP 姐姐你好！欢迎不远万里前来指导！"秋成连忙起身拱手道，"Win98 和 Dos 老人家都好吧？""好，他们很好，都退休了。98 阿姨在帮助老爷子整理操作系统的各种版本呢。"XP 并不坐下，一边和秋成说话一边潇洒地环视着小屋。秋成笑着说："此次请您来，是请教电子表格处理问题——Excel。""不难，不难。只要下雨时知道往屋里跑的人都能学会。哈哈。"XP 风趣地答应着。秋成暗想：我有那么笨吗？于是说："明天早上就要用的！""啊?!"XP 停顿了一下说，"是有点儿紧张。看来只好用知识嵌入的方法了。"秋成听懂了"知识"二字，却把"嵌入"听成了"潜入"，不解地问道："怎么个'潜入'法呀？不是要把我'泡'到你的知识库里吧？"XP 诡秘地笑着摇摇头，突然左手在空中一晃，然后展开手掌，只见掌中一枚亮晶晶的指甲般大小的东西。"这是一块存储芯片，存有关于 Excel 的全部知识并设有相关的接口电路。把它置入你的身体，和神经系统连接之后，就成了你大脑的扩展部分，其中的知识自然就属于你的了。"XP 说着，用询问的眼光看着秋成。秋成有点儿胆怯，问："要动手术？""小小的。"XP 继续解释，"这叫'嵌入式'系统，以后你会知道的。你们人类，不是早就在体内嵌入起搏器了吗？这个比那要简单多了。"秋成迟疑了一下说："最好不要在我的头上开刀。""哈哈，不会，我也不舍得呀！"XP 胸有成竹地说，"我在网上查阅了贵国的中医理论，有一条经络叫手阳明大肠经，起于食指尖的商阳穴，经合谷穴、曲池穴沿手臂上行，止于鼻子附近的迎香穴和禾髎（liáo）穴，离脑神经的距离比较适当，所以在合谷穴上植入芯片最合适。"

秋成下意识地点点头。XP 微笑着，又是在空中一抓，随手将一块彩色小魔毯"啪"的一声贴在秋成脑后，秋成感到像触电一样，立刻浑身瘫软下来，动弹不得，但似乎觉着意识尚且清醒。听到 XP 自言自语道："这叫'保留意识麻醉法'，别害怕，宝贝儿。你可以看到我操作的全过程，而且不会疼的。"但见 XP 扶秋成坐在椅子上，把他的右手放在桌子上。然后自己伸出食指，轻轻一晃，指尖上射出一道红光，又在秋成的合谷上轻轻一划，出现一道寸许的小口，然后迅速将芯片嵌入皮下。接着又伸出小指，指尖射出一道更细的激光，在合谷穴周边点了几下，轻声哼着："伽马开刀激光焊，嵌入知识一小片，从此聪明又能干。"最后，XP 再次晃动纤细小手，像魔术师一样又拿出一块魔毯来，在创口上轻轻那么一拂，创口立刻愈合，表面平整如初，皱纹清晰可见。秋成惊奇万分，不由得惊叫一声，却并没有发出声音。

XP 直起腰来，舒了一口气说："现在可以加电了。"说罢，轻轻地在他的合谷穴上按了一下。秋成立刻觉得一股暖流沿着胳膊慢慢向头部涌动，并散射出一种奇妙的感觉：似饥饿之食佳肴，如燥渴之饮甘泉，爽快，满足，给力。不一会儿，秋成面部红润，两眼放光，兴奋异常。

XP 见状，从秋成脑后去掉魔毯，然后在他脸前做了个 OK 的手势，秋成随即恢复了正常意识。"醒了，秋成。感觉如何？"XP 问道。秋成站起来摇了摇头说："还好。脑子里像放电影，有不少表格的样子在闪现，还有许多我原来不知道的新词，工作簿呀、工作表呀、单元格什么的在跳动。只是有些轻微的头晕。"XP 一边收拾着东西，一边说："正常反应。因为一下子灌入知识过多，这叫'知识醉'，好在以后在 Excel 方面，你就无师自通了。不过要记住：系统开关在合谷穴上，不要轻易按压。"说罢，飞出窗外腾空飘然而去。远处传来她清脆的声音："再见，小秋成！"

XP 飞走了，秋成仍在高度兴奋之中，脑子里的电影还在继续。"这是真的吗？"秋成暗想。于是连忙走到电脑前，打开 Excel，按照冬毅交给的表格和要求试了起来：建立工作簿、选择工作表、输入数据、复制粘贴等等，操作快捷，准确无误。几乎不用思考，处理方法一个接一个地自动跳了出来，像考试时试卷上满是复习过的题目一样。不一会儿，一套田径运动会表格就制作完毕，试着输入一些数据，排序、统计、谁跑得最快、谁投得最远，——哈哈，轻轻一点即可得到。

秋成高兴之极，忘乎所以，竟一下子跳到床前，伸开四肢，躺在床上大叫一声："我太有才了！"爸爸听到，忙在隔壁问："成儿，怎么了？""啊，没事，爸爸！我聪明了！"秋成语无伦次地答应着。"咳，又疯疯癫癫的了。这孩子。"

秋成又想："告诉冬毅一声才好，免得他着急，可他家没有电话。对，叫春妮和夏莹来看看也好。"秋成跑到堂屋拨通了夏莹家的电话："小莹，冬毅老兄交给的表格，我已经做好了，那是——相当的漂亮。嘻嘻。"刚听到对方夏莹的声音，秋成就急忙报喜。夏莹说："学得好快呀，不错，不错！""不用学了，

Excel 那些东西我现在都掌握了。有人，——有人把那些知识嵌入我的身体里了。嘻嘻。"

秋成急于要好朋友们知道发生在自己身上的奇迹，于是就把刚才 Windows XP 来访的事大致说了一遍。夏莹迟疑了一阵儿，但由于秋成曾经梦遇 XP 学了不少操作系统的知识，也就未置可否，只是故意压低声音对他说："又是那个 XP 姑娘吧，嗯？小心她教你一点儿操作，却偷吃了你的心！哈哈！""别吓唬我。不信，你和春妮现在就来，我演示给你们看。"夏莹很认真地说："不行。看看你的表，几点了？春妮的妈妈肯定不许她出门了。"

秋成一看，过八点了，好一阵儿没说话。夏莹就叫了起来："者也先生，怎么了？"秋成连忙说："是太晚了。这样吧，过一会儿咱们在聊天室讨论，好吗？"夏莹偷偷地笑了笑，对着话筒佯装大声说："好哇，你竟敢邀请春妮聊天，她妈知道了非打死她不可。""咱们聊电脑、谈学习，光明正大，有何惧哉？！"秋成理直气壮，说罢，把自己的 QQ 号码大声地告诉了夏莹。

过了一会儿，秋成的 QQ 闪动，还伴着嘀嘀声响。他急忙加上好友，礼貌地询问："朋友您好，请问哪位？我是秋成。"对方发来一个笑脸，接着是一行文字："只有傻瓜才在这里使用实名。哈哈。我是昆莹，昆阳之莹也。春妮一会儿也会来这里的。"正要回复，秋成看见另一个聊友申请加友，网名却是"春华"。秋成估计是春妮，连忙应答，并输入："我是秋成，现在更名秋实，实实在在的秋成。哈哈。"

三个小朋友迅速确认身份，并打开语音开始了"三人论坛"。

"两位同学，请坐好。今天我给你们介绍 Excel 电子表格的制作。有问题可以随时提问。鉴于环境情况，就不用举手了。哈哈。"秋成第一个发言，故意学着老师的口气。"秋实，您晚上不好好读书，也不好好休息，怎么老是做梦，还常常梦见人家 XP 姑娘，羞不羞啊？"是春华发出的信息。原来春妮听夏莹在电话里说了 Windows XP 夜访秋成，并教他学习 Excel，心里泛起一股莫名的味道，遇到秋成，就先来了个下马威。夏莹听到，捂着嘴偷偷地笑着。秋成则回复："纯属学术交流，学术交流。好好听讲。嘻嘻。"给自己圆了场，又连忙接着说："表格以行和列的形式组织信息，是一种结构严谨、直观明了的表示方式。电子表格是可用信息技术制作的处理数据的一种形式，它不但像所有电子文档一样便于编辑、保存和传输，而且还具有自动计算、数据分析等智能。Excel 就是一种制作、处理电子表格的工具软件，在财务、统计、日常办公甚至学习中都有广泛的应用。——我等当好好学习之!""又来了，真是者也先生。快，继续。"夏莹发来几个字催促。

秋成分别发给她们一个图，提示接收，然后继续说："像 Word 生成的文档一样，Excel 生成、处理的文档也是一个文件，称作工作簿，文件扩展名是 xls 或 xlsx。每个工作簿中默认包含三个工作表，分别用 Sheet1、Sheet2、Sheet3 表示。它们就是我们常说的电子表格，现在看到的图中间部分就是 Sheet1，一个课程表（见图 19 - 1）。

"可以看到电子表格由行和列组成。行标题就是 1、2、3 这些编号，列标题用 A、B、C……Z、AA、AB……编号。行与列的交叉处叫作单元格，比如图中第二节英语的位置就是一个单元格。它的名字也叫地址，表示为 C12，即 C 列、12 行，规定列号在前，行号在后。"

图 19 - 1　Excel 窗口

"这个图也是 Excel 的窗口。"秋成提高声音强调着，"留心其中菜单栏、状态栏等的位置，以后看书时容易理解，操作时也不用满屏幕寻找了。"

"秋实先生，说了半天，怎么建立工作表呀?"好一阵，只是听秋成说了，春妮忍不住插话。

秋成立即回答："啊。对不起。但是要先纠正你的一个概念错误——是建立工作簿。工作簿建立后自然就有工作表了，但不能单独建立工作表。

"还记得怎样建立 Word 文档吗？和那差不多。启动 Excel 后，可以自动建立一个默认名字为 Book1 的工作簿；另外，当打开一个工作簿后，也可以用'文件'菜单的'新建'命令建立一个新的工作簿。举一反三嘛。哈哈。""怎么输入数据呢？那么多个格格。"夏莹接过话来问道。"对，就是往'格格'里输入。不过应该叫'单元格'。'格格'们都找小燕子玩儿去了，哈哈。其实——"秋成接着说，"其实，应该把单元格看作一个文本页面，可以输入文本、数字，甚至可以插入表格和图片。单击单元格，直接输入，输入的内容将覆盖原来的内容；双击单元格，可移动光标，修改其中的内容。

"当然，也可以复制或移动单元格的数据。单击单元格，然后移动光标到单元格的下边框，指针会变成十字，按下鼠标拖动到目的单元格，即可移动数据；如果单击单元格，然后移动光标到单元格的右下角，指针会变成十字，按下鼠标拖动到目的单元格，便可复制数据。这些操作在输入类似数据时很有用。"

"那么，单击单元格，再按'Delete'键，应该能够删除单元格数据了。"夏莹满怀自信地推测。秋成很欣赏地说："对！祝贺你会举一反三了。——啊，对不起，本来说输入数据，结果我们倒说到编辑上来了。哈哈。""别谦虚，没关系。实用中输入和编辑本来就是紧密相连的。"耳机里传来了春妮的声音。夏莹带着几分佩服的口气说："行啊，春妮，认识挺深刻嘛。"

秋成停了一下说："其实，Excel 的巧妙不在于一般数据的输入，而是体现在一些特殊数据的输入上。有一种功能叫'自动填充'，可谓妙矣！嘻嘻。比如，我们的体能考核，大多数都会通过，不用逐项输入。可以这样做：

"先在考核结果一列靠上面的单元格输入'通过'，此时这个单元格就是活动单元格。活动单元格或单元格区域的右下角会有一个黑色小方块，称作'填充柄'。用鼠标向下拖动填充柄，所到之处都被填上同样的数据，这里都填上了'通过'。"

"等等，秋——实先生。活动单元格就是正在使用的单元格，对吧？像活动窗口一样。那什么是单元格区域呢？"春妮提问。秋成哈哈笑了起来说："对，对的。得雄才而教之乐也！你们都能举一反三，'老师'我好高兴啊！"夏莹讥讽道："美得你！想当老师，将来去南关幼儿园当阿姨——不，'阿叔'去。"

春妮也跟着起哄："哈哈。连阿姨也不合格，只能'阿叔'了。"秋成却自嘲地说："'阿叔'也不错呀，很快就能晋升'阿伯''阿爷'，前途无量！"突然，春妮发字告急："停！有情况！"原来妈妈听到她在独自发笑，就过来紧盯着屏幕看。春妮忙解释是和夏莹讨论问题，妈妈才半信半疑地离去。"平安无事喽！"于是春妮拉长声音解除警报。

　　"哈哈，春妮，这不是对付鬼子的办法吗？"夏莹在那边小声说。秋成则接着说："所谓单元格域是一些连续的单元格。先选中一个作为起始的单元格，如B7；然后按住鼠标滑动到要选择的最后一个单元格，如C8。就选中了一个单元格域。它可以表示为B7：C8，即起始单元格地址与最后单元格地址，中间用冒号连接。

　　"对于一些有规律的数据，自动填充尤其方便，比如输入等差、等比数列等。这次运动会的运动员号码：KY2010001、KY2010002……KY2010099，就可以如下填充：在运动号码一列最上面的单元格中输入'KY2010001'，沿列向下选中一个单元格域；单击'编辑'→'填充'→'序列'，弹出序列对话框。其中有'序列产生在'和'类型'等类，在'类型'下选择'自动填充'一项。最后点击'确定'。——98个号码就自动输入了。事半功倍，妙哉！妙哉！"

　　秋成沉默了好一阵，夏莹忍不住发来信息："怎么了，秋实，困了吗？又想做梦了吧？"秋成看到，很认真地说："Excel也有败笔，至少是不妥之处，我认为。比如，要输入分数时，就十二分的别扭。7/2，不能按习惯输入，而要输成：'07/2'，怕的是'7/2'和'7月2日'混淆。"

　　说到这里，夏莹好像也明白了，就抢着说："这个'07/2'的输入，真的有点儿'不三不四'了。哈哈。"春妮却说："你一个刚刚学习Excel的毛孩子，还敢批评人家？"夏莹却不服气地说："为什么不能呢？实事求是嘛。比如，用'7 \ 2'或'7//2'的形式表示分数也和习惯接近一些。"春妮马上反驳："反斜杠 \ ，已被用作表示路径了呀。"夏莹也很认真地说："表格里一般是不会出现路径的。"

　　"好了，不争论这个了。"春妮转开话题，"秋实，那个课程表不是你做的吧？""何出此言？别人能知道我们的课程表吗？"秋成带些诡秘地反问。"因为你没有给我们炫耀怎样设置单元格的颜色。"春妮一语中的。秋成连忙说："厉害！厉害！我确实是从模板中套用的。

　　"当然，可以自己制作表格。不过从Excel提供的模板中选择现有类似表格倒是挺方便的。——拿来主义。哈哈。依次点击'文件'→'新建'命令，会弹出各类的表格模板，任凭你选。

"模板不一定完全合意，往往需要对表格的格式做些修改。常用的操作有：插入行、列，删除行、列；插入单元格、合并单元格；还有调整行高、列宽等。"

"说说，说说，以后我们也可以省些力气。"耳机里几乎同时传来夏莹和春妮的声音。

"好，再教你们两招。要加收学费的呀！"秋成很得意地说，因为春妮不再认为他有'剽窃'之嫌了。夏莹立即说："学费？哈哈，国产深红色糖葫芦一串儿，以资鼓励！"

"为了输入表格的标题，通常要合并一些单元格。选中表格最上面的一行。"秋成又转用认真的口气，"在'开始'菜单里有个'对齐方式'栏，选它上面的'垂直居中'按钮，按钮右下角有个方形的图标，图标右边有个黑色小三角；单击它，再选下拉菜单中的'合并后居中'。这样，选中的那些单元格就合成了一个。在其中输入标题，标题会自动放在中间，比较养眼。

"对已有的表格，常需要增加一个列或行。选中一个列，右单击，再选'插入'命令，就在选中的列左边插入一个空列；如选中一个行，右单击，再选'插入'命令，就在选中的行上边插入一个空行。

"还有一种更通用的方法：选中一个单元格，然后右单击，选择'插入'后，会弹出一个对话框，从中选择'整行''整列'或其他项，就可以插入行、列或单元格。此外，一般列是插在选中列的左边，行是插在上边。所以选定行、列时要注意。要删除一个行或列，先选中然后右单击，在弹出的下拉菜单中选择'删除'即可。

"哎呀，半夜了，有点儿累了。"秋成仿佛自言自语地低声说。夏莹却听到了，马上大声说："讲课累不累，想想董存瑞。"还没等说下一句，春妮也笑着说："讲课别怕苦，奖个糖葫芦！嘻嘻。"秋成拿过水杯喝了几口，大声说："为了祖国，为了同学——继续！

"用'开始'菜单下的'插入'，当然也可以插入单元格，你们自己试一下便知。倒是调整行高和列宽很常用。要设置多个行的行高，选中那些行，在'开始'菜单下的'单元格'一组，单击'格式'→'行'→'行高'，填上需要的行高数值，最后点击'确定'即可。如果只调整某一行的高度，只需将鼠标指针移到行号的上或下边界上，待指针变成十字时，上下拖动即可。"

秋成正要往下说，夏莹插话道："秋实，我猜想，调整列宽与调整行高的操作应该差不多，也用'格式'菜单，只是在相应的地方选择'列'，对吗？"秋成故意惊叫："你，你，你们都要举一反四了。太有才了！"秋成玩笑式的鼓励，虽是对夏莹和春妮两个人的，却是在夏莹发表看法之后说这番话的，所以，春妮此时有一种难以按捺的表现欲望，于是也马上提出一个问题："秋实，刚才我们处理的工作簿、工作表都叫什么 Book1、Sheet2 的，不好辨认呢。"

"啊，是这样。这个问题提得好，属于工作表的管理问题。"秋成连忙解释："Book1，Sheet2，是系统给出的默认名，我们可以修改。比如，在保存工作簿时，就有机会更换成我们喜欢的名字，像文件保存时输入新的文件名一样。至于工作表，在 Excel 窗口下面的状态栏中，显示各个工作表的状态（活动工作表的名字与其他颜色不同），右单击活动工作表的名字，它会改变颜色，输入新的名字，回车即可。单击一个工作表名字，该工作表就变成了活动工作表，像窗口切换一样。这样可以在不同的工作表之间操作数据，比如把一个数据复制到另一个工作表中。""明白了。"春妮和夏莹一起说。

"有时候只有三个默认的工作表是不够的，插入工作表可以这样做：在'开始菜单下的'单元格'一栏里找到'插入'按钮，它的右边有个小三角，单击，在弹出的菜单中选择'插入工作表'命令，即可在活动工作表左边插入一个空白表。我想，删除一个工作表，你们知道怎么做了。""是呀，这些相关操作都差不多的：在同样的地方不选'插入'而是选'删除'下的'删除工作表'就是了。"夏莹和春妮同时颇得意地说。

秋成笑笑，接着说："其实，在工作表的管理方面更动人的是保密性能。当不希望他人看到整个工作表、某行或某列时，可以将它们隐藏起来。这样做：在'开始菜单下的'单元格'栏，选'格式'，下拉菜单中有'隐藏和取消隐藏'，再选……"

"咳，太复杂了！"没等秋成说完，夏莹就忍不住说，"再选'隐藏行''隐藏列'或'隐藏工作表'，对吧？""对！你们已经摸到 Excel 的脾气了。"秋成低声地说。夏莹没有接话，却埋怨道："复杂，操作太复杂！不是表格，简直是钟表，一层、两层……咳！"

忽然传来春妮的笑声，她说："能用就行啊！我明天就把这一招儿教给二宝。他最怕他妈看成绩表，这下就好了。"夏莹不解地问道："鬼丫头，这种事你有什么好办法？"春妮很认真地说："我们隔壁二宝他娘开了个网吧，那才叫得天独厚呢，他就天天上网，玩儿游戏。结果，每次考试 65 分娘儿俩就高兴得买好吃的。可不及格时就把宝儿打得直叫唤，连我听着都心疼。""那就劝他少玩儿游戏，好好学习才是办法。"夏莹毫不犹豫地说。春妮却说："不，以后叫他把成绩表下载下来，然后把不及格的隐藏起来。先不挨打再说。先让他体会到计算机上除了游戏还有许多有意思的东西，把兴趣吸引过来。也许……"夏莹和秋成没再说话，因为他们都知道这是个早造出的新词——"网瘾"带来的社会问题。

又过了一阵儿，秋成故意轻轻地敲着桌子说："同学们，不要走神。哈哈。Excel 还有许多功能，比如：排序，将一组短跑或跳远的成绩分别输入，在编辑菜单中选择排序按钮，再选升序或降序即可；如果想看看有没有打破学校纪录的，则可以使用筛选功能——在编辑菜单中选择筛选项，再输入条件（大于或小于某个数字）；至于查找功能和 Word 类似。"秋成又用调皮的语调说："这个，这个，啊，这些就不讲了，希望你们课下好好练习。

"下课之前，提点儿建议：了解 Excel 的大致功能，否则就像身上带着一个宝贝，可不知道它能做什么、不能做什么，那就太浪费了。闲暇时不妨到各个菜单里去转转，嘻嘻。另外，电子表格的功能是分门别类的，要明白自己的意图，想做什么，应该从哪个菜单进去。"

秋成正在得意地说着自己的体会，突然夏莹的 QQ 头像不见了。他连忙询问，过了一会儿才见夏莹发来几个字："刚才，妈妈来送水果了。"春妮连忙小声说："嘻嘻，你不也是在骗阿姨吗？刚才还说我呢。"秋成却笑着说："善意的，省得解释了。"然后看看手表又装模作样地说："同学们，今天就到这里，下课。别忘了交学费，嘻嘻。"这家伙竟没有交代他的第二点建议。

夏莹和春妮不约而同地叫道："者也先生好。再见。"不料夏莹又咯咯地笑着说："学费：糖葫芦一串儿。国产的！哈哈。"春妮心里却还在惊奇："秋成这小子好像比原来聪明多了，怎么一下子就知道那么多东西。嵌入什么芯片儿，是真的吗？"

次日下午，秋成找到冬毅告诉他表格已经做好。两人一起来到实验室，张老师打开他们带来的优盘，见表格齐全，布局合适，简明实用，回头对冬毅说："很好，很好，可以使用。谢谢！"冬毅却神秘地说："他，秋成，是他做的。他说做了个梦就学会了 Excel。""是你呀，认识的。"老师笑了笑转向秋成说，"是吗？演示几个操作——走两步，走两步。"秋成点点头坐下来，建立工作簿、合并单元格、输入标题、填充数据、插入行列，动作快捷，操作熟练，一会儿便做出几张表格。然后不慌不忙地离开了机位与老师告别。张老师大吃一惊，来不及想什么，竟伸出手来紧紧地握了一阵儿秋成的手。

走出实验室，冬毅正要称赞秋成，却见他神情有些异样：眼睛放光，面部通红，兴奋异常。原来，刚才老师握手时无意间触动了秋成合谷穴上的开关，顿时右臂脉流涌动，那嵌入的系统又进入了运行状态。

"怎么了，秋成？"冬毅连忙急促地问。秋成并不答话，鬓角上仿佛渗出了细细的汗珠。冬毅大惊，急忙找到春妮、夏莹一起把秋成送到医院，春妮还叫来了秋成的爸爸。

过了一会儿，秋成平静了许多。他苦笑着说："没事，没事的。谢谢你们！"可爸爸哪能放心，先请一位老中医把脉。老先生面带困惑地说："这孩子右手脉象宏大，阳气过剩，左手却十分平和。——似无大碍。"于是开了一剂清热解毒的方子。爸爸还是放心不下，又挂西医检查：抽血、B 超、透视，待十八般"刑具"差不多用到一半时，医生迟疑了一阵，写道：疑似电磁强迫症。秋成看罢，扑哧一笑说："没事了，爸爸。一会儿就会好的，咱们回去吧。"

回到家里，早已恢复正常的秋成安慰着爸爸："没事，爸。刚才，我，我'知识醉'了。"爸爸却没好气地说："什么，'只是醉了'？难道要喝得吐了才算有事吗？不懂事！"秋成知道一时难以给父亲解释清楚，就顺势认错："我错了。以后不敢了，放心吧。"

回到里屋，秋成心情却久久不能平静。那种因嵌入知识可以炫耀的自豪荡然无存，反而为给爸爸和朋友带来担心而深感不安，甚至有些惭愧。心里反复在想："这样轻而易举获得的嵌入式知识，如果用于比赛，即使赢了，也胜之不武。难怪不少演员，并不十分漂亮，却也不去整容，而是苦心提高演技，还是要凭自己的努力，习得知识，既心安理得，又环保大脑。"

于是，秋成又双手合十，默念口诀，请来 Windows XP，卸载了那块芯片。

秋成回归了本原。不料，一个传闻却在昆阳城不胫而走：昆阳中学出了个神童秋成，做了个梦就学会了电脑操作。添油加醋，版本多样，神乎其神。连张老师也和秋成谈话，请他以学习 Excel 操作为例，介绍高效的学习方法。可怜的小秋成，骑虎难下，有苦难言。只好趁着清明小假，闭门修炼：阅读资料，反复练习，还不断借助"帮助"信息。几天下来，秋成不但熟练掌握了 Excel 的主要操作，还悟出了一些道理。

上课的时间到了，那是周五下午的课外活动。多媒体教室里坐满了来自不同年级的学生，还有不少没有选这门课的，显然是来看"神童"的。

张老师简短地介绍后，打开投影机，欢迎秋成登台。教室里立刻响起一片掌声，还有一些时髦孩子的尖叫声。从来没有见过如此阵仗的秋成，好像不知道怎么迈步似的怯生生地爬上了讲台，用发抖的手好不容易打开了讲稿。往台下一看，黑压压一片，熟悉的、陌生的面孔都在好奇地看着他。忽然看见前排左边，冬毅紧握着拳头上下晃动、夏莹用手指伸出了个"V"字左右摆动着，春妮则平伸两手，掌心向下，朝下慢慢移动，好像示意他做深呼吸。同时，三双眼睛朝他射出火一样的鼓励和期待的目光。

"同学们，"秋成深深地吸了一口气，开始讲话，"我想给大家说一下学习Excel 的体会。"

看到了冬毅他们，秋成心里平静了许多，不一会儿竟忘记了是在给大家讲课，好像是与三个好友交流一般。从 Excel 的窗口、工作簿的建立、工作表的切换，到数据的输入方法、行列和单元格的增删等，一边操作，一边解释，还不时地从自己的体会角度指出应该注意的地方。虽非头头是道，也还算条理清楚。偶尔有同学提问，也回答得相当切题。坐在后排的张老师不断点头赞成。

最后，秋成学着老师课堂总结的样子说："有几点儿建议和同学们分享：

"一、分层理解工作簿及其组成。工作簿属于文件，所以可以用处理普通文件的方法复制、更名、删除、打印等；而工作表不是独立的文件，只能在 Excel窗口的状态栏上对工作表标签进行操作：更名、切换等；行、列和单元格则需要通过一定的菜单和命令对其操作。

"二、认真思考，寻找共性。比如，如果我们认识到单元格实际上就是一个文本页面，那么单元格的输入、选中、复制、移动和删除等诸多操作就可以和Word 文档的相应操作相同了。还用记吗？

"三、明白自己的意图。为实现这个目的，自己要不要提供什么条件？按照这个思路，即使不同的版本，只要自己做过一两次，就能掌握基本操作。

"四、留心实现各种目的的操作入口，比如，要插入行、列或单元格，当然要设法找到'插入'菜单。就像要买菜不能到电器商场一样，除非你像昨天的我那样笨。"一句小幽默逗得同学们笑了起来。秋成此时已经放开，竟又讲了一段《三国》：

"周瑜巧施美人计，故意给刘备安排了个无限期的婚假，借此将其困于东吴。随行的赵云十分着急。《三国》曰：'云猛省：孔明吩咐三个锦囊与我……临到

危机无路之时，开第三个：于内有神出鬼没之计，可保主公回家.'

"哈哈，'右击'对我们来说，也是个锦囊。没有办法时，不妨选中操作目标，然后右击，常有柳暗花明之效！——这是我的另一个建议。"

秋成把电脑操作和一段众所周知的故事结合起来，许多同学都为之鼓掌，有个爱读《三国》的同学还学着感叹关云长的话高叫："秋成，真乃神童也！"

秋成不好意思地朝他说："谢谢学长！不过你只说对了一半：余乃童也，却一点儿也不神！学而知之，沧桑正道。知识非靠自己学习不可。"说罢，秋成向全场鞠躬，快步走下了讲台。

这正是：

电子表格模板画，单元格域把号编；

自动填充真奇妙，筛选查找又何难。

话说秋成夜嵌芯片、变成神童之说传到了馆爷耳朵里，老人家只是笑笑，心里却是沉甸甸的：信息技术给人们带来许多方便，却似乎也"剥夺"了人们的思考机会。有些孩子，作业不会做了，上网查；甚至作文也到网上复制，连糨糊也不需要就贴到了自己的本子上。长此以往，咳……

想到这里，老人家暗自决定：要随时给孩子们讲些故事，激发他们的斗志。于是就把二十年前自己"打工"的事情整理了一下。

欲知后事如何，且听下回分解。

第二十回
冬毅打工凉州阁，学子尴尬十里亭

　　放暑假了。校门口贴满了五颜六色的广告，有五花八门的学习班、辅导班，还有远近景点的旅游信息。不少同学都在规划着自己的假期，冬毅却要设法打点下学期的学费，免得母亲着急甚至流泪。邻居劝他去南方打工，说那里一个月挣两三千元并不难。冬毅琢磨着：去南方除了要离开体弱多病的母亲，还要去掉来往给铁路上的钱，也剩不了多少了，所以犹豫不决。

　　这天早上集散了以后，冬毅挑着剩下的菜沿街寻找大小饭馆兜售。东大街一家饭馆门前，一个五十多岁身材瘦小的男子正在吃力地往店里拖着一个筐子，装满煤块的筐子拖到台阶前时，那人再也无可奈何它了。冬毅连忙放下担子，两步过去双手抬了起来。走进后院，放下筐子，那男子喘着粗气，上下打量着这个出手帮忙的陌生小伙儿。冬毅主动说道："啊，卖菜的，还剩一些。看到你……就搭把手儿。"男子并不言谢，朝门外一指，要冬毅把菜拿进来。"没问题，小兄弟，这菜我全要了。"男子点着烟，又很江湖地说："凉州阁，我的店。临近夏收，员工们回去了不少，眼下正缺人手，我只好事必躬亲了。哈哈！"缺人手？冬毅一听，连忙补充一句："我是昆阳中学的学生，放假了，想找点儿事儿做，挣点儿学费。""哈哈，有缘，有缘！"男子拍拍手上的煤屑说："这样吧，从明天起，你早上五点来送菜，然后在店里帮忙，择菜，洗碗，上菜。菜钱另付，月薪一千，开学你再上学去。咋样？""谢谢老板！"冬毅高兴地直说"中，中"，放下菜，拿起筐子就往外走。"管饭！"身后又传来老板充满优越感的喊声。

　　冬毅干活从不惜力，老板给了打工机会，更是尽心尽力。择菜、洗碗、跑堂端菜，样样都干。凉州老板看在眼里，喜在心里，还特意给买了一套工作服，"冬崽，穿上，蛮像回事的嘛！"又低声交代，"给客人上菜，报完菜名后要说一声'请慢用'。"冬毅笑笑却不解地问："'慢用'？快点儿吃完不好吗？说不定还会再点其他菜呢。俺娘就常给我说：'快点儿吃，早点儿上学去。'"老板听完哈哈大笑起来："好小子，老实得可爱。这是行业用语，显得礼貌、专业。给我记住喽！"

下午两三点时，客人渐渐少了，店里的员工才开始吃午饭。冬毅把饭菜放在老板面前照着老板的交代，认真地说："请慢用！"老板满意地看着冬毅："对喽！就这样说。不过，咱们还真要像你娘说的那样，快点儿吃，吃完准备晚餐。"老板指着一盘凉菜得意说："尝尝，我的凉州泡菜。想当初，老子一副挑子、一盘儿凉菜，闯遍大江南北无敌手。如今，嘻嘻！""创业成功，生意兴隆！"冬毅加了一口凉菜说。"看你小子能吃苦，好好读书，将来会有出息的！"老板喝了一大口啤酒，拍拍冬毅的肩膀，鼓励着。

这天下午，门外又运来了一车煤。正好客人不多，没等老板说话，冬毅就独自往后院挑了起来，还细心地在筐子里铺上些旧纸板，饭厅里再没有发生那讨厌的煤屑"泄漏事件"。但几趟下来，自己却满头大汗，脸上也成了一副浓淡不均的水墨画。

话说夏莹、春妮，放假后一连几天没有看到秋成、冬毅，感觉少了点什么。这天两人相约骑车去东关书店，夏莹故意装作不经意地说："者也先生不知道怎么样了？"春妮马上抿着嘴笑道："还有冬毅吧？"夏莹没有"反击"，脑子里的确萦绕着冬毅平时的样子，于是下车慢慢推行。突然，看到一家饭馆门前，一个人挑着重重的担子快步走了进去，那背影是那么的熟悉。于是两人径直来到大门一侧的角落，等待那人再现，弄个究竟。

不一会儿，那人出来，铁锹上下翻落，很快装满两筐，然后直起腰来用手掌朝脸上胡乱地扇风。夏莹和春妮则看了个清清楚楚：家织布的汗衫儿，胸前湿透了一大片，边沿上浸出了模糊的云彩，像是时髦的蜡染；脸上好几处像是手背擦汗时留下的浓墨重彩，似乎书法大家的收笔。"冬——毅！"春妮叫着跳了出来，走近问道，"帮亲戚干活儿？"冬毅摇摇头，向上方一指。夏莹这才注意到"凉州阁"的匾额，低声问："打工？"冬毅点了点头。夏莹再也无法控制内心的怜爱和辛酸，两颗晶莹的泪珠一下子滚落在泛满红晕的脸上，看着冬毅半天说不出话来。春妮看到夏莹竟如此的情深谊厚，不再嬉戏，连忙掏出纸巾递给她。夏莹却转给了冬毅："擦擦眼睛，从里向外——别迷了眼。"春妮的眼睛也湿润了，轻轻地朝冬毅说："非要这样吗？"冬毅用纸巾沾了沾眼角上的汗水，支吾着：

"学费，下学期的，这样就有了。"夏莹平静了一下说："别做了，累坏了怎么办？""没事儿，就是出些力气。老板也挺好的，放心吧。"为了安慰她俩，冬毅又努力显得轻松地说："啊，对了，有空我请你们来喝胡辣汤。记在我的账上。嘻嘻。"说罢，冬毅挑起了担子，没有往里走却笑着弯曲右臂做了个显示肌肉的样子。"傻样儿！"夏莹破涕为笑，和春妮连忙告别，推着车还不住地回头。

两天过去了，夏莹依然放心不下，冬毅担煤的样子还不断在眼前浮现，更拿不定主意，是否还要劝他不再打工。于是就约春妮去看馆爷，春妮又告诉了秋成，因为她心里突发一个想法——需要让他见习一下夏莹对冬毅的那份切切真情。

下午，夏莹三人来见馆爷。老人正在伏案打字，抬起托着花镜的脸来，笑着朝秋成说："久违了秋成。听说你梦学电脑无师自通，堪称神童，真的吗？"秋成大大方方地调侃答道："爷爷，那只是个传说！"一句流行语说得老少都笑了起来。

春妮知道夏莹不好意思，就主动说起看到冬毅打工的事来，并很尊敬地征求馆爷的意见。秋成听到，不假思索地说："是吗？改天看看他老兄去。"一向快人快语的夏莹却不言语，只是急切地看着馆爷。老人并不感到意外，却没有立即表示自己的看法，端起心爱的紫砂小壶，沉思了一阵说："学生打工问题，热议已久，公婆各理。我倒觉得应该根据实际情况，客观地看待这个问题。"夏莹觉着馆爷的回答有些含糊，就笑着说："爷爷，您今天的话，有点儿像政治课老师，具体一些好吗？""好，那我就给你们讲个故事，算是我们年轻时的'打工'个案。"老人一句话把大家带回了20世纪70年代：

"话说合刚，哈哈，就是那个小黑岗，上到高中时，老师说，长大了不能一直用乳名啊，由于当地人常把"黑"发"褐"的音，就给他改了名字——谐音'合刚'。

"合刚上学的高中，有个学生食堂，大家都叫它'伙儿上'，位于学校大院的西北角。长长的一排瓦房，屋顶上长出几个高高的烟囱。门前不规则地长着好几棵大柳树，形成了个天然的露天餐厅。山墙下堆着一大堆煤，大都是三五结帮的拉脚人用架子车从北山煤矿运来的。

"老彪，合刚的同班同学，个子高高的，一脸淳朴，但挺有心计。他几次看到拉脚的人从食堂管理员那里点钱时的笑脸，就悄悄地对合刚说：'哎，我发现个秘密——拉煤能挣钱的耶。咱们星期天也给伙儿上拉煤吧。'于是就叫上郝建功，各自从亲戚家借来架子车，周六下午向北山出发了。

"对这几个小伙子来说，这算是平生第一次用劳动直接赚钱的壮举了。走到人少的地方，老彪竟放开嗓子唱了起来：'风萧萧兮，易水寒，壮士一去兮——哈哈，赚点儿钱。'合刚苦笑了一下，紧紧地跟在后边，他也在为能凭自己的力气弄点小钱而激动着。

"北山煤矿从东往西，依次叫作一、二、三……八矿，一矿离学校最近。可是，不知道为什么，三辆车走了三个矿井，都没有买到煤。三矿煤场门外，老彪和合刚扶着车把，像泄了气的皮球，嘴里也开始不时地蹦出脏字来。他们开始意识到，把力气转换成小钱也并非易事。过了一会儿，郝建功说：'这样吧，六矿有俺家个亲戚，我想煤是能买到的，就是远多了。倒是那里价钱也会便宜些。'于是，几个人只好西征六矿。

"六矿，路远了两倍；幸运，煤装了三车！临走时还让合刚大吃一惊，他听到那位亲戚低声问建功：'你大哥知道吗？要是郝局长知道你也拉煤……'建功却很平静地说：'他不知道。我也只是想历练一下自己。'此时，合刚才明白，这位拉煤的同伴原来是个干部子弟——大局长的弟弟，心里不由得想：如果说他帮助买到了煤应该感谢的话，那么他能自愿来'历练'自己就真该尊敬了。于是，马上觉着这位非同班的同学也可亲多了。

"离开六矿，没走多远，天就慢慢黑了下来。又是上苍的眷顾，看到路边不远有个打麦场，边上还有个麦秸垛，那是再实用不过的宿营地了。停好车子，合刚小心地从麦秸垛上拽些麦秸铺在地上，老彪一骨碌仰面躺下：'得劲儿！舒服！我想住城东关那个宾馆，感觉也不过如此吧。'建功半开玩笑地问他：'住过吗？'老彪却自豪地说：'只知道旅馆门朝西，没住过，但不惭愧。呵呵！'

"啃了些所剩不多的干粮，老彪又一边计算一边说着支出计划：'从六矿拉的，到伙儿上每斤差价该会有五分钱，八百斤，就是四十块。四十个元呀！哈哈！学费三十，剩下的还可以弄个铅笔盒，铁皮的那种。'合刚却说：'我不买，用药盒装铅笔挺好的。我要买几次菜吃，最近总爱生口疮。'建功只是坐在一边笑着。但是，每个人似乎都已开始享受自己那半成品的劳动成果了。

"突然，几束手电光射来，接着是几声吆喝：'干什么的？干什么的？'

"很快几个彪形大汉来到了近前。两个手提棍棒，为首的还背着一支长枪，借着闪动的手电，模模糊糊地看到都戴着红袖章，似乎有白色的'民兵'字样。'拉煤的，在这儿歇会儿。'合刚用胳膊挡着手电光，大着胆子说。'哪儿的？'

背枪的很不客气地问。'昆阳完中的学生。'郝建功站起来，说着把学生证紧捏在手里给他看。背枪的一把拿过去，旁边的年轻人连忙用手电照着。'有初中、高中、师范，完中是什么？有问题吧？'背枪的转向另一个年轻人说。年轻人把木棍换到另一只手上，俯身仔细地看着：'阶，阶……阶级斗争，很复杂、杂、杂的。绷紧点儿！'那支枪虽然很旧，加上这人的说话方式，依然使三个小伙子不由得有些紧张。另一个拿棍子的年纪似乎大些，他仔细地打量着煤车和三人明显的学生打扮，低声说：'完全中学，初中高中合在一起的。倒是像学生孩儿。'年轻人又走向车子，用棍子在煤上乱捅了几下，似乎没有感到什么异常，才算了事。背枪的说：'你们也警惕着点儿！'说罢，一摆手都去了。老彪又躺下说：'对！警惕点儿，小心阶级敌人派直升机来抢咱的煤！'

"天刚蒙蒙亮，三个人就起来赶路了，因为要在星期天下午赶回去才好。空车来时，并不觉着怎么累，可装满煤的车子就变得懒惰多了，一会儿不拉，它就懒洋洋地不动了。尤其上坡，车子好像故意和人作对，稍不用力，它不往前走，还往后退。好不容易爬到坡顶，郝建功停下擦着汗调侃道：'哎，要是物理老师在这儿讲力的分解，保准谁都不会忘了，哈哈！'老彪却喘着粗气说：'你还有那闲劲儿。快累死了！'

"遇到大坡，只好一人驾辕两人推车，一步一步往上艰难爬行。老彪个儿大，主动驾辕，还领航走成'之'字形。不料妨碍了汽车，有个司机从驾驶室里伸出头来，用混着优越感的恶劣口气骂道："找死呀！"老彪停下来回应：'你才该死呢！老子以后开车，一定会让着拉车的！'

"后来听一位有经验的好朋友说，这种过程叫'盘坡'，是最需要'团队精神'的时候。所以，长途拉脚——当地人对人力车长途运输的简称，定要父子同行或有几个生死哥们儿一起。他还无比感慨地讲述了冰天雪地拉脚盘坡的感受——仰望坡顶，寸步难行！不过，那种经历似乎练就了他无比坚强和非常豪爽的性格。'车轮一转，锅盔、鸡蛋'则是他享受劳动成果的精辟描述。

"太阳出来了，三个人吃掉最后的干粮，合刚还小心翼翼地把口袋里的渣渣儿倒到手掌上，然后扣进嘴里，继续前进。中午时分，到了沙子河桥头，走在前面的老彪在路边停下车，低声说：'不行了，电压不足了。'合刚也有气无力地说：'我也饿了，再扎腰带也没劲了。'郝建功苦笑着说：'前面就是十里亭，坚持一下，那里有个食堂，我知道。'食堂，吃的——最现实的希望！一步一步，他们终于挨到了食堂门口。

"建功主动掏出钱包，翻了几个夹层，不好意思地说：'怎么没钱了？——粮票足够。'合刚想起，买煤时建功替他们垫支了不少。于是就和老彪一起摸遍了口袋，凑了好几个钢镚儿，老彪兴冲冲地走了进去。

"屋子里的案子上，放满了馒头、烧饼、油条，旁边还有一锅当地人最喜欢喝的胡辣汤。一张桌子后面坐着个卖饭的中年妇女：改制的草绿色上衣，卷起的袖子下露出胖得分节的胳膊，脸上是超标的红润，不单显示营养过剩，也好像是亮出的减肥红灯。

"老彪放下钢镚儿和粮票：'买馍。'中年妇女摊开数了数，嘴角动了一下却没有笑出声来：'几个？'老彪急切地说：'三个。'

"'一角四，差一分。'

"老彪又放上一斤粮票说：'添上这个，卖给三个吧，好吗？'

"'不行，差一分，不行！倒卖粮票，是原则问题！'

"老彪往后一指，一脸诚恳地说：'大姐，我们三个人呢，就给三个吧。'

"'原则问题，这是国营食堂。原则！'

"正在这时走来一个男子，身着蓝色制服，胸前还戴着'供销社'的小牌牌儿。他放下钱说：'来碗臊子面。'那妇女熟练地盛上面条，还加了满满的一勺肥肉，说：'来自行车了，记着给留一辆啊！'那'供销社'一边用手指回拢着即将流出饭盒的肉片，一边说：'有数，有数。'

"老彪顾不得羡慕这些，只是在想：真是一分钱难倒英雄汉。三个高中生，虽非英雄，也的确汉子，竟然……这一迟疑不要紧，只听那妇女叫道：'下一个！'得，像赛场裁判看到违规一样，她取消了老彪的买饭资格。

"老彪一怒之下，走出食堂，三个人面面相觑，无可奈何。如果那时候让解词'尴尬'，这三个家伙能写出一百条解释来。

"突然，马路上传来叫声：'彪儿，你咋在这儿呀？'原来是老彪他爹，一行人牵着几头牛，拉着几辆满载粮食、蔬菜的架子车打此路过。老彪两眼噙着泪花简单地说了经过，要他爹拿出几角钱来。老彪爹却说：'原她的娘则去吧！用不着，咱走！咱庄儿修渠的伙儿就在前面，有吃的！'

"热腾腾的蒸红薯、窝窝头，可口的玉米糁儿糊糊，还有香油调拌的脆甜萝卜丝儿……做饭的二叔在一块大石头上摆得满满的，说道：'吃吧，孩子！不收粮票，哈哈！'然后，就从腰里掏出烟袋蹲在一边和他们拉起话来：

"'这地方本来叫施礼亭。我上私塾时，先生给讲的。很多年前，这村里有个女孩儿，天资聪慧，喜欢读书，文章更使许多聪明的男孩子都服气。该到考秀才了，她爹却把她许配给一个官宦子弟，要她马上成婚。女孩儿不允，一纸诉状递到县衙。你们知道不，这昆阳县衙不是七品，而是正五品哟！所以，县令也非一般县官儿。县令行文，父指婚约无效，并在此地亲自为那女孩赶考送行。那姑娘感恩戴德，对县令恭恭敬敬地大礼参拜。从此，这里就叫施礼亭了。

"'继任的县令也常在这里为进京举子把酒送行，以彰显礼贤下士，成就了一段佳话。再后来，因为这里离县城十里，不知什么时候，人们就把施礼亭传成了现在的十里亭了。'

"说到这里，二叔磕掉烟灰颇为感慨地说：'在这个地方儿，让你们几个识字人挨饿着实不该。那卖饭的女的，咳，真不懂事！'

"刚吃完饭，老彪他爹就牵过一头牛来，用绳子把三辆车前后连在一起，套上牛，送孩子们上了马路。合刚的车在中间，无须多么用力，只要掌握好车子的'革命大方向'就是了。所以，他有工夫胡思乱想起来：马路看起来很平坦，但走起来也不容易。人生的路也许更难捉摸，因为连平坦的地儿也很少……好在这趟拉煤学会了爬坡。

"至于那老牛，沉稳地走着，认真地拉着，好像根本就没有考虑这趟差事是不是它的义务，似乎它的原则只有一个——善待他人。"

夏莹她们静静地听完故事，竟没有一人插话。也许是因为惊奇有人生活竟会那么困难，也许是在感悟些许道理。馆爷喝了口水说："当然，学生未必要打工，打工也未必不好。但是历练是人生的基础课，无论贫富贵贱都不可或缺。而打工的确能增长见识，历练意志。至于冬毅，"馆爷又转向夏莹说，"有他的具体情况，还是尊重他的意见吧，注意安全就是了。"

这正是：
环境身体若电脑，知识意志则软件。
人生苦难也财富，辛酸另端是甘甜。

该回家了，秋成提议有空一起去凉州阁看望冬毅。这才有"四季娃无意间兴隆凉州阁。"

欲知后事如何，且看下回分解。

第二十一回
秋成应邀制图表，冬毅童语话方程

这天下午两点，春妮带着秋成和夏莹来到印刷厂办公室，早在等候的厂长连忙迎出来："欢迎啊，欢迎！厂里会计病了，上边又催得紧，只好麻烦秋成帮忙做个生产报表。"秋成不好意思地说："试试吧，不知道我们能不能玩儿转。"春妮却低声对厂长说："舅舅，别像欢迎领导似的。您就吩咐吧，秋成，哈，神童，能行。"

厂长舅舅从抽屉里拿出几张表格说："先做这三个月的生产情况表，按月汇总。然后再做个曲线什么的，领导最喜欢看那个了。"夏莹一看是几张普通的表格，就坐在机器前，朝春妮说："用 Excel 制表，你念数，我输入。还用得着'神童'吗？嘻嘻。"好一个夏莹，双击 Excel 图标运行，找到模板，稍加修改，一个"昆阳印刷厂四月份生产情况统计表"便跃然屏幕上（见图 21 - 1）。然后与春妮合作，一会儿便输入完毕。秋成在一边看着，为夏莹、春妮她们进步之快感到惊讶，同时心中又暗想："看来只要留心学习，掌握这些常用操作并不困难。自己那嵌入芯片之举，真的有些冒傻气了。"

春妮得意地叫道："舅舅，我们做好了，您看看中不中。""啊，这么快呀！"舅舅惊喜地跑过来，看了一下说，"挺好，挺好！加上一行小计更好。""嗯。"夏莹说着便单击最下面一行左端的单元格，输入了"小计"二字。春妮马上说："那还得算一算了。计算器！"说罢从夏莹手里接过鼠标，单击屏幕左下角的"开始"按钮，从弹出的菜单中再依次选"所有程序"→"附件"→"计算器"。

夏莹却迟疑了一下说："不对吧？电子表格应该能自己计算吧。"说着，把在那边浏览样书的秋成叫了过来。秋成弯腰看了一阵说："Excel 具有相当丰富的

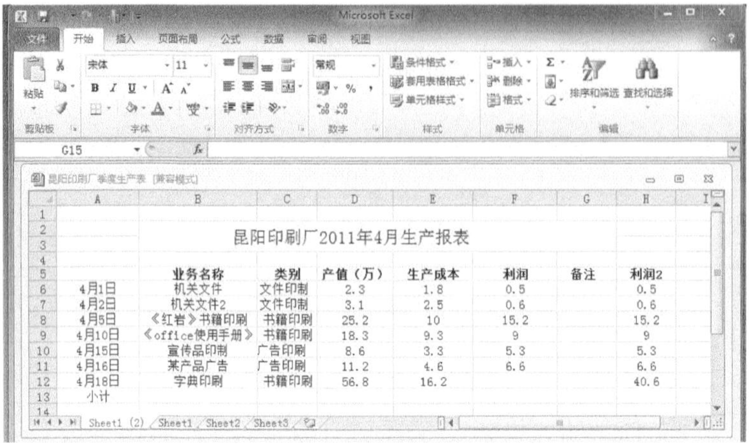

图 21 – 1　月生产统计表

计算和数据分析功能，不用人工计算的。"说着轻轻拉起夏莹，"还不给师傅让座，嘻嘻。"夏莹站起来说："就该你干一会儿了，要不厂长请吃饭时，你就只配喝汤了。""不，喝刷锅水。"春妮又在一旁低声强调。"您客气！"秋成做个鬼脸儿，坐下转向两位同学说，"对于一些简单计算，像求和、计算平均值、求最大值等，真可谓'拖手可得'！"秋成特意做了个拖动鼠标的手势，单击产值列的第一个单元格并按下鼠标左键向下拖动，选中所有填上数据的单元格，说："你们看，在'开始'菜单下的'编辑'一栏里有个'∑'按钮，单击它，就能自动对选中的一列求和，结果放在那一列最下面的单元格里。"

秋成又把鼠标指针移到 ∑ 按钮右边的小黑三角上说："这个三角，不止一次遇到过，我们知道单击它会出现下一层的菜单，这里是：求和、平均值，最大值等等。用法与求和一样。"

夏莹默默地拿过鼠标，选中一列数据，点击黑三角，选择"最大值"，一个数字立刻出现在下边的单元格中。她点点头说："对于行，也可以这样操作啦。"秋成笑笑："聪明！为表示敬意，晚上的刷锅水，也敬你一碗。"春妮推了一下秋成说："别闹，还有利润没计算呢。"秋成接过鼠标说："这个需要使用公式。"

但见他选中"利润"一列下的第一个单元格 F6，口中念念有词："利润等于产值 D6 减去生产成本 E6。"又提高声音强调说："输入公式，一定要以等号' = '开始，用单元格和运算符号表示公式，像写数学式子一样，比如：= D6 － E6 。最后回车，即可在选中的单元格中得到公式计算结果。"一边解释，一边操作，按下回车键，结果出现：0.5。秋成又指着有个 f_x 图标的编辑栏补充说："公式也可以在编辑栏里输入，更方便些。"夏莹又点点头，春妮却急切地说："那么多行，要是一行一行地输入公式，也够麻烦的。""说得好。"秋成像早有准备一样，很自信地解释道，"对于这样的情况，也可以用拖动的方法处理。"

说罢，秋成选中刚刚计算的利润列第一个单元格，并把光标移到其右下角，指针变成了个"十"字，然后按下左键拖动鼠标直到 F12 单元格。鼠标刚一放开，所到之处的单元格都填上了正确的数字。夏莹和春妮齐声惊叫："拖手可得！"

过了一会儿，细心的春妮指着表格说："还有'生产成本'一列没有计算小计呢。"夏莹小声说："应该和产值的小计一样的做法吧。"说着就要拖动鼠标。秋成却说："换一种方法，用拖动方法自动求和，有时候会遇到些麻烦。这样做比较安全。"说着，选中小计行和生产成本列交叉的单元格 E13，然后单击插入函数图标 f_x，弹出一个对话框，在"选择类别"右边的输入框内再单击黑三角，选择"常用函数"；在"选择函数"下面选中"SUM"，最后选"确定"。"啊，SUM，也是求和。"夏莹小声说。秋成又指着弹出的对话框说："你们看，这里的'F6:F12'是单元格域，它就是函数 SUM 的参数，即对这个域里的单元格求和。"说完，秋成单击"确定"按钮，马上得出了结果。

"OK！"秋成得意地说。夏莹却悄悄地拿过鼠标选中小计一行与利润列交叉的单元格 F13 说："就剩这一项没填数字了。"说着输入了公式"＝D13－E13"，一点回车键，也"OK"了一声。春妮也高兴地叫道："终于填完喽！"

秋成却没有离开，看着表格说："刚才利润的小计当然可以输入公式计算，也可以通过复制公式的方法直接得到结果。""什么是复制公式？怎么做？"夏莹立刻问道。

秋成却诡秘地一笑："基本操作都教给你们了，再问，是不是该敬一杯拜师茶了？这个，这个，啊——要尊师重教吗！"春妮撇嘴道："好个好为人师的家伙。"夏莹却说："拜师茶就不用了，倒是晚上可以不罚你喝刷锅水了，也算将功补过吧。哈哈！"

秋成坐下选中 F13，又按 Del 键删除了其中的数字，说："复制公式，你们看，这里各行计算利润的公式是一样的，所以输入第一个公式'＝D6－E6'之后，可以把它复制到其他需要的单元格中。这里的操作和复制其他内容一样：选中要复制的公式所在的单元格'F6'，按 Ctrl＋C 键；再选中目标单元格，比如

F13，按 Ctrl + V 键就行了。"手起键点，F6 中立即出现了数字。"啊，这样就不用输入公式了，好，好。"春妮点点头说。

夏莹目不转睛地看着秋成的操作，却急得满面通红，喃喃地说："不明白，不明白！明明那里输入的是'D6 - E6'，怎么在这里却能计算出'D13 - E13'的值呢。"

秋成听罢，沉思好一阵才挠着头说："这个问题，很、很、很深入，说实话我也不明白。我问过老师，老师只是说，公式复制的是公式的计算方法，并不是把结果粘贴到另一个单元格中。还说，这叫什么'相对引用'，随着目的单元格的位置不同，公式中参加运算的单元格会随之变化。所以，在 F6 中计算的是 D6 - E6，而在 F13 中计算的是 D13 - E13。我想了半夜……"没等秋成说完，春妮就带着埋怨的口气说："又是你那 Windows XP 姐姐来教你了？"

秋成摇摇头，很认真地继续说："学问就在'相对'上。比如，一家祖孙三代，爷爷、父亲和孙子。孙子说的爸爸，指的是父亲，父亲说的爸爸指的当然是爷爷了，不会混淆的。Excel 的相对引用似乎也是这个道理，倒真是一个高明之处。"

"秋成，你太——"夏莹听到这里，觉着明白多了，禁不住要称赞秋成"有才"，但又马上改口，"你太能猜了！不过猜测得还有些道理。"秋成则故意调侃："谢谢没有说我太有才了。如今是'男子无才便是德'了！哈哈！"两个小家伙听秋成又说出个连大人都很难解决的问题，都哈哈笑了起来。春妮还没好气地说："现在就装小大人，小心二十岁就变成老头了！快继续干活儿。""好，好！"秋成故作矜持地说，"为了验证我刚才说的，咱们做个实验吧。"

但见他先删去 F13 中的数据，右单击 F6 单元格，在弹出的下拉菜单中选择"复制"。夏莹看着小声说："这也是复制操作呀？"秋成又在 F13 单元格上右击，说："请注意，这里可以'选择粘贴'，这次我们选择'粘贴公式'。"话音未落，F13 中又出现了计算结果。春妮却说："啊，你是再告诉我们一种复制公式的方法。""不。稍等。"秋成说着，再次右击 F6 单元格，复制一次，接着又随意找一单元格 F15 右击，却在弹出的菜单中选择了'复制数字'一项，那 F15 里出现了和 F6 一样的数字。夏莹沉思了一下说："有道理。看来在输入过公式的单元格里还真是存放着公式及其计算结果两种信息，而且在粘贴时是可以根据需要选择的。""所以叫'选择粘贴'。"春妮这时也明白了。

秋成满脸得意地笑着，又在 F15 单元格上双击，夏莹不解地问："还要做什么？"秋成答道："比较一下。"接着又在 F13 单元格上双击，立刻显示出一个公式来。夏莹似乎已经明白了秋成的意图，接过鼠标，又在 F6 上双击，也出现了公式。于是高兴地说："谢谢者也先生。你是给我们看：F15 里只是复制了数字，没有公式；F13 里却有复制的公式信息，确实是相对引用 ' = D13 – E13'；而 F6 里是输入的公式 ' = D5 – E5'。"

看到自己的实验真的说明了问题，秋成高兴地调侃道："夏莹同学理解正确，还相当深刻。将来我讲课时，就直接委任你当课代表了，鞠常鸿申请我也不批准。""切，谁稀罕！等你熬到幼儿园'阿叔'讲课时，小莹子说不定已是大学教授了。"春妮不紧不慢地说，"还是说说'绝对引用'吧。"

"哦，绝对引用，倒是简单。"秋成故意清了一下嗓子说，"还以祖孙三代为例：爸爸，表示成孙子的爸爸；爷爷，表示成孙子的爷爷，或孙子的爸爸的爸爸。"两个女孩一听都扑哧一声笑了。夏莹还撇了一下嘴说："这——费劲！""当然，科学嘛要雅一些的。"秋成故作镇定继续解释，"Excel 中分别在列号和行号前加上符号 ' $ ' 表示绝对引用，比如 ' $ D $ 6'，如果用在公式中这样表示，无论复制到哪个单元格里，也都是 D6 的值，不会变化的。当然，根据需要，也可以只在列号或行号前使用符号 ' $ '，课下自己体会吧。嘻嘻。"

一阵忙乎，夏莹竟忘记了厂长舅舅的要求，站起来伸了伸胳膊说："还有吗？有点儿累了。"秋成看了她们俩一眼说："当然。还有一招儿，要不要看？"春妮和夏莹赶紧向桌前靠了靠。不料秋成却装模作样地说："春妮同学把五、六月份的生产表统计出产值、生产成本和利润的小计来；夏莹再做一个工作表，只存放三个月的有关小计数据。""原来是这一招哇，那你干什么呢？"夏莹反问道。春妮也说："又想去偷看新出版的样书呗。""哈哈，瞧你们说的。本师傅要'备课'，等你们做完了，咱们一起做图表。"春妮小声说："猪鼻子里插大葱……"没等说完，夏莹就接过去说："而且装出非洲象——洋相！那就再给他个雅号吧——'还一招'。"

春妮按照刚才求和的方法，很快就得到了两个工作表各列的小计。夏莹则在新的工作簿中建立一个简单的空白工作表，只含有四、五、六月的产值、成本和利润。可是当她们想把原工作表中的数据拷贝到新表时，却遇到了麻烦，总是打开一个工作表，另一个工作表就不见了。反复几次，都没有成功。于是朝秋成叫道："'还一招'先生，请过来再支一招。"秋成紧走过来，听她们说明后，却一本正经地说："我建议：先把原表中的数据抄下来，再敲到空表中去。总共十几个数据，就凭你的打字速度，用不了二十分钟就能搞定。"夏莹听出了秋成话中的坏味儿，反唇相讥："我知道幼儿园的小朋友说话幼稚，不知道有些中学生同学的建议也如此幼稚，简直笨得超标！"春妮咯咯地笑着，也靠向夏莹看她如何处理。秋成接着说："如果你不想笨得超标的话，我再'还一招'一次：按下Ctrl 键，依次点击要打开的两个工作簿，然后单击'打开'按钮，同时打开它们。再在 Excel 窗口中找到'视图'→'重排窗口'，并选择一种重排方式。两个工作表就可以同时出现在屏幕上了，复制数据自然就轻而易举了。"夏莹照着做了起来，很快就复制好了数据。她高兴地拍拍手说： "这还真算是一招儿——工作表之间的数据交换。那，Word 文档应该也可以这样做的。"秋成说："除非不是微软做的。嘻嘻。"春妮却说："秋成，以后你出一个好招儿，就给你记个红点儿，出个馊招儿，就记个黑点儿。等'解放'了，给你算总账。""解放？"秋成不解地问。"高中毕业，考上大学——就'解放'了呗。傻子！"

这时，厂长端着托盘走过来，看见孩子们高兴的样子，说："喝点儿茶吧，做好了？"春妮回答："表全都做好了，就剩画个图表了。"秋成端起茶杯，一股香气扑鼻而来。厂长得意地说："香吧？信阳毛尖，新买的！"秋成喝了一口说："我在家也常喝茶的。"夏莹端起茶杯惊奇地看着秋成说："行啊，者也先生！""祖传的茶叶。"秋成故作得意地说，"俺家院子里有几棵薄荷，夏天，俺爸就拽几片叶子，在龙头下一冲，放到碗里，再舀一勺白糖……"春妮禁不住扑哧一声笑了起来："天长日久，你会喝成一块儿大个儿薄荷糖的。哈哈！"

一杯香茶，使几个小朋友更加精神起来。秋成从书包里拿掏出一本《Office的使用》，一脸认真地开始介绍："书上说，图表可以直观地显示数据报表的结果，尤其是数据之间的关系和变化趋势，还能从中获取大量信息。Excel 具有很强的图表制作功能（见图 21 - 2）。

"Excel 提供许多不同形式的图表，如柱形图、条形图、折线图和饼状图，等等。不同的图表各有特点，分别满足不同的要求。比如，饼状图能清晰地表示不同部分所占的比例；折线图更适合表示数据的变化过程和趋势。"

春妮喜出望外，说："就要折线的，就是领导喜欢看的那一种。"

"我试过。其实，制作图表并不难，但书上有些话却不大好懂，大概是那些作者叔叔、阿姨们着急着翻译成书吧。所以我们先看看图表的样子吧，免得不知道系统提示说的什么意思。"秋成从网上下载了一个折线图表（见图 21 -3），便逐项指着认真解释起来：

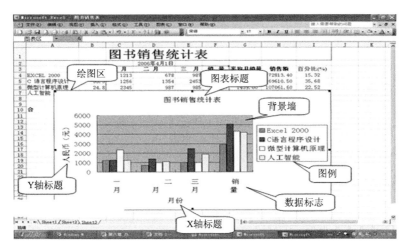

图 21 - 2　图表组成示例

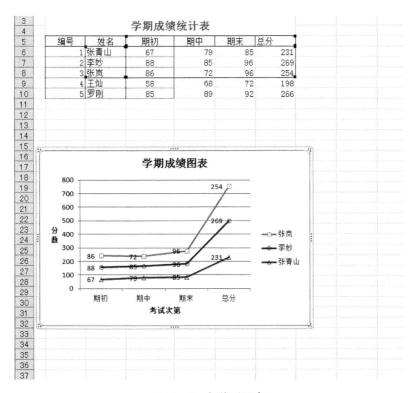

图 21 - 3　折线形图表

"这是关于三个学生三门成绩的工作表和折线图表。首先，要注意图表分为三个区：图表区、绘图区和坐标轴。其中还包括不少元素：数据系列、图例、数据标签、网格线等。

"'数据系列'是最重要的，但系统里的说法太学术了点儿，实际上就是一组相关的数据。比如，这里的数据系列就是学生成绩统计表中的五列数据：姓名直到总分。图表中之所以也叫数据系列，是因为它们都是根据相应工作表中的一系列数据画出来的，只是那些数据的另一种表示形式罢了。

"图例，在地图里我们见过的，像铁路、河流使用不同的图形和颜色表示。这里，三个学生的成绩也用不同的图表示。为了明显区别，在图例上还用了不同的图案——这里用小方块、圆圈和三角点缀。这些图案就是数据标记的形状。

"数据标签标出了具体数值；网格线则便于看出曲线上某个点的大致数值。"

秋成迟疑了一下又说："至于 X 和 Y 轴……"夏莹着急地插话："你不会是要给我们讲 X、Y 轴吧？快说怎么制作图表！""是 X 和 Y 轴的标题。"秋成连忙解释，低声说，"小莹子这张嘴，真是可以削水果了，——像刀子一样厉害！"

夏莹"嗯"了一声，伸手就要去揪秋成的耳朵，秋成则举起双手："我招，我招。嘻嘻。图表制作，图表制作……"

秋成打开"第二季度生产报表"工作表，一本正经地介绍起来：

"第一步，选中需要的数据，就是刚才说的数据系列：月份、产值、成本、利润各列所有数据。

"第二步，依次选择菜单'插入'→'图表'。"秋成口中念念有词，"会弹出一个图表向导来……"可是找遍屏幕也没有看到向导出现。他有些着急，不禁习惯性地抓着后脑勺。

"怎么了？'还一招'先生。"夏莹不解地催着，春妮也连忙探头看过去。秋成不好意思地嘀咕道："2003 版的，选择'插入'→'图表'按钮后应该弹出'图表向导'的，怎么找不到呢？"夏莹又说："原来你现在是《南征北战》里的国军——失去了前进目标呀。哈哈！"春妮却安慰说："找不到，可能是入错了门，或者这个软件不是 2003 版的。这是我舅舅的机器呀。"真是旁观者清，秋成一听，不作声却悄悄地单击屏幕左下角的"开始"按钮，在弹出的菜单里一眼便看到了"Microsoft Excel 2010"。"哎呀！还真是 2010 版本，那应该更方便的。"秋成高兴地拍了一下大腿叫道。说罢，又回退两步操作，重新点击"插入"按钮，仔仔细细地观看屏幕上方的功能区：从左向右依次是——表格、插图、图表……他试探着单击"折线图"右边的小三角，立刻弹出几种折线图的样式来。

看到了折线图，春妮知道秋成的操作入了正道，高兴地指着屏幕说："折线图，选折线图。"秋成却自信地说："还是选'带数据标记的折线图'好。""为什么?"夏莹问。

"数据标记可以区别不同的曲线，要不将来打印出来都是黑色的，就不好区分了。这就是刚才说的数据标记形状的作用了。"说着，秋成在那个折线样式上一点，屏幕上立刻出现一幅图：红、兰、绿三条曲线，各条曲线上分别点缀着方块、菱形、三角不同的标记。夏莹不由得拍手称赞："好漂亮呀!""那叫：美哉! 美哉!"秋成松了一口气，满脸得意地说，"革命尚未成功，吾等尚需努力。"说罢又指着屏幕上端说了起来：

"第三步，编辑完善图表。图表生成后，或单击一个已经存在的图表，都能自动激活'图表工具'，就显示在屏幕顶端的功能区。

"'图表工具'下有三个选项卡：'设计''布局'和'格式'。每个卡又包括几类相应功能。其中：

"一、'设计'选项卡可以用来更改图表的样式、所选数据以及布局等，所以可以认为图表工具就是图表的编辑工具。"

秋成突然回头看着伙伴们说："这里有一个'陷阱'要注意!"但见他单击"更改图形类别"按钮，在弹出的折线图中选中一个两条折线并行的样式，再点"确定"。夏莹眼尖立刻惊叫："变了! 刚才生成的图表变样儿了耶。"秋成却不慌不忙地指着新图表说："这里有两个不当：其一，图表中没有数据标记，黑白打印后不便区分；其二，如果仔细看看，就会发现曲线中表示的数据与坐标轴的坐标不对应。"春妮看了，满脸意外地说："真的呀! 表里没有那么大的数值的。"秋成这才郑重地说："我就犯过这个错误——因为没有注意，选了那个怪怪的'堆积折线图'。所以，我们刚才选'带数据标记的折线图'是合适的。嘻嘻——你们以后不要再掉进这个'陷阱'了。好了，下面'布局'。

"二、'布局'选项卡可以对图表进行完善、编辑，比如添加图表或坐标轴的标题、设置数据标记和网格线等，还可以插入标注图形。"

说到这里，秋成站起来做了个鬼脸儿，学着老师的样子说："同学们，下面分成两个大组，分别对'布局'和'格式'的功能做实验。有问题可以举手!"春妮讥讽道："就两个人，还分，还大组。你这'老师'好像没学过算术吧。"夏莹却说："这小朋友好像又'知识醉'了，别管他，我们做。"说着就拿起了鼠标。

夏莹单击"布局"，哇，好丰富的布局选项卡! (见图21－4)。

图 21-4　图形工具及布局选项卡

夏莹仔细地看了一阵，小声说："先加个图表标题吧。"点击"图表标题"，图表上方立刻出现一个方框，在方框中快速输入，图表立刻加上了标题："昆阳印刷厂二季度生产报表"。

"就这样，想修改什么，就寻找相应的入口，然后按照提示操作便是。"站在身后的秋成十分自信地说。夏莹没有说话，又找到"坐标轴标题"按钮，单击，小心地在 X 轴下面加上了标题——"月份"，在 Y 轴旁边加上了标题"数值（万）"，然后会意地点点头。春妮低声地笑笑说："人家夏莹也做出来了，不像者也先生那样，还'便是'一下儿。"说着接过鼠标，点击"数据标签"，在数据标记旁边出现了数据，就又试了试"图例"按钮，自言自语地说："还是'靠右'合适。"

秋成看到她们似乎有点儿疲倦，就挑逗着说："难道不想看看'格式'下面有什么好玩儿的吗？"春妮松开鼠标，示意要他操作。秋成弯下腰，一只手撑着桌面，单击"当前所选内容"组上端的小黑三角，选中"X 坐标轴"，又在"对齐方式"的对话框中的"角度"上捣鼓了几下，直起腰来说："搞定！"夏莹一看，X 坐标轴上的各个月份都向上翘了起来，就故意拉拉春妮小声说："你看，秋成这小子就喜欢'斜'的。以后小心点儿呀！""什么呀。不懂了吧，这叫倾斜，寓意'月月向上'。"秋成听罢反驳道。春妮头也不抬，只说："胡诌。只听说过'天天向上'。"秋成又调侃道："小朋友，天天向上；大朋友，月月向上；老爷爷嘛，就希望辈辈向上了！"说着还做出老人咳嗽的样子，逗得春妮笑了起来。

秋成又补充说："如果只是对图表中的某一部分，对，叫元素，做常见的格式设置，就直接右击那个元素，然后选择相应项目即可。比如，选'字体'就可以设置大小、颜色了。"

夏莹不动声色，似乎是要乘机多操作一些，又拿起了鼠标，在"设计"选项卡的最右端单击"移动图表"按钮，选择"插入在另一个工作表中"，得意地笑笑说："啊，原来是这样，图表还可以放在另一个地方呢。"春妮则说："放在原来的工作表中挺好的。还可以比较一下。"夏莹按了一下取消按钮，然后单击"文件"→"保存"，保存了工作簿，并让春妮去叫厂长舅舅。

厂长走过来，春妮和夏莹指着图表解释。他认真地听着，同时也在仔细地审视，过了一阵儿说："很好。只有一点儿，能不能改一下？"厂长指着图表纵坐标轴的标题说："这里标出了'万'，图例那里也是'（万）'，要一个就可以了。"秋成听到，带点儿自嘲地说："嗯，真是呀。这才是'脸蛋子上贴相片儿——有点儿重复'。"说着选中工作表中'产值'所在的单元格，去掉了'（万）'。再看图表中图例的那一部分也随之消失了。夏莹惊奇地看着秋成，好像要问什么。春妮连忙说："工作表中的数据变化时，图表也会跟着变化的。开始时'还一招'说过的。"

厂长看了看手表说："孩子们辛苦了。妮儿，请同学们吃个便饭吧。"说着收拾桌子，拿起了提包。秋成忙说："叔叔，给您打印一下吧。"厂长却说："谢谢小伙子。我知道怎么打印，和 Word 文档打印差不多，只是注意在设置下面选择：打印活动工作表、整个工作簿或选定区域就是了。"

旁边，春妮看着夏莹低声说："就去凉州阁，还可以看看冬毅。"夏莹没有说话，轻轻地点了一下头，好像怕秋成看到似的。

去往东关凉州阁的路上，舅舅关切地问春妮的学习、爸妈的身体情况，夏莹就和秋成推着车子慢慢地跟在后面。夏莹突然问："秋成，我们今天求和的数据都是连续的单元格，如果它们散在工作表里该怎么办呢？总不能一个个地选吧。"秋成答道："当然不能那样。Excel 有个功能叫'分类汇总'，可以处理这种情况。"秋成又一边比画一边介绍起来，"比如，印刷厂里有第一、第二、第三几个车间，会计阿姨按日期记录它们的产值，同一个车间的数据肯定不会连续的。为了求各车间的产值小计，可以分两步：

"第一步，先选择"车间"字段名，比如车间编号，并在'数据'选项卡中单击'升序'按钮。这一步实际上把同一个车间的相关数据都连续地排在了一起，而且当按车间编号排序时，相应的整行数据也随之移动。

"第二步，在'数据'选项卡中的'分级显示'组里单击'分类汇总'按钮，会弹出一个'分类汇总对话框'。按照提示逐项选择：在'分类字段'中，选刚才排序用的'车间'；在'汇总方式'中，选'求和'；在'汇总项'中，就是对那些项进行汇总操作，选'产值''利润'等。最后，'确定'即可。"

夏莹明白了大概意思，微笑着点点头。

花开两朵，各表一枝。话说凉州阁，此时吃饭的人并不多，几个身着服务员制服的姑娘侍立在门口迎接顾客。厂长带领三人径直走到一张八仙桌旁坐下，老板满脸堆笑地跑过来，一边热情招呼，一边递过菜单。厂长仔细翻阅，春妮东张西望，夏莹悄悄地扫视大厅。秋成却装出几分范儿来说："找个好点儿的服务员来。"凉州老板心里咯噔一下，却马上赔着笑应道："敢情，给您挑个干净、漂亮的来。"春妮一听，朝秋成瞪了一眼："干什么呀！"秋成也不理会，依然朝老板说："听说你们这儿有个9号服务员不错，就那个了。""你敢学坏！等着回去让叔叔收拾你。"春妮说着就朝秋成的胳膊上敲了一下。"没问题。"老板满口答应，然后朝里屋大声叫道："9号！冬仔！你来照顾这一桌儿贵客！"冬毅立刻从里屋朝老板跑了过来。冬毅一看喜出望外，不禁叫出声来："者也先生！""先生？"老板更是莫名其妙，于是又回头客气地说："先生，马上就好，马上就好！"说着转身去了，老远还又回头看了看这位小"先生"。

秋成拉冬毅坐下说："等会儿，吃点儿东西，歇会儿！"冬毅却腼腆地说："店里规矩，不能吃客人的东西。我给你们沏壶茶，咱们说说话。"春妮这才明白秋成的用意，连声说："中，中，也好。"

冬毅转身回来，先给厂长倒了一杯，又给春妮倒，春妮却朝夏莹努了努嘴。冬毅端着茶杯迟疑了一下，春妮立即接了过来，却放在了夏莹的面前。夏莹一脸淡淡的绯红，低头喝起水来。

不一会儿，冬毅端来了饭菜和饮料，摆放停当，却执意不肯入座。秋成只好倒了一杯可乐，连同一盘老醋花生放在右手边桌子上，让冬毅靠他坐下，小声对他说："我们在厂长叔叔那里玩儿半天了，还真饿了。"

这时，夏莹才有机会仔细地看看冬毅。一身干净的制服，还戴着一个9号的牌牌儿，额头上沁着汗水，脸上带着真实的微笑，总体感觉比上次挑煤时好多了，心里也感到一些宽慰。同样，冬毅心里也一直为夏莹惦记自己而常常惦记起她来，于是禁不住悄悄地看看对面的她。不料，两人目光碰了个正着，冬毅马上把目光转向了左手边那张桌子。

那张桌子靠着窗户，坐着一家三口。中年男子，头发油亮，一身西装，无名指上戴着一只硕大的金戒指，正烦躁地扇着扇子。少妇，一头烫发，卷而不乱，紧身旗袍勾勒出了生动的人体曲线，散发着淡淡的香水味，正用汤勺喂着身边的小男孩儿。男孩儿捧着一本书，摇着头说："不吃，不吃。这题做不出来，烦着呢！""还是那道注水题吗？"少妇妈妈小心地问。男子又不耐烦地说："一个水池，要灌就灌，要抽就抽，可非要一边注水，一边抽水，还让算什么时候池子装满。真是吃饱了撑的!"少妇白了他一眼："不懂了吧，这是学问! 咱家的公司不也是一边进账一边花钱吗? 儿子学好了，以后可以帮你管账哩。难道要那狐狸精替你管一辈子钱吗?"小男孩儿一听，头也不抬大声嚷起来："吵! 吵! 就知道吵，你们有能耐就帮我列方程啊!"引得周围的人都朝这边看过来。

冬毅不希望店里有什么意外，更不忍小男孩儿那着急的样子，就轻轻地走过去打招呼："小弟弟，不简单啊，都学列方程了。"男孩儿头也没抬，只说："可我不会做。好多小朋友都做不出来。"冬毅又走近一步说："我和你一起做好不好?""替我做出来吧，就这一题。"男孩儿抬起头来，一双大眼睛，带着小眼镜，加上无忌童言，甚是可爱，说着主动把书和作业本推了过来。妈妈赶紧挪到对面，腾出位子。冬毅快速浏览了一下，却故意慢慢地说："这方程啊，实际上就是个等式，只不过等式里有未知数。"

"对，老师也这么说。"小孩起身跪在椅子上俯下身来看着冬毅手上的笔，迫不及待地看他怎么列方程。

冬毅并没有列方程，却接着说："未知数通常用 x 表示，你看，多像一朵刚开的小花呀。哈哈，只有等花朵开了才能知道它究竟有几个花瓣儿。方程也一样，等解方程后，未知数一定会变成个真实的数。"

看着小男孩儿在仔细地听着，又继续说："那么，列方程时就把 x 当成实实在在的数，大胆地用它表示题目里的意思。比如这一题，问咱多少小时后池子注满水，咱就说……"小孩儿立刻说："x 小时。""对，很好。"冬毅拍拍男孩儿的背继续说，"注水管，5 小时能注满水池，那么 x 小时注入的水是 $1/5 \times x$；排水管 8 个小时能排完整个水池的水，那么 x 小时排出的水是 $1/8 \times x$。x 小时后水池满了，用 1 表示。这样，我们就可以列出方程了。"

那男孩儿攥着手里的圆珠笔，好像在使劲地想着。"注入的水，$1/5 \times x$……"说到这里冬毅停顿一下，男孩突然说："减去排出的水，等、等于1，对吗?"冬毅高兴地站起来说："对! 对! 很好，真棒!"

小男孩儿赶紧自己写出了完整的方程，很自信地说："解方程，我会!"接着就在纸上演算起来，不一会儿，高高地举起手里的纸叫道："算对喽，算对喽!"一直在对面等待的妈妈，伸出手来摸着儿子的脸："乖儿子，乖儿子，真棒!"爸爸也不禁惊奇地看着这个不起眼的服务生。

冬毅没有离开，又认真地说："小弟弟，列方程就是按照题目的意思，用实际的数和未知数写出等式。哈哈，'摆平'它。愿意用这种方法再做一道题吗？"小男孩儿一脸高兴地"嗯"着点点头。冬毅也感到男孩已经愿意听他说了，就改用讲故事的语调：

"从前有座山，山上有座庙……"冬毅刚刚说了一句，小男孩儿就插嘴说："庙里有个老和尚，哈哈。这个我听过 n 遍了，大哥哥，换个吧。"冬毅却继续说："庙里有 100 个和尚，要分 100 个馍。每个大和尚分 3 个，三个小和尚分 1 个，这样正好分完所有的馍。问：有多少大和尚、多少小和尚？小弟弟，列个方程，怎么样？"

小男孩儿偏着小头看着上方，不说话，然后在纸上画了起来。不一会，小家伙突然朝冬毅做个敬礼的样子："报告大哥哥：大和尚 25 个，小和尚 75 个。你看看俺的方程！"逗得爸爸、妈妈一起笑了起来。

冬毅看了一眼：$(100 - x) \times 3 + x/3 = 100$，连忙伸出大拇指说："小弟弟，真棒！真棒！又做对了！"说罢站起身来。小男孩儿却拉着冬毅说："大哥哥，下次我来，你还在吗？小胖，我的哥们儿，叫他们也来听你说说。""哈哈，我会在这儿待一个月，下次来，我还给你讲故事。"小男孩儿立刻伸出小手做个拉钩儿的样子，冬毅轻轻地钩了一下说："一个月都不变。"小朋友高兴地拍着手，跳得老高。

"'服务员'，过来。"春妮叫着朝冬毅招手。冬毅答应着转身就要告别，那男子却说："等等，小伙子，到我那儿做家教吧？"男孩儿的妈妈连忙补充："给你工钱。"冬毅笑笑说："谢谢！我跟这里的老板签了合同，恐怕——现在还不行。"饭店老板一听也赶紧过来说："先生，先生，这孩子很快就开学了。再说，您也不能就这么挖我的人呢。"男子一听，连看也没看他，从手提包里抽出厚厚的一沓钞票往桌子上一拍："这是订金！"冬毅苦笑着，不知如何是好。

秋成见状连忙过来解围，朝小男孩儿说："小朋友，要不我给你当家教吧？"不料小孩儿却连连摇头说："不嘛，就要那个大哥哥！"逗得春妮和好几个人都哈哈笑了起来。冬毅连忙对小孩儿说："小弟弟，以后只要你来了，我就先给你讲，讲，讲故事，好吗？"小孩儿点点头，妈妈只好拉着他慢慢地走了。出门时，小男孩儿还对冬毅喊了一声："大哥哥，明天等我！"

秋成看着冬毅问："老兄，怎么还有答疑业务？这，我们倒帮得上忙的。"冬毅笑笑，"顺便，那小孩儿刚才挺着急的，我就……"

厂长要回去了，冬毅一直送他们出门老远。夏莹深情地看着冬毅的背影，突然意识到：原来知识和劳动结合在一起，竟会变成一种魅力！

这正是：
引用绝对与相对，插入公式好计算；
设计布局和格式，制成图表更美观！

秋成、夏莹们决定以后常来帮冬毅做些答疑的事情，可万万没有想到，却给凉州阁带来了一场麻烦。

欲知后事如何，且看下回分解。

第二十二回
三脚猫滋事凉州阁，鞠常鸿试讲幻灯片

话说小男孩儿列出了注水题的方程后，遇到小朋友便说：凉州阁有个大哥哥，可牛了，什么难题都会做，还能说出些道道儿来。小胖和同班的许多小朋友都要小男孩儿带他们去凉州阁看看。小男孩儿晃着大拇指说："没问题，那是咱哥们儿！拉过钩儿的。"于是，这天下午补习班下课后，小男孩儿就直奔凉州阁，后面竟跟着一帮孩子和他们的爸爸妈妈。

家长们翻着菜单，凉州老板笑容可掬，左右逢源，心中却有些纳闷儿：怎么一下子来了这么多客人，还清一色的家庭组合？当家长们点完饭菜又清一色地指名要 9 号服务员时，老板恍然大悟。于是，干脆交代冬毅不用端茶送饭，专门接待各桌的小朋友。冬毅领命，主动和小男孩儿打过招呼，便跑前跑后，哪个小朋友问问题，就尽量用他们好懂的语言耐心解答。

孩子们解决了问题，放开了胃口，兴高采烈；家长们，好吃的饭菜，好喝的饮料，有求必应。孩子、家长、店家，皆大欢喜。

顾客们走了，老板点着厚厚的账单，粗略一算，禁不住拍了一下大腿，嗨！——今天的营业额竟翻了一番儿！顺手端起桌上心爱的保温茶杯，连喝两口，不禁自言自语道："少年强则中国强，孩子来——则家长来。哈哈！"突然，他放下茶杯，拿起彩笔在广告牌上写道，本店特色：凉州泡菜，澧河鲫鱼；周到服务，免费答疑。亲自挂在店门口后，又拿起茶杯，一边品茶一边哼着即兴改编的豫剧《陈三两爬堂》："待明天日落黄昏后，众家长携子把店投——噢——噢——噢！"

一连几天，每当下午补习班放学后，凉州阁便门庭若市，有时还排起队来，真像名校招生报名一般。凉州老板心里那真是：刘玄德招兵赵子龙——满心高兴。然而，万万没有想到，一场灾难正从阴影中向他悄悄逼近。

这天下午三点左右，店里没有几个客人了，老板和服务员们吃罢饭正在小憩。门外走进两个人来，两人大摇大摆的样子和他们的年纪显得很不协调。冬毅一眼就认了出来是三脚猫和南街王，便起身朝里屋走去。南街王坐下挥了挥手，三脚猫立刻高声说："两碗胡辣汤，两张大饼，一份泡菜，两瓶啤酒，冰镇的！"一个女孩儿应声过来，写好菜单，转身端来酒菜笑说："请慢用，大饼马上就好。"南街王的双眼像扫描仪一样上下打量着她，小女孩儿也像看见了毛毛虫一样战战兢兢。这时三脚猫突然说："这汤凉了，加热！"小女孩儿连忙端起汤就往里屋走去，不一会儿把加热的汤放在桌上。正要离去，不料三脚猫咂了一口说："怎么这么淡！这么点儿事都做不好，叫你们的9号服务员来！"小女孩儿像获得大赦一般连忙跑开。冬毅很不情愿地走到桌边并不正眼看他们，只说："那就再放点儿调料，请稍等。"冬毅回来刚放下碗，三脚猫又大声嚷起来："嘿，咸成这样，你们是不是觉着咸盐便宜怎么着？重做！"冬毅苦笑着没有说话。坐在一旁的老板看得清清楚楚，猜这两位定是破笼子里装乌鸦——不是什么好鸟儿，就走过来，示意冬毅回去。"别走啊！你给我回来！"三脚猫朝冬毅叫着，"这就是你们的好服务员啊，什么玩意儿！"南街王得意地微笑着，似乎在鼓励：就这么做。老板拿起筷子蘸了一点儿汤，尝了尝，赔着笑脸说："还可以吧。哈哈。请二位多多包涵。""包涵？"三脚猫站起来煞有介事地嚷起来，"你们店不光服务态度不好，还假借给小孩儿们做作业，招揽顾客。这个，这个，啊——，给青少年教育，造成、造成了……"三脚猫结巴一阵竟一时找不出个合适的词来。"不良影响！"旁边的南街王翻着画报说，头也不抬，指挥若定。"对，不良影响！这样的服务员，必须开除！开除！"听到这里，老板完全明白了来者的主攻方向，于是皮笑肉不笑地说："服务态度当作别论，就辅导孩子们读书而言，弊店何罪之有？况且，是否'不良影响'恐非二位能裁定的！"老板一番颇带江湖味道又半文不白的话，三脚猫只听懂了三成，但知道老板已经不客气了。于是话锋一转："那，这汤故意做得这么咸，你还有理了？"老板并不回答，只是拇指在中指食指上一滑，发出一声清脆的响声，里屋立刻走出两个彪形大汉，身穿厨师服装，一个拿着菜刀，一个拿着火棍，脸上同样带着像生生贴上去的笑容。三脚猫一看，不禁后退一步，因为后面再没有可退的空间了，脸色唰地一下变得灰白。南街王霍地站起身来喊道："想打架？老子愿意和你们练练！"声音却不那么有力。老板仍不动声色地说："哪里，哪里。他是大师傅，他是烧火的，让他们来尝尝咸淡凉热。恐怕是着急，竟把操作工具也带来了。"南街王看着这阵势，心中暗想："'操作工具'，好一个老江湖！既不示弱，又不亏理。况且我也犯不着为鞠常鸿那百八十块钱再弄出点儿事儿来。"于是朝三脚猫使了个眼色："撤！""先生，请埋单。您的消费是74元整。"老板话音未落，那两个大汉又拿着"操作工具"移步到二人面前，脸上依然贴着微笑。南街王只好从口袋里拿出钱来，啪的一声拍在桌上，向门外走去。小女孩儿也适时地叫道："先生，您的大饼，别浪费粮食呀！"三脚猫跟在南街王身后，出门时回过头来狠狠地说："你等着！"

当晚，常鸿家，一家人在吃晚饭。难得爸爸和大家一起吃饭，妈妈高兴地坐在爸爸的对面，常鸿和姐姐分坐两边。突然手机响了，常鸿似有准备一样，拿出来侧过身去浏览："凉州阁不承认代做作业，但冬毅、老板和店里人拿刀威胁顾客，态度恶极。"常鸿露出一丝不屑，心想："连个话都说不好！"快速地打了几个字："知道了。"姐姐在一边小声说："什么呀，那么神秘？"刚收好手机，又响了起来，常鸿只好又看："外加饭费74元。"这下，常鸿愤怒了，忍不住低声骂道："笨蛋！可恶！"妈妈和姐姐也都关注地看着他。常鸿只好说："那个臭冬毅，打工还不忘抢风头，忽悠小孩儿们不说，还拿刀子威胁顾客。真该管管他了！"

听到"拿刀子"，爸爸也停下筷子，看着常鸿。姐姐却头也没抬抢先说话："是吗？不会吧？听谁说的？""三……"常鸿本想说三脚猫，话到嘴边，又连忙改口，"三，三个人都这么说的。"常璎一听便猜到是三脚猫，但不想当着爸爸的面说弟弟，顺势打岔："小孩子们胡闹，你不必掺和吧。"爸爸这才赶紧吃饭，然后打个招呼上楼去了。

妈妈收拾碗筷去了厨房，常璎小声对弟弟说："那个冬毅在饭馆打工，还给小孩子们答疑，我也听说了。可没听说，也不相信他会拿刀子威胁顾客。三脚猫的话也能听吗？你还是少和他们掺和为好，别弄出点儿事儿来给爸爸添麻烦！""没，没——有！"常鸿支吾着。

常璎多么希望能帮助弟弟逐渐形成善良的品性和健康的人格，所以并不与其争论，接着说："你有竞争意识是好的，也有很强的能力，但应该通过自我努力和正当方法。比如，连秋成都能在课堂上介绍 Excel，你也一定可以的。以后还可以参加比赛，创造条件，将来争取保送或应试大学自主招生的资格。"

对上大学，常鸿早就动过脑筋，所以听姐姐这样说很感兴趣，马上答应："好，我准备准备，找张老师说说。自然要有劳姐姐老师指导了！"

几天后的一个晚上，常璎带着实习生小闫和常鸿来到自己的办公室，教常鸿装好借来的投影机，然后说："PowerPoint 是微软公司推出的一种演示应用软件，具有丰富而方便的功能，已经很普及了。销售人员推销产品，科技人员学术交流，教师课堂授课，凡是需要与群体交换信息的场合，都可以使用。现在学会了，将来毕业答辩也用得上的。试着讲讲，先学学吧。"

常鸿朝小闫点点头，开始讲课。"各位同学，老师们，大家好。我今天介绍PowerPoint，简称 PPT 的使用，主要包括：PPT 的启动，幻灯片的制作，演示文稿的放映、保存，及相关概念和术语等。我们来共同学习。"

常鸿打开自己做好的演示文稿说："启动 PPT 的方法和 Word 一样，我刚才就是双击'PPT 简介 . pptx'这个文件启动的。这样，就可以用 PPT 介绍 PPT 了。"

常鸿悄悄地按下幻灯片放映快捷键 F5，继续说："让我们先认识一下 Power-Point 2010 的工作界面吧，以后常和它打交道的。它主要由标题栏、功能区、幻灯片编辑区、视图窗格、备注窗格和最下面的状态栏组成。大家一定在想：千万别再讲标题栏和状态栏了，Word 里都有的。

"功能区在标题栏的下方，默认情况下包括文件、开始、插入、幻灯片放映、视图等9个选项卡。每个选项卡又由多个功能组组成，单击一个选项卡就可展开它下面的所有功能组。有些功能组旁边还有倒三角状的图标，称为功能扩展按钮，单击它就会弹出对应的对话框或窗格。"（见图 22 – 1）。

图 22 – 1　PowerPoint 2010 的工作界面

　　说到这里，姐姐常璎示意他暂停，说："刚才这一段，估计是从教材上抄来的。要用自己的话解释，尽量生动一些，这样听众才不会感到乏味。"常鸿点点头，继续说："顾名思义，功能区是 PowerPoint 大多数功能按钮集中的地方。所以学习过程中要留心各个选项卡下的主要功能，以便根据自己的操作意图正确选择。这和不要去五金商店打酱油是一个道理。嘻嘻。

　　"幻灯片编辑区。当前幻灯片就显示在这里，也可以编辑幻灯片内容。这个不难理解，倒是有几个术语，浑身的洋味儿，需要我们体会琢磨。

　　"'视图'，够怪的吧？其实，我理解'视图'就是为方便用户的不同需求而提供的不同显示方式及相应功能。所以，有的教材把视图解释为'工作环境'。比如，我们游泳时会穿游泳裤，相亲时会穿西装；游泳裤可以减少阻力，展示肌肉，西装则能美化仪表，表示尊重。只不过我们称之为'着装'而已。这样，我们就不难理解 PowerPoint 2010 提供的五种视图了：普通视图，幻灯片浏览视图，备注页，幻灯片放映和阅读视图等。"

　　常璎认真地听着，并不时地点点头。小闫身子稍向常璎靠近，小声地说："小伙子挺聪明的嘛，一点就透。"常鸿轻点鼠标，显示下一张幻灯片，用激光笔指着屏幕说："'窗格'。这个术语也够别致的！也很形象，使我们不禁想起那古老的窗户上的格子。窗格就是幻灯片上的一个矩形区域，当然也伴随着相应的功能支持。请看'备注窗格'这个方块里，我就填写了一些对幻灯片的解释内容，要不我会记不住的。哈哈，这也正是备注窗格的作用。再如'视图窗格'。"

　　说罢，常鸿不动声色地结束了幻灯片放映，点击"开始"选项卡，指了一下幻灯片编辑区左边说："请看，这就是视图窗格，确实是一个区域。"接着他又点击窗格上端的"幻灯片"按钮，立即显示出一大群小个儿的幻灯片；再点击"大纲"按钮，又以大纲的形式列出了许多幻灯片的内容。

　　常鸿轻舒一口气说："我想现在一定会有同学想知道怎么放映幻灯片，我学的时候也是这样的心情。其实放映幻灯片并不难，规范一些应该说放映演示文稿。所谓演示文稿就是由许多幻灯片组成的文档。当然，要先打开演示文档——我们已经打开过了。"说着，常鸿点击"幻灯片放映"选项卡→"从当前幻灯片开始"按钮，立刻有一张幻灯片占满了整个屏幕。再在幻灯片上随便单击，就换成了下一张幻灯片。他又指着屏幕的下方神秘地说："这里隐藏着一个工具栏，当鼠标指针掠过此处时就会显现出来。它有几个按钮：向左的箭头——点击它会放映上一张幻灯片；向右的箭头——点击它会放映下一张；最要紧的是中间那个方形按钮，点击它会弹出一个快捷菜单，其中的'上一张''下一张'选项，分别与向左、向右的箭头功能相同；'定位至幻灯片'选项，则可以帮助选中希望放映的那一张幻灯片；'结束放映'项，停止放映但并不退出PowerPoint 程序。啊，对了，在屏幕上右击也可以打开刚才说的那个快捷菜单——这恐怕也是诸葛孔明留下的锦囊。嘻嘻。"

常鸿稍微停顿一下说："如果想搞点儿小花样的话，那就关注一下工具栏中的这支笔！"说罢，在幻灯片上任意空白处右单击，选择'指针选项'→'笔'。然后拖动鼠标，所过之处竟画上了彩色的标记。"这叫'标注'，像我们读书时画重点一样。这里还有一些好玩儿的，大家自己一看就明白的。

"这样操作，就可以一张张地放映了，的确 so easy。不过，这只是最常用的一种方式——讲演者放映，还有自行浏览和展台浏览两种方式。依次点击'幻灯片放映'→'设置幻灯片放映'，选择即可。哈哈，花开两朵，各表一枝……"

常鸿正讲得起劲，忽然看到姐姐指了指手表，赶紧转向下一个问题："同学，当你第一次放映亲手制作的演示文稿时，嗨，那感觉才叫：迎着秋风吃冰棍儿——爽上加爽！下面我们一起学习制作演示文稿。

"演示文稿也是一种文档，自然可以从'文件'选项卡开始，再点'新建'命令。操作方法和 Word、Excel 一样，只是幻灯片的结构和色彩比较复杂，借助模板会更方便。点'新建'命令后，会出现一些不同类型的模板，选中一个合适的，比如'样本模板'中的'现代型相册'。最后，点击'创建'。这样就建立了一个演示文稿——哈哈，空白的。之后，系统自动打开'开始'选项卡，再点击'新建'按钮——请注意，这时是要新建一张空白幻灯片了。

"既然是模板，就是说系统已经把幻灯片的大致布局和背景颜色都安排好了。布局是用占位符划定的，所谓占位符就是幻灯片编辑区中一些虚线框，它提示用户在此处输入文字、插入图片等。我觉着可以把占位符理解为一个文本框，单击它即可在其中输入文字、添加图片等元素。更妙的是，PowerPoint 能够根据占位符的大小自动调整输入文字的大小，而使输入的文字能放得下。"

说着，常鸿单击占位符，快速输入一行字："红脸的关公战长沙，白脸的学生战高考。"接着又分别点击'字体'功能组中的字体和颜色按钮，把'战高考'三字弄成红色。接着说："请注意，其实当我们点击占位符后，系统就自动显示出关于文字处理的相关功能，所以调整字形、改变颜色就是我们原来学过的了。当然，也可以在幻灯片中插入图片。"

　　但见他，点击"插入"→"图像"→"图片"按钮，在弹出的对话框中，找到要插入的图片，最后点击"插入"。一张学生上课的图片跃然屏上（见图22-2）。

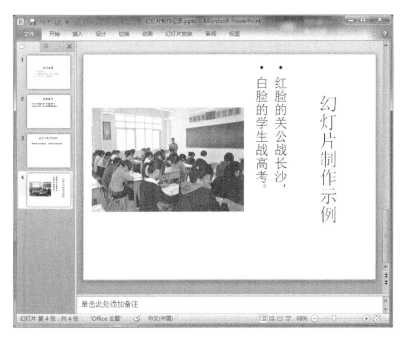

图 22-2　幻灯片制作示例

　　鞠常鸿停了一下，颇有感触地说："如果仔细看一下'插入'选项卡下的功能，我们会发现可以在幻灯片中插入文本框、表格、图表、剪贴画、艺术字、图片、页眉和页脚等，而这些术语在学习 word 和 Excel 时都曾见过。倘若不是从未做过相关的操作，那么在 PowerPoint 中插入它们，就不会感到困难。——可见触类旁通的机会很多！

　　"书上说，还可以在幻灯片中插入声音、视频、超链接。不好意思，尤其插入超链接，这一段我一直看不明白。"

　　常璎听罢指了指旁边的小闫说："还不乘机请教闫老师，机会难得。""你姐姐又让我这个实习生'实习'了。嘻嘻。"小闫也不推辞，站起来朝常鸿边走边说。站定后稍加思索后说道："这个要从传统的阅读方式说起。传统阅读通常是一行一行、一页一页按顺序往下读，多媒体技术则提供了一种新的阅读方式，使用的文档叫作超文本。超文本中有许多起始节点（称作锚点）和目标节点，起始节点可以是文档中的一个词或其他标记，并有颜色或其他特征；目标节点则可能是一篇文档、一张图片、一个网页、一个网站，甚至是一个可执行程序等。起始节点与目标节点之间存在一种链接关系，单击起始节点可以显示目标节点的整个内容。这样读者就可以根据需要由一个节点转到另一个节点实现跳跃式阅读。——实现这种链接关系的方法就叫超链接。"

小闫友好地摸着常鸿的头问："小孩儿，你的明白？"常鸿却调皮地答道："有一点儿，但不彻底。""那就操作一下吧。"说着小闫又接过鼠标。

但见他打开一个演示文稿，选中一个幻灯片，顺便输入"胡辣汤"，然后选中这三个字；再点击"插入"→"链接"→"超链接"按钮，立刻弹出一个"编辑超链接"对话框。小闫指着屏幕说："这个对话框主要是为了帮助用户选择目标节点位置的。列出的四项：'现有文件或网页''本文档中的位置''新建文档'和'电子邮件地址'，根据要找的文档所在，选择其一，便会出现供选择的目标。我嘛，想建立一个介绍昆阳胡辣汤的文档——那东西太好喝了！当然应该点击'新建文档'。"说罢他又选择了文档打算存放的位置，文档类型选"文档"，文件名输成'馋人的胡辣汤'；然后在弹出的页面中迅速地输入一行文字；接着保存，关闭。

常鸿伏在小闫的耳边轻声说："那就别走了，留在这里，保证天天有胡辣汤喝。我姐姐的手艺很不错呢！"这时候，这位闫先生倒有些脸红了，他笑了笑马上又操作起来：点击"幻灯片放映"→"从当前幻灯片开始"，刚才插入链接的幻灯片便放映出来。小闫指着变了颜色并加了下划线的"胡辣汤"三个字说："这就是超链接的标记。"说着在上面轻点鼠标，一个 Word 页面显示出来。上面写道：胡辣汤者，昆阳名吃也。香迎面，稍麻辣，鲜美无比，口感奇妙！长期食用，延年益寿！

常鸿看罢，像小孩子一样拍着手说："明白了，插入超链接就是做个特殊的记号，点击它就会转到被链接的目标上去执行了。"小闫拍拍常鸿的肩膀说："说得好！就是这个意思。"你看下面还有个超链接呢。常鸿往下一看，"河南坠子"几个字也做上了特殊标记，就要去点击。小闫却说："那是我学着写的一段坠子唱词，试试用河南坠子的形式宣传电脑常识。初级阶段，哈哈，以后再看吧。往下讲。"

"好，该说文稿保存了。"常鸿笑笑，接过鼠标继续讲解，"演示文稿作为一个文档，保存操作和 Office 的其他文档一样：文件→保存。令人高兴的是，PowerPoint 2010 提供了更多的保存格式，可以根据需要选择。不过要选择'另存为'命令，再指定保存位置和保存类型就是了。

"其实，我们在制作一些幻灯片之后，就应该及时点击'文件'→'保存'按钮，随时保存，以防断电等不测。"说罢，常鸿保存了文档，然后看着两位特殊听众说："我准备的就这些，请两位老师指导。"

常璎看着弟弟在知识面前又显出热情、上进的一面，心里很是高兴。她站起身来说："主要内容也就这些，掌握这些就可以使用 PPT 了。"又看了一下手表，走到常鸿身边说："有两点建议：一、有几张幻灯片的顺序最好调整一下。"说着，她重新打开常鸿用的文稿，点击状态栏中的"幻灯片浏览"按钮，拖动一张幻灯片到另一个位置，说："这样的顺序会好些。如果要删除幻灯片，选中，再按 Delete 键即可；二、你做的幻灯片比较多，两节课会很紧张，删除又有些可惜，可以隐藏起来一部分。这些操作叫幻灯片编排。"说罢，她按下 Ctrl 键，逐一选中要隐藏的幻灯片，然后右击，在弹出的快捷菜单中点击"隐藏幻灯片"。被选中隐藏的幻灯片，右下角的编号上都显出一个斜方框。"这样，放映时就会跳过这些幻灯片了吧？那需要显示时怎么办？"常鸿看着问道。姐姐再次右单击，再点击"隐藏幻灯片"，说："这样就取消了隐藏状态。像这样先后点击同一个按钮来回切换状态的时候很多，在计算机领域里叫乒乓开关。"

常璎又抬起头，客气地看着小闫说："闫老师，再指点指点。"小闫向前挪了一步，很认真地说："总体来说还不错，主要功能说得是明白的。如果说建议的话，也有一点。""哈哈，随意，随意。你还真当成答辩了。"常璎笑着说。

"可以学习一下幻灯片的切换设置，主要是控制幻灯片切换时的方式、声音等。从'切换'选项卡进入，在'效果选项'中选择一种切换效果；在'计时'功能组的'切换方式'列表框中选中'单击鼠标时'项，在'声音'下拉菜单中选择一种声音，如'风铃'，即切换的同时将发出这种声音。设置之后，还可以单击'预览'按钮，观察效果。"

小闫老师又强调说："不必，也最好不要每个幻灯片都设置切换效果，只选择那些需要引人注意的幻灯片设置为宜。在'视图窗格'的'幻灯片'视图下，单击幻灯片即可选中它们。

"至于动画效果，首先要区分：切换效果是对整个幻灯片的，而动画则是针对幻灯片中的对象，就是部分文字或图片的。设置动画效果，主要考虑：选中幻灯片中的对象；从'动画'选项卡进入，在下拉列表中选定一种效果；如果需要，还可以在'动画窗格'里调整顺序、设定声音效果。这些操作比较麻烦些，以后自己体验一下吧。"

小闫又转向常鸿说："自己排练一下，并启动'排练计时'，看看需要多长时间。知道怎么操作吧？"常鸿点点头说："大概明白。"说罢自己排练起来：

打开演示文稿；点击"幻灯片放映"选项卡，并在"设置"功能组中单击"排练计时"按钮；屏幕上出现一个录制工具栏，每点击"下一项"就播放下一张幻灯片。

常鸿说："闫老师，您先休息一下，放映结束时，就会显示整个放映过程所需的时间。我再看看怎么样。"

小闫刚坐下来，就听常鸿叫道："救命！闫老师，系统好像提示我的链接目标文件找不到。哈哈！"小闫连忙跑过来，常璎也跟在后面低声说："干脆打个包吧，免得放映时出问题。"闫老师看着常鸿说："这是常见的问题，让姐姐老师再教你一招儿吧。"说罢把鼠标推到了常璎面前。"闫老师考我了，哈哈。"常璎低头笑着，拿起了鼠标："由于工作环境的改变，比如到另一台没有安装相关软件的计算机上，或者链接的目标文件位置发生了变化等，都可能导致已经正常放映过的演示文稿不能使用。打包是个避免这种尴尬的好办法。"

常璎转向常鸿继续说："所谓打包，就是把这个演示文稿所用的相关文件都放在一个文件夹里，只要把这个文件夹复制到要用的机器上，就可以使用其中的播放程序放映幻灯了。

"自然，打包要考虑将哪些文件打包、打包后放在何处，比如指定文件夹等。系统用相应的对话框要用户回答这些问题。我来试试。"说着，常璎操作起来：双击常鸿的演示文稿，将其打开；接着点击"文件"选项卡，单击菜单中的"保存与发送"命令，再选择"将演示文稿打包成CD"按钮，又点击一个圆形图标——"打包成CD"。常璎低声说："感觉这里有点重复。下面的操作就是几个对话框，注意单击'添加'按钮可以加入其他文稿，刚打开的文稿的名字会自动显示；'链接的文件'系统自动处理，不用填写；要在一个复制文件对话框里填写文件夹名称，并通过'浏览'按钮选择存放位置；最后，不要忘记点击'是'按钮，因为就要大功告成了。"

常鸿认真地看着姐姐操作，最后指着一个新的文件夹"鞠常鸿讲稿打包"说："看来这就是打包的文件夹了。"说着双击打开，惊讶地叫道："真的耶，这里有我的演示文稿，链接的目标文档——'馋人的胡辣汤'，哈哈。还有几项，好像它认识我，我不认识它。"小闫笑笑说："先别管那些，用这个打包文件放映，保你坦克里放鸡蛋——万无一失。"

常鸿第一次讲课，又学会了几个新的操作，心里很是高兴，不禁亲密地对小闫说："老兄，看看你的河南坠子唱词。看看嘛。"小闫不好意思地推托着，眼睛却朝常璎看去。常璎鼓励道："用河南坠子传播计算机知识，倒是值得探索的，将来也可以在你的实习报告中写上一笔。"小闫没有说话，却顺从地点击那个链接，立刻显出一段唱词来：

坠胡一拉声委婉，各位朋友听心间。

今天不唱《杨家将》，不说《潜伏》与《红岩》，

今天只把电脑唱，唱着学做幻灯片。

有的朋友问了，河南坠子经典剧目众多。文说《包公传》，武听《水浒兵》；抗日英雄《打狗棍》，苦辣酸甜《挂红灯》。您咋"对"起电脑来了？我说呀：想让河南坠子为科学知识普及做些贡献，就试着改革一把。

幻灯片也叫 PPT，宣传交流都方便。

闲言少叙就操作，摆好鼠标和键盘。

双击程序来启动，工作界面好鲜艳；

请您从左向右看，选项卡，选项卡九个挂上边。

选项卡呀像路标，仔细看清莫等闲；

轻轻一点门开了，各种功能十八般！

想建一个演示稿，就请点击那"文件"；

八百模板任你选，如法炮制真方便；

再点"开始"选项卡，新建空白幻灯片。

标题输入用大字，再输内容行二三。

回手又把"插入"点，啊呀呀，这里功能好齐全！

插声音，插文字，插电影，插图片；

超链接来艺术字，自选图形堆如山；

页眉、页脚、表格、图表都能插，

希望听众您：——不差钱！

先插"蛟龙"在潜水，再插"神七"正飞天。

插个视频《天仙配》，王母娘娘站云端；

挥簪一画银河现，秋水三千令人寒。

王母拂袖正要走，悟空横棒把路拦：

"破坏幸福法难容，干涉自由理不端！

"画条银河倒容易，你可知，又添多少剩女和剩男？"

娘娘一听面带惭，收起银簪站一边。

大圣点击"超链接"：送你几本好书看。

《红楼梦》来《白蛇传》，《梁祝下山》《罗汉钱》；

《二黑结婚》原装本，《朱丽叶》是外文版。

古今中外都经典，还有那，百度上的新文献。

王母一旁开言道："大圣啊，不少啦，老身何时能看完？"

悟空停手把头点，我已为你想周全。

这些内容放一起，打包保存更安全；

"放映幻灯"点一点，想看哪篇看哪篇。

如有问题联系我，电子邮件最省钱。

一声告辞才说罢，大圣驾云追西天。

这就是学做幻灯一小段，请您指正提意见。

这正是：

入门挑对选项卡，打包保存最安全；

多用模板素材库，制作幻灯更方便。

常璎也在一旁悄悄地看着，虽没说话，但小伙子在她心中的形象却一下子高了一大截——原来他还是很有些探索精神的，脸上不禁泛起两片红云。可另一件事却又让她难以放下，左右为难。

欲知后事如何，且看下回分解。

第二十三回
秋成奔走救冬母，馆爷回首说读书

快要开学了。这天，冬毅把店里的桌椅板凳仔仔细细擦了一遍，然后到老板屋里结算工资。临走时，老板不舍地说："冬仔，寒假有空的话，还来这里帮忙吧！""谢谢大叔！"冬毅与老板告别，还禁不住改了称呼。送到门外，老板突然塞给冬毅一个红包，小声说："冬仔，给你的。有空常来。"说罢，转身走进店里。冬毅想谢绝都没来得及，他明白，老板是不想让更多的人看到。

回到家里，吃过午饭，妈妈说觉得有些不大舒服，冬毅扶母亲上床休息后，就抄起锄头往外走，他要赶在开学之前再给菜地锄一遍草。

天气闷热，西边的大青山被浓浓的乌云遮得严严实实，偶尔一道闪电，隔一阵又传来沉闷的雷声。看来远处已经下大雨了。菜地周围的人也都收拾东西往村里紧走。冬毅知道，锄草已经不合适了，但需要疏通垄沟，以防下大了地里积水，于是把那件刚洗过的短褂装进塑料袋里，挂在地边的小树上，脱下鞋子干起活儿来。

突然一声炸雷，豆大的雨点儿像被雷声震落下来一样，砸在菜叶子上啪啪直响。冬毅直起腰来，轻轻地抹去脸上的雨水，看见一辆墨绿色的自行车飞快地向河边骑来，车上的人一身邮政制服，短发已被风吹乱，后座上拖着一个邮递员专用的袋子。是她——，说不清为什么，冬毅立刻担心起来：下雨了，河两岸的坡路一定很滑的，还是等她平安过河后自己再回家吧，于是慢慢地向河边走去。又是一声响雷，好像就在头顶上似的，接着瓢泼大雨下了起来。骑车人赶紧下车推行，沿着河坡向下走去，老远就能看出她的脚下已经开始打滑了。

河里有一串"搭石"，石块都比较大，间距也不算远，平时过河并不困难，冬毅常常挑着百十斤的担子从这里往返。可她毕竟是个女孩子，又搬着自行车，只得小心翼翼地从一块石头挪向另一块石头。眼看再过几块就到对岸了，可雨水顺着额前的刘海直往下淌，又腾不出手来擦上一把，视线很快变得模糊起来，后座上的邮件袋子，经雨水一淋也重了许多。突然，脚下一滑车子掉进了水里。起初她并不慌张，弯腰想把车子拉上来。不料邮件袋子里灌满了水，一出水面便重得出奇，怎么也提不起来，只好放下并紧紧地抓着车子，以免被水冲走。可没想到，只一会儿工夫，发浑的河水已经没过了站在搭石上的双脚，上游也传来低沉的轰鸣声。她心里一惊，"水头"！洪峰就要来了，顿时急出一身冷汗！

正在这时，突然感到车子向上一动，"鞠同志，撒手！"身后传来急促的叫声。她回头一看，那人又催促道："快走！别怕，我来搬车。"她顾不得说话，连忙撒开双手踏着搭石向对岸跑去。常璎上岸，回过头来抹了一把脸，但见那人将车子用力向上一提，顺手把后座斜着往搭石上一靠，袋子里的水哗啦一声流了出来，然后搬起车子，三步两步跳上岸来。

"是你！"她松了一口气说。冬毅点了一下头。再看河里，搭石早已淹没，只有几个旋涡在指示着它们的位置，那条平日里清水潺潺的小河瞬间翻脸变得浊浪滚滚，不可一世。常璎不禁后怕起来："如果……"冬毅推起车子看着路边的一个小窝棚说："快进去避避雨，我二哥家的看瓜庵儿。"

雨更大了。冬毅放下车子，走进茅庵，挥手打掉横七竖八的蜘蛛网，顺手捡起一个破木凳在地上磕了几下，放好后又横着胳膊在上面来回擦了两下，说："吓着你了吧？坐下歇会儿。"说着又转身取下邮件袋子放在一捆干草上。常璎站定，感激地说："有点儿。要不是你来，我就只能'丢车保命'了，哈哈。谢谢你！"

常璎坐下，感觉一凉，这才意识到淋雨之后有些狼狈，就理了理头发主动说话："我去南边给一家军属送个电报，想抄近路早点儿回去，没想到就这样了。不好意思，呵呵。"

冬毅这才发现，眼前的这位大姐，雨水把她那齐耳短发紧紧地贴在脸边，活像古装戏里旦角的头饰，显出一种奇妙的美；白里透红的脸膛上嵌着一双大眼睛，眸子像颗剥去一半皮的紫葡萄，黑白分明，生动四溢；湿透了的邮政绿制服紧贴上身，淡蓝色的裙子下方并排竖着象牙一般的双腿。浑身上下，秾纤合度，活生生一个大商场里身着紧身纺织品的模特，客观、自然、全方位地显示着青春的秀美。冬毅心中不禁惊奇："邮局里那位落落大方、通情达理的大姐姐，原来还是个如此俏丽的姑娘。"突然又想起娘的交代："人家的闺女，看一眼别撞着就行了，不能仔细看的！"于是连忙把脸转向外面，同时努力干笑着说："俺娘说，这样的雨是秃尾巴苍蝇要看姥姥，路过留下的惊叫，一阵儿就会过去的。——真是的，它们看姥姥，却把咱们给淋湿了。嘻嘻。"

常璎听罢咯咯地笑了，心里却在想："我是怎么了？遇到这个小伙子，没有什么拘束感，倒觉着一种自然的亲切。"又轻轻地说："俺家常鸿不懂事，你不要和他计较，好吗？""没，没。"冬毅拧着衣服上的水说，"我们年轻，可能都有点儿气盛吧。"

常璎又顺口问道："你怎么也在这儿？"冬毅低头看着邮件袋子支支吾吾地说："锄地。下雨了，正要回去，看、看见你过来了。本想着等你平安过河了，就放、放心了。没想到还真是——"

好个"放心"二字，一下子深深地震撼了姑娘的芳心。常璎顿觉心中一阵温暖，两颊立刻红了起来。过了一阵儿，突然看着冬毅说："刚才叫我什么，'鞠同志'？"冬毅满脸通红，低着头答道："您是工作人员，通常都那么叫的。要不，怎么，怎么叫呢？""叫，叫——姐姐。"话刚出口，常璎自己感到脸上一阵发热，马上补充道，"你和常鸿是同学嘛！是不是？"冬毅头也不敢抬起，低声说："好吧，鞠——姐姐。"这个普通的称呼"姐姐"，却一下子把两颗心拉近了。

雨停了。常璎站起来说："秃尾巴苍蝇们飞远了。我该回去了。"冬毅却看着她说："鞠姐姐，您这样到街上不大方便。我这里有件短褂儿，刚洗过的。您把它穿在里边，就不那么……还可以暖和些，别着凉了。"说着把塑料袋递了过去，"我去外边把车子上的泥擦擦。"

常璎早就知道冬毅忠厚、善良、朴实、耐劳，今天又看到了他的勇敢和机智，但怎么也没想到，这个比自己小好几岁的小伙子，也竟能对人如此体贴入微！此时，自己能意外却又真切地感受一次，那样的感人，那样的温馨。她红着脸，没说话，轻轻地点了点头。

冬毅推车走过一段泥泞的小路，来到通往南关的柏油路上。他掂起车子在路上颠了两下，抖掉泥水，慢慢交给常璎说："鞠姐姐，您慢点儿骑。"常璎努力掩饰着不舍的心情，看着冬毅竟忘了告别，老远了才回过头来，招了一下手，上车去了。

开学了，冬毅用暑假打工的钱按时交了学费，如释重负，连跑带跳地向教室走去，没人的地方还哼起了河南坠子——"王小二我迈步回家转……"因为，多少年来往往是当凑齐学费时，已被班主任催过好几次了。

下午，冬毅正在自习，突然听到屋外有人敲窗户，扭头一看，隔壁二哥满头大汗，一脸着急，正向他忙乱地摆着手。来到外面，二哥就喘着气说："您娘犯病了，赶紧跟我回去。"

跑到家里，看到母亲蜷缩在床上，脸色蜡黄，额头沁汗，低声呻吟。"娘！怎么了娘？——咱们去医院吧。"冬毅俯下身来急忙对母亲说。母亲翻了一下身，吃力地说："不用了，躺躺就好了。医院是花钱的地儿，可别轻易去那里。"冬毅抱起母亲就往外走，二哥已在门外备好了架子车，还铺了一床棉被。

医生很快给老人打上吊针，推到楼道里放下，把冬毅拉到一边小声说："你妈病得很重，准备住院吧，先交三千元押金。""三千！"冬毅一下子懵了！上物理课时，知道光的速度、月亮到地球的距离，那叫天文数字。今天才知道，对他来说，三千也是个天文数字。他知道，这是绝不能告诉母亲的，要不光着急，她也受不了，更不会住院了。

冬毅来到收费处，大着胆子向收银员请求，先让病人入院，他这就去找钱。碰巧收银员带孩子参加暑期补习班时，在凉州阁见过冬毅，听他一说，颇为同情，迟疑了一下小声对他说："你先去登记床位，然后赶紧去弄钱。时间长了，我会受批评的。"

冬毅一连跑了几家亲戚，好的拿出百八十块，再说一下自家的困难，有的干脆拒绝。从二舅家离开时，还听到妗子在背后说："填不满的穷坑！"似乎连顾忌的意思都没有了。

傍晚，冬毅坐在母亲的病床前，冥思苦想，万般无奈，便做出个痛苦的决定。

放学了，秋成、夏莹和春妮照例在学校南大门外逗留，想遇到冬毅，可等了好一阵也不见他的影子。秋成问冬毅的一个同班同学，得知下午家里来人了，说是他娘病重，就回去了。三人一听，大吃一惊。推测冬毅他们不会去县医院，那里费用较高，要看病很可能是去城关镇医院。

城关镇医院不大，秋成他们很快就在楼道里找到了冬毅。母亲躺在一张带轮子的病床上，闭着双眼，吊针高高地挂着，冬毅满脸愁云地蹲在旁边，呆呆地看着针管里的药液一滴一滴地往下落着。秋成把冬毅叫到一边，冬毅低声地说明了情况："我刚去过几家亲戚，借到一些钱，交完药费，没剩多少。现在还差三千块住院押金。"几个孩子，谁也没有经过这样的事情，一时都没了主意，夏莹急得立时眼眶里充满了泪水，只是强忍着没掉下来。过了一阵儿，秋成说："冬毅，别太着急了。你照顾大娘，明天我去学校募捐，看能不能弄些钱来。"夏莹、春妮也说再想想办法。

又安慰了几句，三个小伙伴就离去了。出医院不远，夏莹又情不自禁地回头看看，无意间看到一个身着邮政制服的姑娘闪进了大门。她？

原来，常璎过河遇险，回到家后冬毅的形象不断在脑子里萦绕，她清楚地知道这是什么心理"症状"。晚饭时听常鸿顺口说到冬毅的母亲病重，于是放下碗筷就背着挎包来到了城关镇医院。看到几个小朋友在，便在窗外等了一会儿，这时径直朝冬毅走来。"冬毅。"常璎小声地叫了一声，冬毅抬起头来，有些意外，马上站起来："鞠——鞠姐姐。你？"常璎左右看了一下，问道："听说大娘病了，好些了吗？"说着就轻轻地朝病床靠近。"好些了，这会儿睡了。"冬毅指着母亲说。常璎停下脚步，示意冬毅到楼道尽头窗下。她把一兜水果放在窗台上，又从挎包里拿出一个塑料袋说："大娘醒了，给她吃点儿水果；这是你的衣服，还有一件衬衣。"冬毅不知所措，好一阵才支吾着说："俺娘就喜欢吃黄瓜，不喜欢，嗯——很少吃水果的。""呵呵，没听说过病人喜欢吃黄瓜的，别傻了。我改天再来看大娘。"说罢，常璎就要告别。冬毅连忙拿出衬衣要给她，说："谢谢姐姐！我有衬衣，这个就别留下了。"常璎走了几步，向冬毅摇了摇手，动作小得几乎看不见似的，转身走出门口。

冬毅茫然地拿起水果，忽然发现里面有个信封，连忙打开，显现两行隽秀的字迹：冬毅，惊悉大娘生病，非常着急。卡内存款三千，密码六个六，治病要紧，切莫推辞！

冬毅看罢，既感动，又意外，就像重大考试遇到了难题一样，左右为难，不知如何是好。一个晚上靠在床前，无法合眼。

第二天中午，在通往学生食堂的路口，一把椅子上放着一个纸箱，上写：请伸援手，同学有难；情义无价，点滴不限。秋成站在后面，不停地大声叫着，不时向询问的同学们急切地解释着。冬毅班里的王怡瑄路过，听秋成一说，便也和他一起张罗，还不断招呼同班同学。不少同学停下，投入些钞票。常鸿看见，停了一会儿，看了看秋成，没有说话，掏出一张百元大钞麻利地投入箱内，转身便走。秋成大声说："常鸿兄，谢谢了！"常鸿只是回头挥了挥手。

下午两节都是自习，秋成朝夏莹和春妮两人使了个眼色，便溜出教室来到医院。秋成说："冬毅，对不起，只弄到不到六百元钱。啊，对了，常鸿还捐了一百元呢。"说着就把钱交给冬毅，其中另一张百元钞票，估计是秋成塞进去的。"等等。"夏莹从口袋里拿出三百元，交给秋成说："这是我买车的钱，给你。"春妮也笑着说："我告诉我妈学费涨了，她就多给了二百。"秋成把钱合在一起，交给冬毅。冬毅满眼泪花，只说了个"谢"字便哽咽起来。过了一阵儿，冬毅心情平复了，说："谢谢你们，毕竟有这些了；再把我交的学费退回来，也一千多呢，可以先给医院。"三人一听，吃惊地相互看了一下。春妮着急地叫道："不能！那不就是退学吗！"夏莹急得说不出话来："你，你！……"秋成拉了一下夏莹："别着急，我们再想想办法。学，决不能退！"说罢，又拉着冬毅，小声对他说了几句，然后转过身来说："春妮，小莹子，你们先去馆爷家，我和冬毅一会儿也过去，听听他老人家的意见。"

秋成带着冬毅来到凉州阁，冬毅不好意思地跟在秋成后面。秋成却像个小大人儿一样，向老板说明来意："先生！冬毅家母病重，急需住院治疗。尚缺押金一千，恳请您预支他一个月工资。寒假，他来贵店打工，我来帮忙。不知尊意如何？"老板一听，心中暗想：小小年纪，言谈不俗，句句感人，真是后生可畏呀。于是认真地对秋成说："小兄弟，言之有理。况且是冬仔有难，敝店理当相助。"说罢，从抽屉里点出一千二百元放在桌上。冬毅写下收据，连声道谢。秋成朝老板拱拱手说："先生仗义，钦佩之至；相助之恩，容当后报！"

告别老板，秋成带着冬毅直奔馆爷家来，夏莹和春妮正在门口等候。夏莹急切地问秋成："怎么样，又找到些钱吗？"冬毅点点头，秋成把去见凉州阁老板的事说了一遍，春妮忍不住高兴地说："真好，就差——一千了。"走进屋来，冬毅径直向关先生说："关爷爷，我打算把学费退了，就能凑够俺娘的住院押金了。就是来给您说一声。您别惦记了。"馆爷听罢，一脸沉重，慢慢地说："此事非同小可，你要三思啊孩子！""时间紧迫，又没有别的办法。"冬毅突然又低下头说，"我这里还有一笔钱，可我知道哪些钱可以借，哪些钱不能花……"夏莹一听，又想起昨晚在医院门前看到常璎姐姐的事情，立刻明白了七八分，深情地看着冬毅说："别说了！不花，不出卖自己！不说，不泄露别人，那也是一份情义呀！"冬毅低头不语，其他人有些莫名其妙，但又觉着不宜多问，也就罢了。

过了一会儿，秋成认真地对冬毅说："你想过吗，且不说学校能不能给你退钱，即使给你退，难道你真的要辍学吗？"冬毅显然决心已下，满眼泪花，把脸侧向一边说："母亲只有一个，学习，只能以后再说了。谢谢你们为我操心了！"说罢，毅然朝屋外走去。

夏莹想拉住冬毅，伸出了手又缩了回来，但实在控制不住，身子一转一只手捂着嘴，低声啜泣起来。春妮连忙扶着她安慰。秋成正要追出去，馆爷叫住了他，低声说："你拿着这封信，在学校财务科附近等着。如果他执意要退学费，你就把信交给会计老王，他就知道了。我的朋友。"

话说冬毅来到医院，见母亲已不像昨天那么痛苦，就去见收银员："大姐，俺娘的住院押金，已凑了两千，我这就去学校办理退学手续，退回学费后就给您交齐。您别着急。"收银大姐忙着手上的账，点点头。等停下手来，突然惊叫一声："啊，退学?!"连忙叫住刚走不远的冬毅，示意他稍等。收银员关上窗口，找到那位医生，把冬毅要退回学费支付押金的事说了一遍，然后半开玩笑地说："您再去看看，能不能不住院呀？别为这事耽误咱县出一个大学生啊！行行好，行行好嘛！""亲戚？"医生笑笑问。"哪里，我就知道那是个好孩子，很苦的。"医生也认真地说："菩萨心肠。大姐，好人啊！"说着来到冬母床前，仔细地看了一遍，又问了老人几句。皱着眉头说："目前看来，不会有什么危险，但是还需要用药。那就先不住院吧。"收银大姐拍拍医生高兴地说："菩萨，好人啊！你会积得五男二女的！""哈哈，不敢！你要我违反计划生育呀！"医生笑着写了个字条交给了冬毅。

再说秋成，在学校等了一阵儿不见冬毅，看看表已近五点，财务科也关上了门。秋成松了一口气，就又来到医院。

冬毅正在收拾东西，脸上也露出了久违的笑容。秋成忙问："办好了？"冬毅喜出望外地告诉他，母亲病情稳定暂时可以不住院。"不退学费了，上学！"秋成说着和冬毅抱在了一起。秋成忽然想起了馆爷的信，心想："这老爷子是怎么安排的呀？"便好奇地拿出了信封中的字条。

王贤弟台鉴：
如冬毅同学执意要退学费，请将这些钱给他，且勿多言。
如没有去退学费，就由秋成代转冬毅。

愚兄　关
即日

"啊！原来如此。"秋成叫了一声，把字条和信封递了过去。冬毅看罢，热泪盈眶，嘴角抖动，仰天不语多时。

秋成像报捷的战马一样飞车来到关家，一进院就大叫："没退，没退，不退了！"夏莹第一个跳出屋子："不退了？怎么样了？"秋成喘着气把冬毅的妈妈病情好转，医生同意暂不住院说了一遍。夏莹立刻破涕为笑，春妮竟在屋子里转着圈跳了起来。两个姑娘好像忘记了是在别人家中、老者面前。馆爷轻轻地拿起紫砂壶，深深地饮了一口，坐在了沙发上。

两天来的焦急和忧虑一下子烟消云散，刚才还像大人一样为朋友奔走的秋成等人，又恢复了少年的天性。他们跳着，叫着，嬉笑着。最后，缠着馆爷说："爷爷，今儿咱高兴，给我们再讲个黑岗的故事吧。"馆爷怕了一下大腿说："好，今儿个咱老百姓高兴。讲！——工棚里的煤油灯。"

"小黑岗小学毕业时，老师觉着自己心爱的学生名字有点儿土，填报名表时，就改成了'合刚'，因为当地'黑'与'合'差不多发同一个音，同时似乎也包含着老师的期望。合刚顺利地读完了初中，念完了高三，正努力准备着高考。

"可是，这时历史进入了被称作'特殊年代'的时期。合刚和同学们把刚照好的毕业照夹在书本中，一起收进了书桌里，不料从此再也没有人向他们要过那珍贵的东西了。

"一晃就是几年。学生们都要上山下乡，到农村广阔天地去接受'再教育'。

"一天上午，合刚和他的同学们上了一辆破旧的卡车，经过一个多小时的颠簸，终于在公社所在的镇子边上停了下来。带队的干部从驾驶楼里探出头来，撩开垂下来的红旗，冷冷地朝大家说：'下车。明天找队长报到，开始干活儿。'不知道哪个小子跳下车后说了声：'谢谢，还给半天假呢。'

"就这样，合刚回到了家乡。虽然学校没有颁发毕业证，社会却一下子给了他两个很时髦的称号：'知识青年''新式农民'。不过在乡亲们眼里他还是黑岗，一个可以干活的小伙子，没什么新鲜的。只有在两个时候才会关注他一下：一是谁家需要给远方的亲人写信时，就说：'找黑岗，正好把字写出来晾晒晾晒，要不沤在肚子里时间长了都分不清笔画了。哈哈！'二是老伯们闲来无事盘点村上的光棍儿时，说完七哥、二叔等等后，再很认真地补充道：'对，还有个黑岗哩，也二十多岁的人了！'再就是，如果不小心惹谁不高兴了，人家就故意在他面前唱《朝阳沟》选段：实指望你高中毕业当干部，谁知道你由初中升高中，升来升去升到农村……你不怕丢人俺怕丢人，啊——啊——啊！这时，黑岗就感到刺心般的委屈：难道识些字也是可供人讽刺的'生理缺陷'吗？

"农村土生土长的黑岗，一般的农活还都能对付，年轻力壮，出力也不怕。

最怕的是失去读书的机会和环境，再没有安静的教室和亲切的书桌，更没有琳琅满目可供借阅的图书。在休息的田埂上、中午的饭场里，兄弟、叔伯们嬉笑交谈的多是张家的女儿要多少彩礼、李家的猪仔又生了几个；最严肃的高端话题就是今年一个工能不能从去年的七分涨到八分。这与当时县城唯一的高中校园里那小河流水，明窗净几，树木花草，琅琅书声，就连墙上都画着原子弹的原理图相比，着实反差很大。最难耐的是晚上，一天劳作，甚是疲倦，可还是无法改掉读书的'恶习'。煤油灯下，浏览过《中原小麦种植》，研读过《针灸与穴位》，学习过辗转借来的《基础病理学》，等等。一天晚上，母亲一觉醒来，看见黑岗还在灯下看书，就充满哀怨和无奈地喃喃埋怨："岗儿，甭看了。读那么多书有啥用啊，还费油！"黑岗听罢，鼻子一酸，泪珠子吧嗒吧嗒地落在书本上，不知道怎么说好。母亲即使再难也从未动摇过供孩子读书，而今也这样说，可见她也认定了读书真的无用，儿子前途无望，恐怕连个媳妇也很难娶到的。可黑岗内心深处还隐隐约约地感觉到：想读书，想读书！不能不读书，不能没书读！

"一天晚上，牛屋里，生产队开大会，那天不是诉苦把冤申。队长一把扔掉还没吸完的自制烟卷，兴冲冲地传达一个好消息：上头要咱队出几个民工，去孤石滩修水库。工地上管饭，或许还有些工钱呢！话没说完，隔壁三叔就跟队长说：'让黑岗去吧，他家快揭不开锅了。黑岗去了，也能省些口粮给老嫂子吃！'躲在旮旯里打扑克的狗剩也尖叫着：'去吧，黑岗叔。反正你也没媳妇，在家里在外边都一样。哈哈。'嫂子们也都笑着起哄：'是呀，去，去。说不定在那儿还能对上个外村的闺女呢。'就这样，黑岗竟被'优先录用'了。

"孤石滩水库位于大青山下，如今是方圆几百里的大水库之一。湖光山色，碧波荡漾，孤石秀奇，是一个旅游、垂钓的好去处。尤其那水中的孤石和周边的山岭、庙宇都记载着许多动人的传说。

"不过，当年黑岗去干活时，那里还只是一片喧嚣的工地。给黑岗派的第一件活儿是搬石头，把几十斤甚至百十斤的石块抱到大坝半腰，由石匠师傅铺在大坝斜坡上，叫作护坡。石块是从邻近山头上用炸药刚刚开采的，棱角锋利。黑岗的手还没来得及生出茧子，稍不小心就被石头划出一道口子。几天下来，手掌、手背上已数不清有多少暗红色的痕迹，只有在山泉里洗手时，阵阵刺痛才能分辨哪些是新伤，哪些是旧痕。休息时，他喜欢独自坐着胡思乱想，甚至感叹原始人使用石刀、石斧的聪明，有时也埋怨石头对现代人的无情。

"过了几天，黑岗又被派去打夯，就是把铺在大坝上的土一层层夯实，大坝就这样一层层地往上长。领工的对他说：'你和他们几个用这个夯。'黑岗一看：夯？乖乖！原来是打谷场上的石碌。油桶一般粗细，三尺左右高低，顶端用铁丝固定四根木棍，成'井'字形。他悄悄地用大腿使劲地靠了一下，那家伙纹丝不动，估计得有七八百斤。黑岗暗笑：原来那么神圣的《新华字典》也会弄错！解释'夯'字时，画了一张图：四人各用一条绳子拉着系在上面的同一块石头。和眼前的这个夯比，那石头小得简直像工艺品。不过，字倒是形象得惊人——用大力气才能玩儿转的东西。

"打夯也有许多讲究，节奏适当、步伐整齐、动作一致，等等。领班更是重要，八个人的动作全靠他的号子协调、统一。大家推选热情、滑稽的狗剩当了领班。至于曲调并无定规，简单、押韵即可，但唱词却是花样繁多，而且内容要根据当时的情况即兴唱出，越通俗诙谐越好。因为，通俗可以明确指挥众人的动作，诙谐可以缓解大家的疲劳。诸如'我们决心大呀，一起来修坝哟'，自是常用；类似'那边来个俏大嫂，想必是把丈夫找；大哥千万别冒认，错认媳妇罪难饶'，这样的也不可少。所以，当几架夯一起打起来时，夯歌悠扬，笑声起伏，夯起夯落，地动山摇，颇为壮观。

"但是，毕竟是要把沉重的石头高高举起，松手落下，一次一次地重复，几十个回合下来，人便面红耳赤，气喘吁吁，汗流浃背。只有打过夯的人才能体会这种'大力'活计的辛苦。

"第一天下工，黑岗觉得两只胳膊隐隐作痛，再也不想抬一下手臂，就连头上的草帽歪了，也不愿举手正一下。两条腿也重得难受，似乎忘记了怎样迈大步子，更不想把脚抬高，哪怕一点点儿。

"第二天下工，黑岗觉得胳膊不是那么疼了，只是变成了麻木，还没来得及高兴，却吃惊地发现胳膊肿了。他早就听别人说过，这并无大碍，所以心里暗自好笑：哈哈，没花钱进健身房，却也有些健身者的肌肉了。

"黑岗咬牙坚持着，坚持着。半个月过去了，从身后已不大容易看出他是个新手。和大家一样，头戴印着'水库'字样的草帽，脖子上搭着一条由雪白渐变成灰色的毛巾；从脖子到腰间，一色经紫外线反复扫描留下的黑紫。与同伴们一个明显的区别是，他那黑紫色的脊背上留下个背心状的白色区域。为此，狗剩不止一次地调侃他：'洋学生就是不一样，光着膀子还像穿件新背心一样洋气。'另一个区别是，休息时，伙伴们或抽烟，或闲聊工地的姑娘，黑岗却独自躺着，像犯了烟瘾一样难受，他想：'如果能让看会儿书该多好啊，哪怕只是几分钟！'

　　"这天早上，雨一直下个不停。工棚外一片泥泞，民工们躲在工棚里说笑着。狗剩从枕头下摸出扑克牌高兴地叫着：'今天吃雨工了，谁来，打百分！'工棚里立刻热闹起来，三盘象棋，四拨扑克，几个年纪大些的叔伯也就地画出几个方格，走起了定子棋。黑岗则从书包里拿出一本《针灸与穴位》，撕开泥巴和秫秸糊成的墙，迎着从缝隙里透进的光看了起来。合谷、内关、曲池……他默默地念着，感到了久违了的愉快。

　　"突然一个人走进工棚，正是生产队的领工胡封，朝黑岗冷冷地说：'你，去把外边的架子车收拾一下，不能就那么淋着。'黑岗从铺下抽出一根草棒当作书签，夹在书里走了出去。先把车子靠在墙上，再盖上稻草。一阵忙活之后，接着工棚屋檐上滴下的雨水洗了洗手，掀起那根草棒书签，又接着看起来。刚看几行，胡封又叼着烟走进来：'黑岗，伙上的猪跑出去了，你去找找。还等着它长成了，大家改伙儿呢。'黑岗很不情愿地又合上书本，站了起来。正在打扑克的狗剩，看在眼里，心里很是不平，放下手里的扑克说：'封哥，你来玩儿会儿，黑岗刚坐下，我去找。'胡封看了一眼狗剩，一脸严肃地说：'黑岗要接受再教育，应该多干点儿活。没你的事儿。'说着把烟头朝外一扔催促着：'黑岗，快去，快去！'狗剩站起来说：'甭说那些道道儿了，你那年不是没考上高中吗？要不也该让俺教育教育你啦。嘻嘻，我想上，还没那本事呢。'说着和黑岗一起走进了大雨里。

　　"说起那胡封，本是比黑岗大几岁的临村伙伴，那年没考上高中便回去务农了。不久村里来了个住队干部，他爹就大胆'投资'，好吃好喝招待，黄金叶香烟递送频率颇高。后来，胡封就突然成了生产队副队长，此次来领工自然是这工棚里的一把手了。今天狗剩那'你不是没考上高中吗'的话，使他又平添三分妒火。可狗剩那家伙，祖上四辈贫农，根正苗红，奈何他不得，就咬牙要收拾一下这个必须接受再教育的黑岗了。

　　"月底是个好日子，水库上给民工们发了补助，工分则是由各个生产队照记的。拿到钱后，年轻人们就去代销点买烟、买酒，虽是劣质的，但都尽情地享受着。中年人则小心翼翼地把钱缝在裤衩的口袋里，准备回去给媳妇买油盐用。黑岗却不声不响地打了一瓶煤油，自制了一个油灯，挂在地铺头上用来看书。

　　"这天晚上，胡封走进工棚，看到黑岗正在油灯下看书，就走过去指着油灯明知故问：'谁的？''我的。'黑岗没有抬头，依然靠着墙看书。

　　"胡封：'谁让你在工棚里点灯呢？'

"'点灯——不行吗?'黑岗指着工棚中间挂着的马灯说,'那儿还有一盏呢。'

"胡封:'防火,安全! 反正你不能点。'说着,顺手摘下小油灯,一口吹灭,朝门外扔了出去。然后头也不回,弯腰走了出去。

"'你! ……'黑岗正要站起来,旁边的三叔一把把他摁住,低声说:'甭理他,说得清吗?'

"第二天晚上,胡封又来了,还带着满嘴的酒气。一看小油灯又亮了,就冲着黑岗喊:'你真中啊,还点着呢!'说着又要去摘。黑岗已有准备,早把油灯拿在了手里,看着他说:'点灯何罪之有?'

"也怪小黑岗年轻,庄稼人里有几个人说话用这个词呀。难怪胡封听成了黑岗说他'喝醉'了什么的,立时恼羞成怒,转身大声对全屋的人说:'黑岗,不服改造,不,那个,那个,不服再教育,和领导犟嘴。此,此月,罚他一百分。记工员,记上。'

"胡封走了。几个小伙子相互看看,低声说着些什么。狗剩却大大咧咧地说:'这哥们儿训人还转词,就连我这老粗也知道,该说本月的。哈哈!'三叔却只说了两个字:'作孽!'便抽起了旱烟。

"罚一百分,就是说十天的活白干了。这一点儿黑岗并不多么在意,却再也没有心情去看书了,呆呆地坐在那里,不知该想什么,不知道可以想什么。"

馆爷停下来,又拿起了紫砂小壶,好像也在沉思什么。夏莹慢慢地接过小壶,续了热水,轻轻地问:"爷爷,你说黑岗会在想什么呢?"

馆爷接过茶壶,收住思绪笑笑说:"我猜他也许在想:当人们有机会读书时,或许并不多么在意,甚至会觉得很辛苦;而当失去了读书的机会甚至权利时,才会感到那么渴望、无奈和苦恼。世上的事情就是这么哲学。"

说到读书,关老爷子很难收住口,又深有感触地说:"对于个人,读书可以增长知识、汇聚智慧,甚至能修身养性,简直也是一种心理健身操,哈哈。广播上就说过,有个老人常读古诗,自娱自乐,竟长命百岁。对于国家,读书则是民族的希望,强盛的道路。古人说……"

"书中自有黄金屋,书中自有颜如玉。"秋成连忙插话,"不过有点儿——"
夏莹打趣道:"秋成读书八成就是为了挣钱和娶媳妇的。哈哈。"逗得几个孩子都笑了起来。馆爷却接着说:"那话是宋朝一位皇帝老倌儿说的,很有些道理,却也常被人理解得有些狭隘。而国学大师季羡林先生的话——'读书仍是天下第一好事'，说得倒是实在，定是老先生一生所悟，也够我们体会一辈子了！其实我觉着，读书是一种义务、一种权利，也是一种习惯、一种信仰！"

"信仰？"几个孩子面面相觑，不知其意。

这正是：

对日捧卷翁读书，摘镜唤孙笑嘱咐。

不趁少壮学知识，难道比我早糊涂？

夏莹心里却在想：读书，权利？是吗？下次来，定要问个明白。

欲知后事，且听下回分解。

第二十四回

馆爷三讲翻馍劈，憨嫂一意拍良心

春末，昆阳中学最美丽的季节。校园南墙下的果园里，梨树花开正盛，几个学生各自在一棵树下背着单词：hard，h－a－r－d，hard，努力；future，future，未来，未来。那样子让人立马想起"咬文嚼字"来，连草地上的小花也都好奇地抬头向上看着他们。东西墙外的农田里一片庄稼，正在阳光下悄悄地长着。如果有人在学校门前走上百八十步，一定会有一种感觉：树木、庄稼和孩子们都在忙碌地成长着。

这天下午，冬毅和常鸿所在的高二2班，老师宣布高考复习开始，除了地理、历史之类的所谓副科继续上课外，其他科都由任课老师安排复习。最后老师还特意说了句笑话：当年我的老师告诉我们，高考是皮鞋和草鞋的分界线；如今，是不是该是小汽车和自行车的分界线了？可惜，同学们看着书桌上那些买的和"被"买的、平放的和竖放的，堆得酷似梯子的课本和资料，只是苦笑一下，并没有笑出声来。

离学校不远的辉河北岸，在一个建筑工地上，西南角一间简易仓库里，一个上身只穿着一件蓝色背心的小伙子正在灯下看书，左手拿着一块儿硬纸板不断地驱赶围着灯泡乱飞的蚊子。冬毅在这里打工——负责看守库房，可以挣些钱，又不耽误复习。

此时，常鸿家里，刚吃过晚饭。常鸿郑重地向家人汇报说学校开始高考复习了，然后似乎很随意地看着妈妈说，听说有不少高考加分的政策，不知道我们能符合哪一条。"那敢情好！"妈妈眼睛一亮说，"听说多一分排名就能往前提许多呢。加一分是一分，争取呀！"爸爸却认真地说："那是有明确规定的。"妈妈抢着说道："政策是死的，人是活的，你可不能不把孩子的前途当回事！"

常鸿听得出父亲有些犹豫，顺手从旁边的茶几上拿了一张便签纸，写了几笔交给了妈妈，然后走进了自己的房间。妈妈看了一阵说："什么呀？他爸，你看看。"说着递给了常鸿的爸爸。鞠局长一看好像是个函数：

$$Power\ (t) = \begin{cases} 1 & t_1 < t < t_2 \\ 0 & t < t_1,\ t > t_2 \end{cases}$$

他不经意地递给了女儿，自嘲地说："哈哈，儿子考老子了。不行喽，忘得差不多了。"常璎接过来看了好一阵，又迟疑了一下说："的确是个难题。能正确解答这道题的人不会很多，不过一旦'悟出'，便会得上一种怪病。嘻嘻。"女儿若明若暗的话倒使爸爸更加欲知究竟了，他笑笑说："不会是逍遥派师祖留下的'珍珑棋局'吧，哈哈！"妈妈也走过来问道："什么意思？"常璎不大情愿地说："权力不用，过期作废。"

父亲的脸沉下来了，重重地说："别胡来，啊！"说罢转身上楼去了。妈妈却不以为然地说："不用你管，我找小李子去办。"

高考的压力波使许多高中学生和家长的心都沉甸甸的，但传到高一或初中那里还是衰减了许多。这天周六，夏莹、秋成又来到馆爷家，扫扫院子，浇浇花草，又到屋里忙着擦拭桌子。馆爷一边夸他们勤快一边问："春妮怎么没一起来呀？"夏莹一边整理着桌子一边说："去她姥姥家送点心了，一会儿就会来的。"说话间抬头看到墙上挂着一个条状的东西，上面还系着一块红布，便好奇地问："爷爷，那是什么物件儿呀？"秋成走过来一看，呵呵一笑说："翻馍劈儿，没见过？翻馍劈儿者，中原炊具也。宽窄寸许，长有尺余，简单铁匠制品也。"夏莹一听，不由得笑着说："哈哈，我还以为是什么宝贝呢，那么景仰，还系着红布。爷爷要收藏文物吧？"馆爷握着紫砂壶微笑着说："那是我母亲用过的。另外它也留给我一些酸甜苦辣的故事，就保存下来做个纪念了。"

故事，还"酸甜苦辣"？一听，两个孩子就来了兴致，便要馆爷讲给他们听。馆爷坐下，慢慢地饮了两口茶，便说了起来：

"几十年前，农村生活条件很差，许多人常年吃不饱肚子，白面更是比如今的脑白金还金贵。只有来了贵客，家里才舍得烙油馍招待。我还小，记得母亲蹲在正屋旁边的小草屋——当地人叫灶火——里，用鏊子耐心地烙着。先在鏊子上绕着圈儿浇上香油，用翻馍劈儿慢慢摊开，然后放上加有葱花、食盐等调料的白面饼。为了让大饼两面均匀受热，需要不断地用翻馍劈儿来回翻转。翻馍劈儿，也许就是由此得名的。慢慢地，大饼由乳白变成金黄，母亲便又在上面放些油，从饼的褶皱里渗进去。翻馍劈儿响声连连，鏊子上嗤嗤作响，热气腾腾，香味扑鼻，老远就能闻到那诱人的甜美味道。好多道类似的工序之后，烙成的油馍外焦里嫩，香甜可口，所以，烙油馍也是农家主妇待人厚道、精明能干的象征之一。

"我站在旁边静静地看着，口水不知咽了多少次。母亲把油馍切成许多扇形小片，放在盘子里。麻利地抽出一小块儿，放在小碗里递给我，小声说：'到院子里吃去，别进屋。记住了。'

"长大了才明白，母亲把油馍切成片，不只是为了方便食用，也是便于'做个手脚'，留下一块儿。她知道，那年头油馍是绝不会剩下的，自己可以不吃，但要保证孩子有一块儿，哪怕很小。

"进城了，吃过山珍美味、海鲜佳肴，并没有留下多深的印象，唯有那母亲烙的油馍，让我终生不忘。至今，每每触摸那翻馍劈儿，似乎还能感到浓郁的香味和母爱的温暖！"

两个孩子托着下巴仔细听着，看到馆爷老花镜后面闪动着泪花。夏莹插话道："爷爷，这段故事的确'酸甜'，还有'苦辣'的吗？嘻嘻。"

"哈哈。"老人平静了一下说，"那就再说一段辣的吧！"

"我读完了高三，照过了毕业相，还平生第一次参加了体检。医生满脸严肃地命令我们逐个闻过两个瓶子，然后问：哪个是醋？哈哈，简直是游戏，当时觉着好玩极了儿！

"突然，一天早上，喇叭里大声嚷着：开展文化大革命了。咳，这一革就是好几年，结果连高考考场的门朝哪边儿开都没看到，就回家种地去了。呵呵。

"当时，农村的文化生活可谓十三分的贫乏。村上最热闹的场面就是谁家娶媳妇或者来了说书（坠子）的。所以，田间地头的笑话，就是珍贵的娱乐。有个二伯，念过几年私塾，小伙子们常缠着他讲笑话，还给敬烟呢。当然，只能是手卷的'小喇叭'。至今，偶尔想起，还暗自发笑。记得一个笑话是：

"从前有个男子，好吃懒做，穷困潦倒，急于发财，竟想到了截路（打劫）。于是，傍晚时分坐在路边，有人过来便厉声喝道：'要，要，要命，留下钱！要钱，钱，钱，留，留下命！'路人大惊，不知所措。男子又不慌不忙地坐在那里催促说：'还要我站起来吗？嗯？'路人只好放下身上值钱的东西，慌忙逃命。

"一连几次，屡试不爽，男子很为自己的演技得意。这天过来一位教书先生，男子又照样念了一遍台词。先生抬头一看：那人稳坐路旁，两眼圆睁，背后斜插着一把宝剑，两块红布从剑柄直垂下来。不由得心中大惊，可又不甘心把一年的坐馆薪酬白白送上。于是拱手施礼道：'好汉，有话好说，在下有礼了。'说着上前两步，同时偷偷观察。男子又说：'快拿，拿——拿钱！还要我亮，亮——亮亮家伙吗？'说话间，先生看到那男子一只鞋子外翻，严重磨损，乃时常侧着脚背走路所致；再看那剑柄也细得反常，于是伸出双手上前一步说：'要站起来吗？'那男子竟然习惯地说：'扶我一把。'先生又顺手抽出那人的'宝剑'说：'亮亮家伙吧！'不料男子一瘸一拐地伸着手叫道：'给我，给我！那是借俺嫂子的翻馍劈儿！'"

两个孩子笑得前仰后合，好一阵儿才停下来。夏莹又轻声说："这春妮怎么了，咋还不回来呀。"

再说春妮，从姥姥家出来就急忙骑车往馆爷家赶。骑到建筑工地时，见一辆警车停在路旁，不远的地方还围着一堆人，比比画画地说着什么，便推着车子，好奇地凑了过去。

一个身穿制服的警察问："钢筋是什么时候丢的？"

冬毅在背心上擦了擦手汗赶紧回答："应该是昨天晚上。"

"谁值班？"公安又问。

"我。"冬毅答道。

"本来是我的班儿。"一个三十多岁的高个男子补充说，"孩子发烧了，没来得及从医院赶回来。"

"连老堆儿都看不好，就他妈的知道领工钱！"一个中年人气呼呼地骂着，看样子是工头儿了。

警察绕着临时房转了一圈，弯腰仔细看了看屋后被挖开的窟窿，又顺着一些痕迹一直走到铁丝网围墙边上。痕迹终点的不远处，还有拖拉机碾过的印子。警察合上本子，然后指着男子和冬毅说："你们两个谁跟我去所里做一下笔录！"

一个看热闹的耸耸肩膀说："这就要进去喽！"

高个男子一听，不由自主地后退一步没有作声。冬毅看着公安低声说："我，我去吧。"

"老二！"突然有个女的大声嚷道："你去。你去呀！"

说话的人，三十来岁，满头大汗，怀里还抱着个孩子。那是高个男子的媳妇，听说工地上出了事，刚从家里赶来。本来她小名叫菡，身强力壮，不怕吃苦，待人厚道，婆婆就说这媳妇有点儿憨。比如邻居家的母鸡跑到她家下了蛋，她会东家西家地问，把蛋还给人家，可她家的鸡丢了蛋，却从不去邻居家打听。

慢慢地人们就叫她"憨嫂"了。

老二看着憨嫂支吾着："我，我？——孩子还发着烧呢。"憨嫂又大声说："冬毅兄弟还要上学，考大学呢！你去。又不是你偷的，怕啥！"

老二不情愿地朝警车挪动着脚步。憨嫂又推开人群走近对他说："到那儿说话前要拍拍良心，该咋着咋着。记住——拍良心！"

冬毅紧跟着公安上了警车，回过头来喊："憨嫂，回去先别给俺娘说。我们很快就回来的。"

"那孩子也可怜，这还怎么考大学呀？"

"不知道吗，黄鼠狼专咬病鸡儿！"两个看热闹的边走边说。

春妮不知如何是好，连忙骑车向馆爷家奔去。

馆爷家里。夏莹和秋成一连听了两个故事，可春妮还没来，夏莹就朝关老先生说："爷爷，甜的、辣的都说过了，那'苦'的是什么样儿呀？"不料一句话把馆爷带回了几十年前，老人的脸色似乎也变得沉重起来。"想听吗？"馆爷轻轻地说，"是有些苦涩，不过你们这些孩子知道一些也有好处。"

"那是几十年前的一段时间，后来人们都习惯地叫作'特殊时期'。当时，'读书无用'的思想很时髦。一天，一位局长到一所高中作报告，在深入系统地批判了一阵之后，画龙点睛般地严肃指出：'像你们这些学生，上了几年学，连个翻馍劈儿也不会打。啊！这个，这个，啊！真是老师反动，学生无用！'一石激起千重浪，会场上的学生纷纷小声议论：'啊！反动？老师们？''真的耶，我还真不会打翻馍劈儿呢。''废话！学打铁到铁匠铺去，来上高中干吗？'更多的学生则是敢怒而不敢言。坐在局长身边的校领导连忙敲着桌子说：'安静，安静！会后再讨论。'

"那年间，领导讲话群众讨论，比女人与生孩子更具逻辑相关性。下午，局长参加高三班的讨论会。同学们带上各自的椅子坐成一圈儿，一群不知生活深浅的年轻人还不时相互嬉戏着。年轻秘书把局长安排在一张课桌旁边，自己打开一个红色的硬皮记录本。

"讨论了，一连几个同学都是把从报纸上摘录的话组装在一起，快速地念了一遍。更明显的是两三个发言稿里，'是可忍，孰不可忍'都是高频词。大概是他们觉着这句话毕竟算是文言文，还有些用处。

"过了一会儿，局长满脸堆笑，引导说：'同学们，这个，这个，啊——结合点儿实际就更好了。'一阵沉寂，同学们有些为难。心想：老师们，平时不是

x、y，就是加速度、分子式，这些与反动还真不好结合呢。'

"又过了一会儿，一个张姓男生要发言。那是个拿着三角板画圆——没正形的主儿，班里有名的活宝。'听了领导的报告，我认识到了错误教育路线及其执行者的反动。'那家伙面对椅背儿坐在，不，应该是骑在椅子上说，"更认识到了打翻馍劈儿的重要性。'后面的这句话和他的坐姿一样，让人觉着有点儿滑稽，两个女生忍不住低声笑了起来。'其实，我就跟着王铁匠学过打翻馍劈儿的，还卖过两次呢。嘻嘻。可老师却对我说：别不务正业。'

"局长眼睛一亮说：'说说，说说。典型啊！说细点儿。'

"张同学并没有在意领导的鼓励，接着说：'后来，一个苏联人看到了，用半生不熟的中国话一个劲儿地说：好，好，好一个直升机螺旋桨造型，还说要订购几个大一些的。我和师傅一起打了三天三夜，总算打了几个大个儿的。'

"'后来呢？'局长有些着急地问。

"张同学愤愤地说：'可他又不要了！白费了我师父几十斤好铁。'

"几个男生一起哈哈大笑起来：'可惜呀，差一点儿就弄到外汇了。哈哈！'有的还晃动着胳膊直叫：'强烈要求开设翻馍劈儿打制工艺理论课！'引得全场哄堂大笑。

"秘书轻轻地碰了一下碰局长，在耳边低声说：'不对劲儿。那小子是讽刺吧？怎么办？'局长却头也没扭，不动声色地说：'怎么办，就按里通苏修，不，里通外国办。查！'

"第二天，张同学就被通知：'深刻检查，书面的！'可那家伙心想，不就是句玩笑吗，检查？还要深刻？嘻嘻，至于吗。可是，他万万没有想到。

"几天后的一个晚上，美丽的月亮在云层中慢慢地移动，时隐时现，弄得男生宿舍的前面，一会儿黑下来，一会儿又亮起来，谁也无法知道明天是什么天气。宿舍里，几个同学不知从哪儿弄了副扑克，本来这东西在高三学生里几乎绝迹了。张同学兴高采烈地出着牌，输了就拿出心爱的单词本撕下一张贴在脸上。一个同学说：'你疯了，单词本也不要了？'小张却大大咧咧地说：'用不着了。反正我已经会打翻馍劈儿了。嘻嘻。'大个儿同学听罢，一阵心酸，暗想：难道以后真的不要读书了？

"突然，几个身穿白色上衣的人出现在门口，有人叫道：'张同学！谁是姓张的？''公安局的，抓人？'大个儿立刻明白了几分，拉着两个同学冲到门口，把小张挡在身后。

"'干什么?'学生们问。

"'你，攻击领导，并有里通苏修嫌疑，奉上级指示，执行逮——啊，执行审查!'那人左手拿着一张纸，右手指着小张说。

"'是因为翻馍劈儿的事吗?'

"'讨论会上，我们也说翻馍劈儿了，为什么只要他一个人去?'

"'我们也去。做证明!'

"'……'

"几个同学挽着胳膊，挡在门口，努力争辩着。

"'姓张的，出来!'警察又叫道，一个人还掏出了手枪，斜对着上空，好像要鸣枪示警! 旁边两个警察指着门口的几个学生说:'真想去? 要不你们也一起去!'

"张同学一把扯去脸上的纸条，顺手背上书包，大声说:'是我。与他们无关! 一人做事一人当!'说着伸手分开两个同学，挤了出去。接着，只见银色的手铐在月下寒光一闪。

"'翻馍劈儿! 不学，不学! 老子就不学打翻馍劈儿!'那小张像一头受伤的狮子愤怒地大叫着。几个人推着他飞快地向学校大门跑去，模模糊糊的路上留下一声声嘶哑的喊声。

"大个儿一拳打在宿舍门上，狠狠地说:'怎么会这样!'然后，一头扑在被子上呜呜地哭了起来。"

"后来呢?"夏莹焦急地问。馆爷迟疑许久没有回答，却所答非所问地说:"这些故事本是为俺孙子准备的。可他现在还不知道在哪儿玩儿呢，迟迟不来家里报到，就先说给你们了。哈哈!"秋成说道:"不吃亏的，我们不也叫您爷爷吗? 哈哈，还是四个呢! 春夏秋冬都叫您爷爷。"又看着馆爷好奇地问，"您是想告诉他些什么呢?"

"啊，"馆爷认真地说，"要他常怀感恩之心，孝敬父母，父母之爱是无穷大; 凭本事吃饭，不弄虚作假，没有实力连劫道都不灵的; 第三，实事求是，凭心评判，不要追风，否则轻则闹出笑话，重则伤人害己!

"啊，再有就是在他懂事的时候，亲自把翻馍劈儿交给他。"

夏莹正要说话，突然春妮慌慌张张地闯进屋来，气喘吁吁地说:"不好了，抓走了! 警察把他抓走了!"秋成笑笑说:"你也听到了? 干吗不进来听呀?""不，是，冬毅被警察带派出所去了!"春妮又着急地说。

夏莹霍地站了起来问："为什么？怎么了？"

春妮把她看到的简单说了一遍，无奈地看着馆爷。关先生放下茶壶，慢慢地站起来安慰孩子们："别着急。相信冬毅不会偷东西，事情会弄明白的。"春妮走过来，挽住含着泪花的夏莹，静静地站着。馆爷又说："冬毅那样做是对的。你们慢慢长大了，也要学会担当。担当！"

回家的路上，秋成推说有事，告别夏莹、春妮独自向南大街去了。走进邮局，慢慢地走近常璎的位置，佯装办事压低声音把冬毅的事情告诉了她。最后说："鞠姐，相信冬毅绝不会偷东西的。请你……"没等秋成说完，常璎就明白了他的意思，轻轻地对他说："知道了——我这就去打听打听。你先回去吧。"秋成缓缓地走出邮局，回头看见她正匆匆地向后院走去。

再说冬毅他们被带到派出所，在一间简单的小屋里做完笔录，冬毅签了字，二哥也在警察指着的地方捺了手印。"等一会儿。"说罢，警察就走了。冬毅不安地来回走着，二哥哭丧着脸，呆呆地坐在椅子上。

过了好一会儿，一阵脚步声后，听见屋外有人说："常璎姑娘，他们在这屋。"话音刚落，常璎背着个棕色皮包走了进来。冬毅连忙转过身来说："鞠姐姐，你怎么来了""秋成告诉我的。"常璎看着冬毅关切地问："怎么样了？"冬毅只说做过笔录后，一直让在这儿等着，不知道下面怎么着呢。常璎松了口气，从包里拿出一袋包子和两瓶矿泉水放在桌子上说："先吃点儿吧。"冬毅也顾不得客气，说了声："谢谢姐姐。"把包子朝二哥一推，两个人便吃了起来。

常璎向门外看了看，回头小声说："我打听到，今天凌晨，交通大队在公路上例行检查时，发现一辆拖拉机快到检查站时停了一下，竟朝公路下的小路开去。检查人员觉着可疑，就拦下盘问。车上的两个人支支吾吾，说不清楚，就被扣下来了。车上真有两捆钢筋呢。"冬毅兴奋地说："真的？"二哥也咽了一口食物说："我认识俺们工地的钢筋，上面用油漆做过记号的。刚才也给警察大哥说了。"二哥又对冬毅说："还是您憨嫂教给我的。俺家的小鸡全都染成了红屁股，老远就能看得见。"冬毅把最后一个包子递给二哥，转身感激地看着常璎，常璎又安慰他说："好像他们正在调查，如果真是你们的，事情就好办了。"说着掏出两张纸巾递给冬毅，然后轻轻地摆摆手："别着急啊！我再去打听一下。"说着转身走出了屋子。

下午，工地派人来说，派出所通知他们钢筋找到了，赶快把人领回去。工头带着二哥要去拉回钢筋，二哥则嘱咐冬毅回去陪憨嫂给孩子看病。冬毅走出派出所大门，秋成、夏莹和春妮便跑了过来。"急死人了!"夏莹高兴得两眼热泪。秋成则埋怨着："我们上午就来过，可那位守门的警察老叔叔说我们'小朋友'不能进去。哈哈。小朋友？气煞我也!"说着一把搂住了冬毅。

傍晚，城关镇医院。急诊室里挤满了人，冬毅陪着憨嫂给孩子排队就诊。一位年长的医生一边包扎一边问病人怎么伤的。年轻人有点儿不好意思地说，为了一张十元假钞和人动了手；另一个农民工说是黑心老板不给工资，还让保安把他推出门外，摔在了台阶上。医生叹了口气调侃道："昨天是黑色星期五，按说今天不该这样的，可不少人还是像中了病毒一样。如果常去精神科看看，多些宽容，少些浮躁，也许就不会有这么多外伤了。"另一个年轻医生却说："有些事不好说清楚，刚才路上就看到几个人在争吵。好像是一个老太太摔倒了，骑车人路过扶她起来，老太太的儿子硬说是骑车人撞的，要讨个说法。旁边一个人更怪，在谆谆教导骑车人：'哥们儿，活你的该。谁让你扶人家呢?'"医生轻轻搀起病人后又自言自语："是呀。你说，这话主谓宾语法都对，可意思咋那么别扭呢？不知道算不算病句?"逗得周围的人都笑了。

轮到憨嫂了。医生说孩子没有大碍，打了退烧针，取了几包药，憨嫂抱着孩子坐上架子车，冬毅拉着往回走。

钢筋找到了，孩子退烧了，憨嫂心情好起来了，左手揽着入睡的孩子，右手又轻轻地拍起自己的左胸来。冬毅问："嫂子，干吗呢?""拍良心! 上中学时学的。"憨嫂得意地回答。接着便主动地给冬毅讲了起来：

"我上中学时，有个老师姓张，叫——什么来着？听说他年轻上学时，为了同学们免受牵连和折腾，就自己去坐了一次牢。后来平反时让他去工厂工作，他摇摇头；让他去机关，他还是摇头。说他在监狱里悟出一种心理体操——拍良心：经常轻拍胸部，可行滞化瘀，平抑私欲，修身养性，健身养生。他要去教学，把'拍良心'教给更多的孩子们。

"后来我成家了，学的字忘了不少，那老师的名字也记不起来了，但是'拍良心'还记得清清楚楚。没事时就拍良心，感觉还好。拍拍良心，做事基本上不会有大的偏差。只是有些人不信，俺婆婆就常说我'憨样儿'。哈哈。要不人们都叫我'憨嫂'呢。"

这正是：

中华民族礼仪邦，金诚信兮银善良。

先拍良心后做事，谁道憨嫂不榜样！

冬毅拉着架子车，走着想着：憨嫂真的是"憨"吗？回到家里，再也无暇思索，便一头扎进了复习题里。

欲知后事如何，且听下回分解。

第二十五回
输入输出多媒体，青山澧水古县衙

高考终于过去了，可那漫长的复习过程和紧张的考试场面却让人终生难忘。这天早上，冬毅也破例奖励了一下自己，睡了个懒觉，醒来后还枕着双手静静地回忆着。

记得高考那天，昆阳中学门前的马路上，站满了警察和保安，只有拿着准考证的学生和紧随其后的家长才能通过。小汽车、拖拉机和自行车在路边杂乱地摆了一大片。一个中年男子拉着一辆装满青菜的架子车，被拦在路旁。警察请他绕行，男子不大情愿地说："大路朝天，一人半边，为什么不让我过。"警察先是认认真真地敬了个礼，然后指着考生们笑笑说："大哥，你看，他们虽不是进京赶考，也算是咱县的举子不是，今儿咱就给孩子们行个方便吧。"男子听了爽朗地一笑，回头朝车上的媳妇说："他娘，听见了吧，回去咱也好好让孩子读书，赶明儿也当一次举子。哈哈。绕——"

家长们提着水果、点心、水杯、饮料，有的还抱着氧气袋。他们紧紧地护着孩子，好像生怕被"拍花子"的拐走似的，嘴里还反复地叮嘱着……

过了一会儿，冬毅坐起身来，暗自好笑："还想这些干什么。"跳下床来，胡乱地洗了把脸，拿起靠在墙上的锄头朝菜地走去。这时候他才知道，原来等待通知并不比在考场考试的滋味好多少。如果说考试是烧烤的话，那等待或许就是煎熬了。

来到地里，冬毅尽力控制着自己，可怎么也静不下心来。虽然手里握着锄头，却忍不住时不时地朝学校方向看看，看是不是有人来送通知书。忽然听到："冬毅！"秋成叫着，停好车子朝冬毅跑过来。他弯下腰去，好奇地辨认着垄上的菜苗，突然大笑起来："老兄，你也会心不在焉呀。怎么把菜苗和草棵一起给问斩了。"说罢又拉着冬毅说："走吧，就怕你心烦，夏莹和春妮让我来找你去馆爷家玩儿。"

馆爷家大门口，夏莹拉着春妮的胳膊在看墙上的板报。其实她并没有看究竟写了些什么，心里倒是惦记着冬毅高考后的情况，听到车铃响，连忙迎了过去。夏莹急切地问冬毅："考得怎么样？还好吧？"冬毅一脸腼腆地说："还行吧。会做的都做了，也有个别题没把握，失误还不算多。"夏莹并不看冬毅，只是轻轻地说："那应该是不错的。休息休息，等好消息吧！"

几个小朋友进到屋里，见馆爷正坐在沙发上抱着笔记本电脑整理照片。春妮弯下腰去看了一眼说："爷爷挺潮的嘛，在做相册呢，多媒体的！"馆爷笑着招呼孩子们，夏莹却逗她说："妮儿啊，你知道啥是多媒体吗？"春妮不服气："小莹子你小瞧人。咱老师上课用的不就是多媒体吗？图片，音乐，还有字儿，偶尔还有动画、电影。"秋成却认真地说："不会那么简单吧？还是请爷爷说说吧。"

这关老先生是个典型的老牌儿知识分子，但凡年轻人的问题都会尽力解释，甚至会主动"坦白"。对他来说，这好像既是一种责任又是一种习惯。听秋成一说，自然又习惯地讲了起来。

"春妮对多媒体的理解没有错。"馆爷轻咳一声说，"不过要说多媒体，先要了解什么是媒体。"秋成连忙插话说："媒体？就是报纸、杂志、电视、广播，对，还有小广告。"

馆爷却说："秋成说的是社会意义上的媒体。计算机领域里的媒体有两层含义：一是指存储信息的实体，也叫介质，如磁盘、光盘、磁带、半导体存储器等；二是指信息的载体，如数字、文字、声音、图形、图像、音频、视频等。多媒体中的'媒体'主要是指后者，前者则称为存储媒体。

"所以，多媒体是指能够同时获取、处理、编辑、存储和展示两种以上不同类型媒体信息，如文字、声音、图形等，并能将它们集成为具有交互性能系统的技术。"馆爷一字一句刚刚说完，秋成连忙说："爷爷，慢点儿。这讨厌的定义这么长，别累着您了。嘻嘻。"关老先生喘了口气说："搞技术的人就喜欢这样。不过没关系，咱也不考试，理解就行了。现在，我也很难背出自由落体的定义了，但早就知道：拿着碗不能松手，否则会'自由落体'摔碎的。"逗得孩子们都笑了起来。

馆爷又接着说："多媒体有许多令人兴奋的特点：数字化、集成性、交互性、实时性、多样性等，集成性和交互性则是它的精髓。"

　　"交互性？"秋成瞪大了眼睛问道。"对。交互性。"馆爷点点头说，"通俗点儿说，交互就是媒体或系统与用户之间的信息传递。比如你在看电视：光明顶上，但见空性大师挥动龙爪手，上下翻飞，来势凶猛，逼得张无忌只好借助于轻功左右躲闪。无忌暗想：这少林高僧，功夫了得，只能用乾坤大挪移法方可取胜。于是后发制人，伸手便向空性太阳穴打将过去！"夏莹扑哧一笑："爷爷，您讲的什么呀？""电视剧《倚天屠龙记》呀！没看过？"秋成很自豪地说。馆爷接着说："突然，电视台却不紧不慢地放起了广告：今年爸妈不收礼，收礼只收XY。我们干着急也没用，因为观众无法改变节目播放顺序。而 PPT 课件却不同，用户可以随意挑选播放的内容。我们说：后者就具有交互性，而电视却没有。"

　　听到这里，一直站在秋成后面的冬毅小声说："啊，是这个道理。原来也没有注意。"馆爷连忙转向冬毅，简单询问了他高考的情况，然后高兴地说："我们冬毅也许就要进城上大学喽！"冬毅红着脸说："还不一定能考上呢。不过我想先准备一下礼物，如果去了好和同学们交流。"秋成看着冬毅，朝自己胸前一拍说："没问题，礼物包在兄弟身上。昆阳烩面、张集儿馍馍、湛河鸭蛋、马湾白桃、任天岗的红薯，管叫他们吃了美得忘了姓什么。"秋成如相声《报菜名》一般一口气说了好多，还得意地看着冬毅问："怎么样，够份儿的吧？"冬毅笑笑没说话，夏莹却说："够份儿，却不怎么样。""这么丰富了！哎——为什么？"秋成一脸委屈地反问。夏莹又带点儿不屑的口气说："为什么，有点儿俗。不是去送礼呀！"冬毅顺势说："我想做个多媒体——我的故乡，介绍昆阳风貌和高中母校，还有老师和朋友，也便于携带。"老先生眼睛一亮，点点头，起身打开桌子上的机器说："Win7 中的 DVD Maker 就比较方便。冬毅，要试试吗？"冬毅点点头，坐下试着操作起来。

　　馆爷回到沙发前，还没坐稳，夏莹就着急地问："爷爷，您刚才说的什么'美克儿'是什么呀？""啊。DVD Maker。"老先生说，"是 Win7 操作系统自带的一个软件，可以把照片、视频、音乐等组织在一起，做成 DVD 光盘，方便和亲朋好友一起分享。等一会儿，你们可以一起玩玩儿冬毅制作的光盘。"夏莹做出不高兴的样子："冬毅还没上大学呢，爷爷您就开始偏心了。"秋成和春妮也都笑了起来。

　　馆爷爽朗地笑着："那我只好补偿一下了——给你们说说多媒体——不让冬毅听。好了吧。哈哈！其实，多媒体的出现是人们的需求和技术的发展共同促成的。人们曾希望文字'栩栩如生'，文章'图文并茂'，而现在的计算机用户更是越来越苛求，他们要求同时以不同的形式查看信息，那就是多媒体。冬毅希望用光盘和新的朋友交流，也说明这种需求就在我们身边。"春妮冷不丁地插话说："是呀，既方便又雅致，比秋成说的红薯呀、馍馍呀，嘻嘻，好多了！"秋成却调侃春妮道："本来还打算让你去姥姥家拿些花生回来呢。这么赞成用多媒体，不会是舍不得花生吧？哈哈。"

馆爷稍作停顿，说："了解不同媒体在计算机里的存储方式对使用多媒体是有益的。首先是图，图是多媒体的重要组成要素，占人类处理信息的七成以上。图分为图像和图形两类。

"图像，也叫位图或点阵图，用若干行、列的点组成的阵列表示，每个点叫作一个像素。位图适合于表现层次和色彩比较丰富、包含大量细节的图像。缺点是当图像放大到一定程度时，会变得模糊。

"图形，一般指用计算机绘制的画面。它不是用点阵表示画面的组成部分，而是用数学公式表示像点、直线、多边形、曲线等成分。比如，用起点和终点的坐标等表示直线及其宽度、颜色等。因此称为矢量图。显示图形时，需要专门的软件解释这些公式，将它们转换为屏幕上显示的形状和颜色。其优点是占用容量较小，可以随意放大而不改变清晰度。计算机里有些汉字就是矢量图形，无论大小都很清楚，连笔锋都能看得见。"

夏莹双手拖着小脸认真地听着，突然轻声说："颜色，图的颜色怎么表示呀？"

"对，颜色。"关先生环视了一下孩子们说，"还记得编码吧？可以用编码表示一个像素的颜色，这些编码的位数叫作图像的颜色深度。深度为 1 位可表示黑白的单色图像，8 位可表示 256 种颜色，24 位则可以表示 1 670 多万种颜色，人眼能看到的颜色也就这么多了，所以人们把它称为真彩色。同样道理，矢量图形也可以用一定的编码记录图形组成元素的颜色信息。所以能看到图形和图像绚丽、逼真的颜色。"

夏莹高兴地拍了一下手叫道："太好了！有了图片就可以弄成电影了，利用视觉暂留，书上说的。""对。当一幅画面或者一个物体的影像消失后，在眼睛视网膜上留下的映像还能保留 1/24 秒的时间。这就是视觉暂留现象。"馆爷点点头说，"电影和动画就是利用视觉暂留，快速地将一连串的图显示出来，并在每一张图中做些小小的改变，比如造型或位置，就可以给眼睛造成动画的感觉了。三个小和尚就能抬水了，哈哈。"春妮吃惊地说："那得画多少画儿呀！"秋成在一旁说："老土了不是？现在已经有许多绘图软件可以画图了，还能做成电影呢。要不，你能看到恐龙吗？"夏莹又在旁边碰了一下春妮，小声说："赶明儿我们找个软件，对，Flash，做个动画，让秋成给我们拜年——让他慢慢地弯下腰去，三鞠躬。哈哈。"秋成故意做出豪爽的样子："只要你们能学会，鞠个躬算什么。某——一向为朋友鞠躬尽瘁！嘻嘻。"

听着孩子们以知识为话题的斗嘴，关先生感到好像又回到了少年时期，和他们一起享受着充满夸张、幼稚和幻想的快乐。他喝了一口茶说："图像处理是一门专业学问，将来你们有机会学习和实验。现在，首先要了解一些基础知识，以便正确使用常用的多媒体功能。比如，图文件的常见格式。""格式？"秋成抬头看着馆爷问。

"用户直接看到的图文件格式，就是它们的后缀。还记得文件名中的后缀吗？"馆爷看了一下孩子们，见他们都在点头，就接着说，"像 BMP、TIFF、GIF、JPEG、EPS 等，都是图形、图像文件的后缀。

"AVI、MPEG、MOV、FLV 等是视频文件，就是电影、动画；而 WAVE、MP3、MIDI 等则是音频，就是声音文件。"

馆爷话音刚落，秋成又不失时机地调侃道："小莹子记住了！别看书看累了想听首歌，就去点 doc 文件。哈哈！"夏莹却不慌不忙地说："谢谢！看来你是有过这样的经验了。呵呵。"

几个孩子正在嬉笑，忽听那边的冬毅说："我做得差不多了，你们看看中不中。"关先生慢慢站起身来示意孩子们过去："看看冬毅准备的礼物吧。我休息一会儿。"孩子们连忙围到桌前。

"我插入了几张介绍昆阳的照片，还有咱们学校的、你们各位的照片——作为我的朋友。"冬毅按捺不住试验成功的兴奋对大家说，"最后，插入一段河南坠子视频，也算是咱昆阳文化的一个瑰宝吧。"

秋成着急地打断冬毅，埋怨道："老兄，慢点儿，这样说，大家都丈二和尚了。我们几个刚从关爷爷那里第一次听到那什么'美克儿'，还是初级阶段呢。"

"好，好。"冬毅不好意思地说，"我也不大熟悉，说个大概吧。这个软件叫 DVD Maker。"说着，点击"开始"→"所有程序"，在列表中找到"Windows DVD Maker"，双击打开。出来一个漂亮的窗口，还显示着软件的广告："将数字形式的美好回忆转换为 DVD。"冬毅又单击窗口右下角的"选择照片和视频"按钮，出现"向 DVD 添加照片和视频"窗口，说："单击'添加项目'就可以添加照片和视频了，系统会弹出像资源管理器那样的窗口，供我们选择需要的项目。所添加的项目就是将来刻录在 DVD 上的内容。"（见图 25 – 1）。

冬毅转身看了一下伙伴们，带着征询的口气说："我想放上几张古县衙图片，还有魁星楼、孤石滩水库什么的……"没等冬毅说完，秋成就抢着说："还有咱县的盐都，现代工业呀！"夏莹也连忙插话："母校。母校不能少，秋成你不想忘本吧？""状元桥、教学楼！"春妮也赶紧向前探了一下身子推荐。秋成辩解道："我还想把叶公传说、王莽撵刘秀都刻上呢，不是怕太多嘛。"冬毅低声说："不但不忘本，还不忘友，再把馆爷和你们的照片也放进去。"说着冬毅从优盘上把照片一张一张地添加进来。

图 25 – 1　向 DVD 添加图片和视频窗口

冬毅又单击"下一步"按钮，弹出"准备刻录 DVD"窗口，然后说："许多实际操作都要从这个窗口开始，比如选择菜单样式、确定文档标题、按钮名字等。这些操作完了，单击'更改样式'以保存对项目文档的修改。"（见图 25 – 2）。

听了冬毅的讲解，秋成忍不住拍拍冬毅的肩膀说："老兄，折腾半天了，看看，看看咋样儿。""还没刻录呢，能看吗？"春妮在一旁迟疑地说。冬毅则说："可以预览的，这里有个'预览'按钮，你看。"说着轻轻一点，屏幕上闪过

图 25 – 2　准备刻录窗口

"生成预览"提示之后便播放起来：

首先是一张古县衙照片。春妮叫道："嚯，这个呀！看过十八遍了。"秋成却说："此乃昆阳之标志性建筑也！人说'北有故宫，南有县衙'，县衙之与他乡学子如故宫之与我等矣！新鲜乎，新鲜也！"夏莹拍拍春妮朝秋成讥讽道："愿听之乎者也乎？非也，非也！"一阵笑声之后，秋成又十分认真地说："这明代县衙，据说是全国唯一的现存古县衙建筑，还是一座五品县衙呢！你们看，气势宏伟，风格古朴，几分沧桑，几分典雅，实属罕见！……"（见图 25 – 3）。秋成还要感慨些什么，屏幕上又出现一张照片——戒石铭。"公生明"三个大字，苍劲有力，赫然于碑上。

春妮轻轻地点着照片说："背面是'尔俸尔禄，民膏民脂，下民易虐，上天难欺'，说得还真好！""还有对联呢！记得有一副是'天听民听天视民视，人溺己溺人饥己饥'，不单文字奇特而且爱民立意鲜明。古人的思想也颇了得！"夏莹的话音刚落，秋成就侧身躲在一边打趣道："'颇了得'，哈哈，夏莹姑娘如今也颇文雅了！"夏莹不服气地反驳道："你整天者也之乎，难道我们就不能用个'颇'字吗？语文老师又不是你二舅，只教给你的。"说完又接着玩笑道："这些思想还颇有现实意义，简直是古典的廉政宣言！要不我们建议县政府办个学习班吧。凡新提拔的干部，就职前先到古县衙参观学习，记不住这些箴言、对联者不得上任。哈哈！"一直忙着操作的冬毅，听他们议论也很有感触："还要办另一个班，把这福、那福、房姐、房叔之类的贪官污吏们招进来，教室就用县衙后院的狱房。嘻嘻。""对！收学费，多收点儿，让他们把贪污的财产都吐出来。"春妮也高兴地大声说，好像明天就要由她操办似的。

图 25 – 3　昆阳古县衙

"又一张耶，好美呀。是孤石滩水库吧？"夏莹看着屏幕惊喜地叫道。春妮又指着屏幕很自豪地说："那是水库中的孤石，我跟舅舅去过。山清水秀，湖光山色，空气清新，美不胜收。还有许多动人的传说呢！"（见图 25 – 4）。"哎，"秋成拍拍冬毅的肩膀补充，"老兄，有空了搜集一些。到大学里，'卧谈会'上也讲给他们听听。"春妮撇了撇嘴小声说："又忽悠人，有座谈会，没听说过'卧谈会'。"冬毅抬起头认真地说："有的，有的！听说大学里，室友们常喜欢睡觉前躺在被窝里，交流新闻趣事，山南海北，五花八门。还定义了个高雅的学术名字：卧谈会。"

春妮推了推冬毅说："哎，让他们也看看咱们学校。"冬毅连忙点击菜单，屏幕上闪过"状元桥"和"奋飞"雕塑几张图片。一旁的夏莹却耸了耸肩膀说："这些照片确实很美，也寄托着家长和老师们的殷切期望。不过，我想城里的大学生们不会多感兴趣。因为像这样的小桥和塑像，城里的街道和公园里到处都是。"

图 25 - 4　孤石滩水库中的孤石

夏莹突然好像想起了什么，转身朝关老先生说："爷爷，听说老昆阳完中院里有座木桥，您见过吗？"

老先生拿起紫砂壶走了过来："呵呵，何止见过，是历历在目哟！当年的昆阳完中，一条小河横贯校园，河上架着一座不大的木桥。两排碗口粗的木桩深深地插进河床，支撑着许多横梁。桥面是用好多并不规则的木板拼成的，两边是用木棍架起的栏杆。所有连接处都钉着硕大的抓丁。抓丁很有意思，活像一个方括号，两端钉进木头，吃力地固定着它们。走在桥上，颤颤悠悠，砰砰作响。习惯了，我们还故意随着桥身的颤动扭着身子，不但没有丝毫的害怕，倒是贪婪地享受着那天然的秋千。

"南岸桥头有棵老柳树，根深叶茂，细软的枝条向下垂着。每当过桥，我们都喜欢摘下一片柳叶，放在嘴里吹出不成调子的声音。"

老先生似乎已深深地沉醉在对青年时代的回忆中，不由得感慨一声："那不是木桥，而是一件艺术品；垂柳、桃花、小桥、流水，活生生一幅古画！题目嘛——"

"世外桃源！"秋成脱口应道。先生轻轻地摇摇头说："昆阳梦园，好吗？因为多少昆阳学子的梦，就是从那里开始的。"

"爷爷，您有那桥的照片吗？"夏莹急切地问道，没等老人回答又说，"放在网上，说不定会有人以为是'叶公故居'，要带着帐篷来考察呢。哈哈！"老人苦笑一下说："很遗憾！那年头我们到了中学毕业时才第一次照相，哪像你们现在，喜欢了连'齐脚牙（蒲公英）'也要掏出手机照几张。"

这时候屏幕上又出现了展示昆阳特产的照片，接着依次是馆爷、秋成、夏莹、春妮的照片。一阵争论和嬉笑之后，夏莹认真地说："冬毅，那些照片不错，只是干巴巴地播放，有些单调。要是配上音乐或文字说明就好了。"冬毅有些不好意思地说："加上背景音乐还行，DVD Maker 有这个功能。可在图片上注释文字我还不会。"站在后面的馆爷鼓励说："不难，你们一会儿就能学会的。Windows 操作系统的附件里有个画图程序，你们试试看。"

夏莹听罢向前挪了一步，冬毅立刻会意，起身让开。

夏莹坐下，依次单击"开始"→"所有程序"→"附件"→"画图"，屏幕上立刻显出画图程序的页面。看着那么多的图标，她迟疑片刻，便把光标拖到图标上，立刻显示出两行简短的说明。秋成见状不禁赞叹："小莹子真聪明！也学了一招。"夏莹头也不回微笑着说："非也，非也！不这样做才叫笨呢。"夏莹浏览了主要图标的功能后，又点击页面右上角的问号状图标。"对。'帮助'！"心中一直为夏莹的冰雪聪明惊讶的冬毅也忍不住说。大家浏览了一阵，秋成催促说："那么多，以后再看吧。先试试添加文字，试试！"

夏莹抬起头看了一下冬毅："找一张照片，先拿秋成'开刀'。"秋成"啊"了一声，做了个鬼脸儿。冬毅说出优盘上存放照片的路径，夏莹在页面左上角的"画图"图标上纤指一点，打开。春妮也看出了门道："哈哈，秋成，秋成的照片。"冬毅在秋成的耳边低声说："兄弟这一张最帅，我费了好大工夫才找到的。"秋成也得意说："咱的照片，随便一张也是亚刘德华级的。"春妮扑哧一声笑了，夏莹不紧不慢地说："真够谦虚的啦。不过你让我们知道了什么叫'自恋'，呵呵。"说着，在"主页"下的"工具"组中单击"A"按钮，又在图片上拖动鼠标，划定添加文字的范围；然后弹出对话框，选定字形、字号，熟练地输入："秋成，字之乎，号者也，人称者也先生，乃莫言路上长跑人也！"秋成一看，故作感动状，大声说道："哎呀，难得，难得！漫漫十几年，小莹子总算鼓励我一次！哈哈。"春妮悄声问夏莹："莹子，颜色是怎么加上去的？"夏莹不无得意地说："输入前，单击'颜色 1'，再从右边的颜色盒中选择一种喜欢的颜色就行了。"

夏莹主动让给春妮操作，秋成在一旁一边来回走着，一边为各张照片拟出了注释。冬毅竖起大拇指称赞："出口成章，像首长对发报员下达命令一样。——秋成将来可以演电影了。"夏莹却又打趣道："要演，也是特务头子，最好再拿个烟斗。哈哈。"

冬毅突然说："该加声音了。"说着回到 DVD Maker 程序，在"准备刻录 DVD"页面，点击"放映幻灯片"项，弹出了"更改幻灯片放映设置"页面。"我想给那些照片加上一段古筝音乐，操作步骤和添加项目差不多。"说罢，又单击"添加音乐"按钮，找了一段古筝《春江花月夜》。然后说："你们看，页面中显示有音乐长度和幻灯片放映两个时间。可以调整每张照片的放映时间，使音乐和放映全部照片所需时间大致相等。"秋成在一旁说："'长木匠，短铁匠'嘛！""木匠、铁匠都上来了，有关系吗？"春妮不解地说。"欸，听我老人家给你讲，"秋成学着老人的样子，咳嗽一声道，"木匠通常把部件做得稍长一些，铁器呢，则稍短一些，以便适应组装需要。因为木头容易锯短，铁器容易延长。这里嘛，改变幻灯的放映时间比较方便。""差不多是这个道理。"冬毅说着，在照片长度对话框里修改了数字，再点击"更改幻灯片放映"按钮。末了，又添加了个视频，说："一段河南坠子！"

一阵操作之后，重新预览：伴随着悠扬的古筝，一张张照片缓缓地从屏幕上掠过。当孤石滩水库出现时，秋成拿起鼠标点击暂停，仔细地看了一会儿，直起身来竟低吟起来："青山不墨千秋画，澧水无弦万古琴！美哉，美哉！难怪，难怪！""又来了，什么呀，酸！"春妮弯腰笑着说。冬毅小声说："这是当年一任县令赞美昆阳风景的佳句。在网上看到过。"

"胡辣汤！哈哈，这也放上去了。"夏莹看着屏幕上的照片叫道。仔细一看，还有红色的注解：胡辣汤者，昆阳名吃也。褐色，糊状，微辣，稍酸；口感奇特，营养丰富。祛风寒，温经络；老少皆宜，物美价廉。温馨提示：望食客切莫食而忘返矣！

冬毅得意地笑了笑，点击菜单选中视频，一段优美的河南坠子响了起来，原来是坠子大师郭永章的经典曲目《十大劝》。秋成不由得拍手叫好："好——！时而激昂，时而舒缓，几分欢快，几分凄婉……妙极，极妙！""语言诙谐，雅俗共享，返本修古，劝善戒恶。"夏莹刚说完，春妮又接话："形式简单，风格淳朴，无须舞台，不，不用报幕，不插广告。哈哈。"

"好嘛，秋成把你们都带成评论家了。"冬毅一边看着视频一边说，"我尊崇的是郭先生的敬业精神，你们看，他手拉坠胡，足蹬脚梆，自拉自唱，高亢酣畅，声情并茂，似乎不是在表演，而是在享受自己的作品。佩服！佩服！"秋成也跟着打趣："而且，不要粉丝签字，从不以露取胜！"一句话逗得大家又哈哈大笑起来。

只有夏莹看着电脑一动不动，若有所思的样子。春妮轻轻地拉了她一下，问："怎么了？不高兴吗？"夏莹说："没什么。我，我在想声音是怎么弄到计算机里去的呢？"春妮转过头朝关先生叫道："爷爷，给我们说说这声音的道理吧。要不，小莹子午饭都会吃不好的。"

"呵呵，是吗？不用废寝忘食的。"关老先生走到桌旁，拿起铅笔顺手画了一条波形曲线，环视了一下大家说："物理课上学过的，声音是随时间变化的空气压力波。你们想，如果把这条声波曲线变成一条虚线，是不是还能看出原来的样子呀？"说着就用橡皮均匀地擦去几个小段。秋成学着老师平时讲课的语气怪怪地说："回答是肯定的。嘻嘻。"

"呵呵，小伙子开始有点儿学术味道了。"关先生拍了一下秋成继续说，"咱们每隔一定的时间就在声音波形上取出一个幅度值，就是高度，这个过程叫采样。同时把相应的幅度用二进制编码表示，这个过程称作量化和编码。这样就可以把一段声波转换成一系列的二进制数了。所以，这样的过程叫作音频的数字化。"夏莹急忙说："也就可以在计算机里存放声音了。哈哈，明白了。"

馆爷微笑着点点头继续说："为保证声音不失真，采样频率应在40kHz左右。可以想见，即使一段不长的声音，也要用很多数去表示，因此需要进行压缩。压缩是一种技术，目的是减少文档的体积，比如10兆的文档，压缩后可能减少成几兆。

"播放声音时，恰与数字化过程相反：把数字转换成不断变化的电流传到扬声器；磁铁随着电流的变化产生振动，发声。这些都是由计算机里配置的声卡和喇叭完成的。"

春妮忽闪着一双大眼睛问："真的？不用录音机了？""真的。计算机里也有录音机的。骗你小狗儿！"夏莹咯咯一笑，故意说了句双关语，意识到有些失言，禁不住伸了伸舌头，捂住了自己的嘴巴。

馆爷却说："这个，真有。不过应该说是录音机功能。Win7操作系统就有个录音机程序。你们试试，挺有意思的。不过算不上专业水平。"说着，先生插好麦克风，单击"开始"→"所有程序"→"附件"→"录音机"，屏幕上弹出一个小小的窗口，又单击"开始录制"按钮。把麦克风放在桌子上小声说："谁先来？唱吧。"

几个小朋友相互看了一下，谁也没有去动麦克风。过了一会儿，夏莹说："秋成同志，来一段儿，银环妈或座山雕的唱段都中啊。"秋成摆摆手说："别客气。女士优先，女士优先嘛。""唱一段儿《红梅赞》！"春妮推了一把夏莹说。夏莹大大方方地拿起麦克风，轻声唱了几句。然后递给秋成："该你了。"突然，春妮小声说："关爷爷当年下过乡，等会儿听听他唱《朝阳沟》怎么样？说不定还真有个类似银环的故事呢！哈哈。"

冬毅害怕大家会让他也来一段儿，就偷偷地单击了"停止录音"按钮，并保存起来；然后拔掉麦克风，双击声音文档，调大声音，桌面上的喇叭突然大声说起话来：

"银环妈或座山雕的唱段都中啊。""女士优先。""红梅花儿开……"哈哈，几个小朋友的声音依次放了出来。冬毅高兴得拍了一下桌子："录音试验成功！耶——"小家伙们听着自己那稍有失真的声音，相互看着一起哈哈大笑。

当放到"说不定还真有个类似银环的故事呢"时，关先生慢慢地走过来："啊，春妮这么老实的姑娘，也说爷爷的'坏话'呀。"春妮红着脸说："我还以为只有拿着麦克风才能录音呢！谁知道都录下来了。""而且全都照样输出来了，'铁证如山'！哈哈！"秋成说着，笑个不停。

听秋成说到输出，冬毅突然想起来，便请求馆爷说："输出。对了，爷爷，给我们说说输出设备吧。"夏莹也说："是呀，我们天天看着显示器，却不知道是怎么显示的。"

馆爷稍加思索，便又解释起来：

"输出设备能使人看见、听到甚至感知计算机处理的结果，所以输出的效果和感受是用户非常在意的事情。不言而喻，看着绚丽的动画、听着立体声音乐，是多么的惬意。正是这些先进的输出技术，使计算机更加方便使用，使我们能够玩游戏、看电影，成了人们工作、生活、娱乐都不可缺少的特殊工具。"

馆爷又接着说："最常用的输出设备是显示器和打印机。了解它们的基本原理和主要性能，有助于顺利地使用。"

"显示器。"馆爷清了一下嗓子，"从显像机理上可分为阴极射线管显示器、液晶显示器和等离子显示器（见图 25 - 5）；从显示的颜色上可分为黑白显示器和彩色显示器。"

馆爷带着几分怀念说：　"唉，CRT 不知伴随我度过了多少实验室岁月啊！——CRT 是阴极射线管（Cathode Ray Tube）的英文缩写，所以有时人们就干脆把它叫作 CRT 了。前些年，微机用的几乎都是 CRT。有一次老师在显示器上捣鼓了一阵儿，竟直播起女排比赛来了。我们几个学生叫道：'显示器变电视了！'老师笑笑说：'它的外形和原理本来就和电视差不多嘛。'

"黑白 CRT 显示器里有一个发射电子束的电子枪，屏幕后面涂有荧光粉，在电子束的撞击下能够发光。荧光层被划分成栅格，每个可被电子束区分的点称为一个像素。控制这些像素是否发光，就可以形成图像。黑白显示器通常只能在黑色背景上显示白色、灰色或琥珀色。

"彩色显示器的工作原理和黑白显示器相同，只是需要三个电子枪。每个像素也包括三个以三角形排列的荧光体，分别是红色、绿色和蓝色，它们也叫子像素。通过控制、组合三种光的强度，可以使屏幕显示不同的颜色。"

夏莹在一旁认真地听着，小声说："就是太重了，个头儿也有点儿大。"秋成则说："放在桌子上还行吧。"夏莹斜看了他一眼说："是呀。要不用 CRT 给你做个笔记本背上试试？就你那像柴鸡一样的身板儿，两天就压成罗锅儿了。""用不着两天的，CRT 往背上一放，罗锅儿立马就出现了。"秋成自嘲道，接着又说，"当年刘墉进京时，如果背上个 CRT 显示器，既能掩盖罗锅儿又能提高技术含量，比背上个斗笠要强多了。"

馆爷听罢也笑了起来："是呀。CRT 显示器价格便宜，但重量沉、体积大、功耗高是它的缺点。哈哈。为了不使我们的秋成变罗锅儿，笔记本就用液晶显示器了，现在台式机也都用了。

"液晶显示器的英文——Liquid Crystal Display 缩写是 LCD。LCD 呈扁平状，内部是分层结构。有一个由荧光物质组成的发光层，还有一个液晶层。液晶层分成许多细小的单元格。液晶受到电场控制可以阻止或允许光线通过，形成需要的图像。彩色也是由红、绿、蓝三色混合而成。"

夏莹似乎听懂了些许，轻轻地点点头。关先生接着说："LCD 的优点是显示清晰、辐射较弱、紧凑便携。当然，价格比 CRT 要贵得多。

"还有一种叫等离子显示器——PDP（Plasma Display Panel）。它的发光原理和日光灯差不多，在两片玻璃中间填充氖、氙等惰性气体，施加电压后产生的紫外线照射红、绿、蓝三基色的荧光粉发出不同的可见光，红、绿、蓝三个发光点对应一个像素，大量的像素排列组成图像。

"PDP 的主要优势是屏幕大、亮度高、色彩鲜艳、画面清晰。目前价格还比较高，主要用于机场、车站、展示会场、学术会议等公共场所的信息显示以及自动监视系统等。"

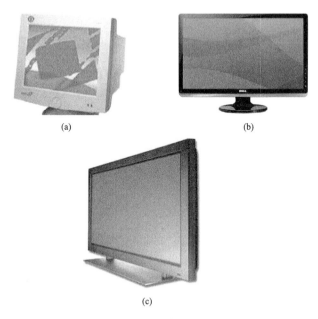

(a)　　　　　　　　(b)

(c)

图 25－5　三种常用的显示器

a. CRT 显示器；b. 液晶显示器；c. 等离子显示器

关老先生停下来，习惯地端起紫砂壶。沉思了好一阵儿的夏莹连忙看着他说："爷爷，大概听懂了些。我理解：三种显示器虽然发光原理不同，但都是控制像素形成图像的，而像素的彩色都是由红绿蓝三基色混合而成的。看来像素是个很重要的概念了。是这样吧？"

馆爷放下水壶，回头高兴地看着夏莹："说得对。像素是图像的最小组成单元，对应屏幕上的一个发光点。它是理解相关概念的基础，自然也是显示器的重要技术指标之一。比如点距，是指组成像素的子像素之间的距离，点距越小显示效果越好。点距一般不大于 0.25 毫米。

"再如分辨率，也是用像素表示的。通常表示为屏幕水平方向像素的个数与垂直方向像素个数之积，如 1024×768、1280×1024、1680×1050 等。分辨率越高，图像显示越清晰。"

冬毅小声问道："我看到操作系统的控制面板上，可以调整显示器的分辨率，是怎么回事？""哦，"馆爷应道，"现在，几乎所有的显示器都可以设置更高的分辨率，因为分辨率是由视频卡控制的。但并非分辨率越高越好，因为分辨率越高，屏幕上的对象，比如文字、图像就会显得越小。所以，一般显示器都会推荐使用某个分辨率，只有有特殊需要时才进行调整。"

秋成在一旁有些着急地说："说说打印机吧，爷爷。"馆爷笑笑说："好，好。不过显示器还有一些指标，比如尺寸，就是大小，应该知道。显示器尺寸用它的对角线的长度表示，单位是英寸，一般是 13 英寸到 24 英寸。其他指标，像视角宽度、刷新频率等，以后你们自己了解吧。"

秋成耸耸肩膀，不以为然地调侃："那些人就爱玩儿邪的，不用长宽表示，偏偏要用对角线。嘻嘻。"馆爷哈哈一笑说："小伙子想得倒是很深刻啊，不过这也是有道理的。起初显示屏幕的长宽比例都是固定的，称为标屏。这样，用对角线一个指标要比用长、宽两个指标表示更方便。后来就形成惯例流传下来了。"夏莹趁机挖苦秋成："者也先生，不能只关注之乎者也，要注意与国际接轨嘛。"

秋成正要反击夏莹，不料馆爷先开了口："再说打印机。打印机是电脑系统最常用的输出设备之一。打印机的输出可以使信息实实在在地拿在手里，方便随时讨论、交流，所以也称为硬拷贝。显示器的输出则称为软拷贝。"

馆爷指着旁边的一个大塑料盒子一样的东西说："这叫喷墨打印机，加上激光打印机，是目前最常用的两种。还有针式打印机、热敏打印机等。

"喷墨打印机的颜料装在墨盒里，有黑白和彩色两种。墨盒上有喷嘴，能朝打印纸喷出带电的墨水雾点，当它们穿过两个带电的偏转板时受控落在打印纸的指定位置上，形成字符或图像。喷墨打印机打印精度较高，噪声很小，更诱人的是价格便宜，几百元就可以高高兴兴地搬回家来。遗憾的是从此以后，隔一段时间就需要给电子市场送一次钱。"春妮着急地问："为什么？交税？""孩子，墨用完了，需要买墨盒更换呀。"馆爷又笑笑说，"后来发现，买墨盒的钱比打印机还多呢。不过，在家里用还是很方便的。"（见图 25 - 6）。

春妮说："俺舅舅的印刷厂里就有个激光打印机。上次和夏莹去打过东西。好快的，唰唰地往外吐纸。"冬毅在一旁低声说："咱们学校实验室里也有，打印出来的和印的书一样清楚，听张老师说挺贵的，家里买不起的。"

关老先生点点头说："激光打印机是目前办公室的常用设备，工作原理和复印机差不多。针式打印机嘛，前几年用得较多，打印时嚓嚓作响，满屋子的人都不由自主地朝打印机看去，打印质量也不高。现在，针式打印机主要用于商店、银行、税务机关等打印发票。——在商言商啊，因为这种打印机比较便宜。"

突然手机铃响，馆爷连忙站起来朝屋外走去。秋成趁机小声说："哎，休息

图 25 – 6　喷墨打印机

一会儿，我给你们讲个故事，怎么样？"夏莹撇了一下小嘴说："谁听你忽悠，还等着听爷爷讲打印机呢。""我的故事就与打印机有关，而且是最新的。"秋成摊开双手故意做出无奈的样子，"没办法，知音难觅哟！"冬毅看了一下屋外馆爷正在通话，就说，"说吧，爷爷这会儿正在打电话呢。"

"还是冬毅老兄理解我。"秋成双手朝冬毅一拱，故意清了清了嗓子，"话说宋朝太宗年间……"便有模有样地讲了起来：

"杨延昭率兵镇守遂城，就是现在的河北徐水县。辽兵入侵，甚嚣尘上。见遂城不大，守军区区三千，并不放在眼里，不料却遭到了城内守军的顽强抵抗。辽兵久攻不下，恼羞成怒，调来大量兵马将城池团团围住，并用当时先进的石炮攻城。巨大的石块儿纷纷砸向城墙，傍晚时分城墙已多处裂缝，并出现了几处豁口，那情形，哈，是相当危急！好在敌人的石炮因天黑也不那么准了。

"辽将见此，哈哈大笑，狂妄地朝城上叫道：'杨家兵将听着，尔等已是我囊中之物，待明日打垮城池，我铁骑越墙而入，杀你个片甲不留！'说罢命令士兵休息，待第二天进城抢掠。

"杨延昭在城头焦急万分，突然一阵朔风，使他计上心来。忙命军民担水抬沙，在豁口处铺一层沙土，洒一遍水。天寒地冻，滴水成冰，沙土立刻牢牢地冻住。就这样，一层一层，很快就堵好了缺口。然后又在城墙上遍泼泥水，严阵以待。

"第二天早上，辽将耀武扬威地来到城前，正要下令攻城，却见银光闪闪，一座坚固完整的冰城矗立在眼前。一些性急的辽兵冲到城下，站立不稳，纷纷滑倒。辽将便令身边的翻译上前问话，翻译操着半生不熟的汉语，故作斯文：'敢、敢、敢问将军，何以修复城墙，又如此之、之、之快？'

"城头杨将军笑而不答，身边一位年长的师爷大声戏谑道：'乃用 3D 打印机打造也！'翻译连忙回去：'启禀将军，宋军是用三弟的打人机修复了城墙。'原来，翻译把'3D'听成了'三弟'，加上东北人常把'人'发音为'银'，所以也把'打印机'当成了'打人机'。

"辽将思忖片刻：'那杨家三弟延光早已战死，难道升天成仙又带着打人机前来助战？难怪如此神奇！'然后大叫一声：'不好！'便撤兵逃回去了。"

秋成得意地说："此乃著名的杨家将冰城拒辽兵一小段，讲得不好大家提意见。嘻嘻。"

春妮在一旁听得入神，可还是说："又忽悠我们，没听说过什么 3D 打印机，更没听说过还能打印城墙。我看，该叫你'者也白话'才对。""OUT 了不是？3D 者，三维也，立体之意也。"秋成又不紧不慢地辩解，"3D 打印机是一种可以立体打印实物的新型打印机。真的，我在网上看到的。"

不知道馆爷什么时候回到屋里，听到这里，在身后笑笑说："冰城拒辽兵确有其事，但是 3D 打印城墙，可就无法考证了。哈哈。"秋成不好意思地说："后面的是我编的，逗着玩儿呢，也想穿越一把，嘻嘻。"

馆爷摸着秋成的头高兴地说："想象力不错。不过，真有 3D 打印机，而且秋成说的冰沙冻合，逐层成墙，还真与 3D 打印的原理差不多呢。

"我们知道，喷墨打印机能将一层墨水喷到纸张的表面形成一幅二维图像。而在 3D 打印时，是把数据和粉末状金属或塑料等可黏合材料放进 3D 打印机中，打印机读取要打印物体的横截面信息，并将这些截面逐层打印出来，再将各层截面以不同的方式黏合，从而形成一个实体。其特点是几乎可以造出任何形状的物品来（见图 25 - 7）。

"3D 打印已经成为一种潮流，并已在珠宝、建筑、汽车、航天、工业设计和牙科医疗等领域得到应用。说不定哪一天我们会吃到 3D 打印机打印的个性化的巧克力呢。哈哈。"

"您用过 3D 打印机吗，爷爷？"夏莹忽闪着两只大眼睛好奇地问。关先生摇摇头说："惭愧，没有。那玩意儿目前还很贵，不像普通打印机那样普及。"夏莹又说："要是有了，我们就打印一个小秋成出来。哈哈。"秋成调皮地反驳：

"要打，也该先打印一个小冬毅呀，他快要上大学去了。放在桌子上，比照片感觉好多了。"冬毅的脸一下红了，不知说什么好。夏莹改口："美得你！打印一个你的模型，当你调皮时，我们就用铅笔敲它的耳朵。哈哈！"

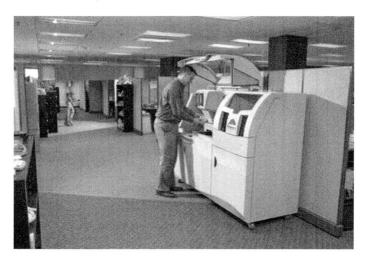

图 25 – 7　3D 打印机

冬毅怕秋成那家伙又调侃出什么来，连忙把话题岔开："爷爷，教教我用投影机吧。万一上学去了，还不知道怎么操作呢。""哈哈。这倒是可以。"馆爷说："教室里的投影机都装在天花板上，小型会议常把投影机放在桌子上，只要知道怎么操作计算机把信息投到屏幕上就行了。

"连接好显示器或者投影机，然后按住 Win 键（键盘左下角，有图案的那个键，就在 Ctrl 键右边）和 P 键，就会弹出一个小窗口供你选择。选'复制'，显示器和投影机同时显示同样内容；选'仅投影机'，则只在投影机上显示。"

"好了。"馆爷拿起紫砂壶慢慢地站了起来。夏莹似乎还想问些什么，秋成打断她说："小莹子，还要问呀，是不是想问到春节，让爷爷给你发压岁钱呀？"说罢连忙跑出门外。几个小朋友告别馆爷，追了出去。

这正是：
异彩纷呈多媒体，3D 打印妙如神。
自制相册展心愿，县衙箴言惊世人！

在回家的路上，夏莹心中暗想：他要上大学去了，以后见面自然不容易，就连发个邮件也不方便。因为家里只有一台电脑，每当自己坐在机器前，妈妈就要有意无意地来巡视一下。如果家里也可以几个人同时上网，互不影响，那该多好哇！

不料，夏莹刚刚这样想，常鸿家却要实现了。

欲知后事如何，且听下回分解。

第二十六回
路由器无线却有情，常璎姐明理尤重义

闫硕来昆阳实习已好长一段时间了，从第一次见到常璎，就有种莫名其妙的好感。她白皙的脸庞，齐耳短发，两只闪光的大眼睛，一脸动人的自来笑，贴身的邮政绿工作服，端庄大方，透着秀气。这张秀美的图片一下子就烧进了他头脑的 ROM 中，再也无法忘记。留意观察了一段，又发现了她不少长处：善良、淳朴、有正义感等；家庭条件更不用说，干部子女，还是姐弟两个，将来也不会像夫妻俩都是独生子女那样有过重的负担。如果能和她相处，将来的工作自然不会有什么问题，而且和自己学的专业是零角度的对口。这种想法，在小闫头脑的另一个存储器里，不断刷新，越来越清晰。

可是进展并不理想，小闫几次暗示，常璎不是揣着明白装糊涂，就是不置可否，好像她对冬毅的那种姐姐式关爱甚至超过了对他的反应。眼看实习快要结束了，小闫决定再冲刺一下，打算用看电视学到的"抄后路"战术，从常璎的妈妈那里发起攻势。

这天周末，闫硕提着外地的香蕉、本地的樱桃，还有新开的稻香村分店的点心，背着鼓鼓囊囊的书包来到常鸿家。常鸿的妈妈开了门，满脸堆笑："啊！小闫。来就来吧还破费，你这孩子。"转脸又向东边的卧室叫道："常鸿，快起来。你闫哥来了。"说罢，连忙招呼小闫坐下，从冰箱里拿出一瓶饮料放在沙发前的茶几上，还特意沏了一杯信阳毛尖。

"谢谢阿姨！我自己来吧。"小闫心里一阵高兴，嘴上竟说着不大习惯的客气话。常鸿妈主动解释："常璎又去加班了，咳，就她忙。常鸿呢，高考后不是和小朋友们出去玩儿，就是上网。这不，昨晚上又上网玩儿了半夜游戏，这时候了还没起呢。害得我也没法看股票了。"小闫听到这里，趁机链接话题："就想

着常鸿放假了，家里只有一台机器能上网，不方便，我想给咱家连个家庭网，这样，常璎、常鸿都可以用笔记本上网，再也不会耽误您上网看股票了。"常鸿妈一听，心中暗想："这孩子，想得还真周到，将来也一定很会顾家的。"禁不住满心欢喜地说："中，中！那太好了！"她迟疑了一下又说："一个上网那个，那个什么，对，账号，包月费就百儿八十块钱呢。如果再添俩，一个月就小三百块了，是吧？"

小闫连忙解释："不用的，阿姨。还用原来的一个账号就够了，不用多花钱的。"

这时常鸿从里屋睡眼惺忪地走了出来，双手慢条斯理地扎着腰带，朝小闫点点头，叫了声"闫哥"，又不无撒娇地埋怨："妈——！当着客人还数落我，内外有别嘛！"常鸿妈并不在意，佯装把脸一沉说："咋了，你就是上了大学，当了官儿，妈还是要说的。况且，你闫哥又不是外人。"

"不是外人？"小闫觉得这话好受用啊，心里一阵热乎。看到常鸿出来，说话也不那么拘谨了："常鸿，收拾一下，咱们一起装个无线路由器。"说着，从书包里拿出个小纸盒放在茶几上。

"好。我打电话，让小个子——我的哥们儿来帮忙。"说罢，常鸿从盒里小心取出那东西仔细地看了一阵说："哦，这就是无线路由器呀，TP Link（见图26-1）。听说过，有了它全家人都可以同时上网了。Good idea！不错！"

图 26-1 无线路由器

"开始吧。"小闫拿着联网所需的材料和常鸿走到厅里的台式机旁，拔掉插在上面的网线，又插在路由器的 WAN 口内，然后接好路由器电源，说，"这样就把互联网连接到无线路由器上了，哈哈，物理的。其他几个是 LAN 口，用于连接要联网的机器，可以用网线也可以通过无线网卡无线连接。"小闫从书包里拿出一根网线，一端插在台式机上，另一端插在一个 LAN 口中，低声说："先把这台机器连上。另外两台笔记本，用无线连接。"说着又从书包夹层里拿出两个 USB 接口的无线网卡和两张光盘递给常鸿。

常鸿做了个鬼脸儿说："另一个给我姐？"小闫轻轻地拍了一下常鸿的脑袋说：

"你姐的笔记本不是很新，估计没有配无线网卡。现在新一些的笔记本一般都配有内置无线网卡，那就用不着这个了。"

常鸿抬头看看小闫问："你刚才说什么'物理的'，难道还需要什么化学的吗?""哈哈。所谓物理连接，是说只是线路上连通了，实际运行时还需要软件、授权等其他条件。比如我们还需要给网卡安装驱动程序、对无线路由器进行设置等。那光盘里就是网卡驱动程序。以后你还会听到计算机行业的人常说'软开关'，那是指用程序控制连通或断开的手段。术语，要留心积累，对阅读和自学大有好处的。"

"常鸿——"门外传来小个子的叫声，常鸿忙去开门，迎面对他说："来，我们正在连个家庭网，叫你也来看看，几个人都可以同时上网的那种。""哦，我还以为联网要搬东西干活呢。——跟着学学也难得。"小个子说着跟常鸿来到机器旁，还恭敬地叫了声闫老师。

小闫打开台式机，轻声说："哦，装的 Win7 操作系统，还好。"又回过头来看着两个小伙子说，"下面，我来操作，你们也留心看一下，以后就知道怎么设置无线路由器了，至少要学会怎样通过路由器上网。"小个子认真地点点头，常鸿还找来纸笔，做好了记录的准备。

小闫在台式机上点击屏幕右下角的网络图标，依次点击"网络和共享中心"→"更改适配器设置"；右单击"本地连接"，再单击"属性"，选择、点亮"internet 协议版本 4"，点击"属性"，在"常规"卡中选择"自动获取 IP 地址"和"自动获得 DNS 地址"。最后又点"确定"。

回到"本地连接"页面，双击"本地连接"按钮，在"本地连接状态"的"常规"卡中点击"详细信息"，可以看到"电脑已经获得路由器分配的 IP 地址"等信息呈现在一个小窗口中。

那小闫，虽说这些操作并非第一次，但是今天在这个特殊场合，又是面对未来的内弟，唯恐有什么差错。现在终于完成了第一步，十分高兴。禁不住兴冲冲地说："这些信息说明这台电脑已经连上了路由器，路由器已经给它分配了 IP 地址。"

不料两个小伙子看着那密密麻麻的陌生符号，一脸茫然，不住地摇头。小闫这才意识到，这些名词他们现在还是有理由不知道的。于是笑笑说："对不起，这些你们可能还没学过。"小个子抢先说："只听说过 IP 地址。网上的计算机都有个唯一的地址，就像街道上各家都有自己的门牌号一样。""行啊，小伙子!"

小闰说罢，转脸看着若有所思的常鸿问，"你也知道啦?"常鸿淡淡地说："32 位二进制数，也可以用对应的 4 个十进制数表示，中间用圆点隔开。说的是那种吧。——不过我在想，那么多人、那么多机构，都在不断地申请 IP 地址，说不定哪天就用完了，那怎么办呀?"小个子不以为然地说："呵呵。你老兄还没上大学呢，就开始胸怀世界了!""去你的。我是在想这个理儿。"常鸿轻轻地捅了一下小个子说。小闰很为常鸿的问题高兴，就带着鼓励的口气说："能这样想，不错。不过别担心，你说的 32 位地址是 IPv4，而 IPv6 用 128 位，所提供的 IP 地址足够地球上每平方米内分布 1 000 个。"小个子连忙说："还得留一些给月球呢，不少国家都正往月球上挤呢。哈哈!"常鸿看着小个子小声说："你小子是不是看上了月球的商机，打算去那里做生意呀? 估计那里不用人民币，也不用美元，可能用'月元'，因为全世界的人都喜欢月圆嘛。"说得小闰和小个子都哈哈笑了起来。

"那也知道什么是域名了?"小闰看着小个子问。"一点点的啦——"小个子调皮地学着南方人的语调说，"就是和 IP 地址对应的一串字母吧。我就常用 www. yegz. org 登录高中网站的。"常鸿也接着问："你知道为什么要用域名吗?"小个子摇摇头。常鸿得意地说："因为一组有意义的字母比一串随机的数字要好记得多。像咱班的同学都互称名字，如果叫你的学号，会是什么感觉……叫你'203'还好，沾点儿'203 首长'的味儿。要是叫你'4270'，就有点鬼子'马鲁达'编码的味儿了。哈哈!"

小闰连忙收回话题说："但是互联网还是用 IP 地址识别网上计算机的，所以需要一种设备专门把域名翻译成 IP 地址，那就是域名服务器（Domain Name Server），缩写 DNS。"

小个子点点头，常鸿却用手指着屏幕问："子网掩码? 什么意思呀?"

小闰低头沉思片刻说："这么说吧，每个 IP 地址可以分为两部分，左边那一部分是网络号，右边是主机号。有时候是只需要网络号的。比如，计算机甲要把数据传送给计算机乙，甲会分别先计算出自己和乙所在的网络号。如果两个计算机的网络号相同，说明二者在同一个子网，可以直接传送。否则，就需要通过路由器了。而甲、乙计算机的网络号就需用子网掩码算出来。"

常鸿和小个子仔细地听着，小闰接着说："掩码也采用点分十进制数表示，255. 255. 255. 0 就是一个掩码。很有意思，用掩码和一个 IP 地址做按位与运算，就能把网络号截下来了。"

小个子看了一下常鸿，摇了摇头。常鸿又看着小闫试探着说："是不是这样啊：进行按位与运算，IP 地址和掩码都要是二进制形式，255 相当于 8 位二进制的 1，0 对应 8 位二进制的 0。某数和 1 相与，结果就是该数。这样，就能得到 IP 地址中左边的 24 位。那就是网络号吧？"小闫高兴地点点头说："完全正确！其实掩码就像个模子，不同的掩码都能方便地把 IP 地址中的网络号给搞出来。"

常鸿自言自语地说："这样，电脑就可以知道在网络通信时使用哪些设备或协议了。"

"差不多是这个意思。"小闫点点头说，"下面该设置路由器了。"说罢，打开 IE 浏览器，在地址栏上输入"192.168.1.1"，轻轻地说："这是此类路由器产品的网址。"进入网站后，在用户名称和密码输入框中分别输入"admin"，点击"确定"按钮，进入路由器设置向导界面。

小个子在一旁笑着说："向导？是不是头上扎着头巾、背上背着竹篓、腰间插着腰刀的一位少数民族老大爷，走在红军长征队伍的最前面？哈哈。"小闫看看小个子说："你说的是电影里的向导。计算机里的向导是指导用户进行操作的过程，通常用在软件安装或设置过程中。"常鸿捅了一下小个子调侃道："多亏这里的向导是界面，要是真人带路的话，你小子也不会找老大爷，肯定会找那个会唱歌的阿诗玛姑娘，对不对？"

小闫止住笑声说："在向导的提示下，我们只要不断地点击'下一步'或填写必要的信息就是了。你们看……"

小闫选择左边的菜单栏，单击"菜单栏设置向导"→"下一步"按钮，接着选择：PPPoE；再点"下一步"，系统提示输入运营商提供的宽带用户名和上网口令。小闫转身看着常鸿说："就是家里安装宽带时公司给的账号和你们设置的上网密码。"常鸿点点头，连忙从旁边的抽屉里翻出一个本子递了过来。小个子主动后退一步说："无论是否经过路由器上网，都是要给宽带公司交钱的。呵呵。"小闫快速地输入账号与密码后说："好了。下面该设置 SSID 无线密码了。"说着把光标移到 SSID 处，看了一下常鸿说："SSID 就是无线网络名称，你自己想个喜欢的吧。还有下面的无线密码，也想好，最好不少于 8 位，字母、数字都行。要记下来，以后上网时要用的。"常鸿坐下来稍加思考，填上了相应信息。

小闫高兴地拍拍常鸿："OK！"说罢，重启路由器，并让常鸿拿来笔记本打开。常鸿得意地说："咱的笔记本就有内置的无线网卡。"小闫说："试试能不能上网。"说着，选择屏幕右下角的无线网络连接图标，选择路由器的无线网络名称，常鸿赶紧输入刚才设置的 SSID，抬头看着小闫等待下面的操作。小闫说：
"点击连接按钮。"然后，常鸿又在"键入安全密钥"处，输入了无线密码。最
后点击"确定"按钮。

"上网!"小闫高兴地挥了一下手朝常鸿发出命令。常鸿输入一个网址，很
快出现了新闻，他禁不住双手一拍叫道："耶——!"好像还不放心似的，又把
笔记本拿到厅里茶几上，又输入另一个网址。

小闫笑着说："放心吧，百八十米之内没问题的。"小个子突然小声说：
"那，隔壁的人家也可以使用这个路由器上网了?"常鸿似乎听到了，连忙说：
"不行，不行。上网的机器越多，速度就越慢。"过了一会儿又自言自语道：
"啊，不会的，不会的。对了，他们不知道密码的。嘻嘻。"

常鸿说罢，转身倒了三杯水放在茶几上，邀小闫和小个子坐下休息。喝了几
口，小个子突然认真地说："闫老师。说实话，原来在我眼里，网络就是个大玩
具，玩游戏，发邮件，高兴了上去胡乱地找些奇闻趣事浏览一阵。没想到还有这
么多学问。""行啊，小个子，进步很快呀!"常鸿马上称赞道："那就请闫老师给
我们介绍些网络的基础知识吧。"小闫有些不好意思地说："你姐姐是通信专业
的高才生，你该请教她呀。况且，到大学里还有专业课呢，到时候有你们学的。"
常鸿带些埋怨的口气低声说："我姐? 就知道关心冬——"常鸿本想埋怨常璎关
心冬毅，突然觉着当着小闫这么说不大好，于是话题一转："你老兄也不能看着
我们将来在别的同学面前露怯吧!"

"呵呵! 这倒有些道理。况且了解一些网络基础知识，对学习使用网络是需
要的。"小闫也想把话题从冬毅那里引开，放下水杯就讲了起来：

"说到网络，许多人都会感到过于专业。其实网络就是把一些能够独立工作
的计算机相互连在一起所形成的系统。其主要目的是交换信息和共享资源。

"'资源'这个词在计算机领域里很常用，指的是设备、数据、软件等。共
享资源，最常见的例子是，同一个办公室里一台计算机上连着激光打印机，其他
计算机都可以通过网络使用这台打印机——共享。同样，软件也可以共享。

"交换信息就更常用了，比如收发电子邮件，我们都用过的。而且这种方式
比传统的物理传送要方便、快捷得多。"

说到这里，小闫突然忍不住自己笑了起来。常鸿好奇地看着他，小闫止住笑
声说："没什么。我突然想起了俺老家的一个笑话。"常鸿却要他说来听听："都
听您讲半天课了，说说，放松一下嘛。"

"想当年，"小闫喝了一口水说，"一个老奶奶送子参军，抗美援朝。自然是朝思暮想，盼子归来。有一天村长报喜：抗美援朝胜利了，老奶奶的儿子也成了战斗英雄，已经回国，上级要接奶奶去看儿子。村长备好的毛驴就在门口等着呢。奶奶思儿心切，埋怨村长：'打我嫁给你二叔就骑毛驴，几十年了，有没有快些的东西？'村长说，听说电报很快。奶奶一拍大腿说：'那就坐电报吧！'"小个子笑着说："上网视频呀，再远也能马上见面的。"常鸿也说："对。电视上报道过，丢失小孩儿的家长就是通过 QQ 视频看那边的小孩儿是不是自己的。——这就是通过网络交换信息吧。"

"对。实时交换摄像头采集的信息。"小闫点点头继续说，"网上的计算机之间要交换信息，就需要把它们连接起来，形成计算机之间传送数据的通道。用以连接它们的东西叫网络介质。网络介质分为两大类……"常鸿突然插嘴道："哎哟，老兄，网络就够吓人的了，又来个'介质'。太学术了，嘻嘻。"小个子也低声说："我就怕听'定义'，一听就头疼。"小闫有点儿不好意思，赶快自嘲道："定义嘛，还是要有的。不过，这个——可以没有。"他稍微停顿了一下说："这么说吧，接电话，语音是沿着电话线传过来的；听收音机，声音是经无线电波传过来的。电话线和无线电波就是传输介质。"小个子听明白了，却故意调侃："'传输介质'，有意思。怪不得订婚时都送'戒指'，原来可以传输情意呀。嘻嘻。"常鸿拍了一下小个子的脑袋说："瞎理解！"然后转过身来，看着小闫轻声地问："你有传输——'戒指'吗？"说话间悄悄地在手指上做了个戴戒指的手势。小闫明白常鸿的意思，头也不回只是诡秘地说："这个——可以有。"然后又提高声音讲了起来：

"网络介质分为两大类，有线介质和无线介质。常用的有线传输介质有双绞线、同轴电缆和光导纤维；无线传输介质包括无线电波、微波和红外线。

"双绞线是联网时最常用的一种传输介质。它由两根带绝缘层的金属导线绞合而成，多个这样的线对儿包在一个套管内形成电缆。有的还带有屏蔽层，称为屏蔽双绞线，能够防止外部电磁干扰。不带屏蔽层的自然叫非屏蔽双绞线了。单根双绞线一般不宜超过 100 米，其传输速率一般为几十 Mbps。"

"老师，"常鸿突然插话："'传输速率'，我猜大概是表示传输数据快慢的意思，M 嘛，也知道是兆，可 bps 就不知道了。"小个子马上说："嗨，老土，连这都不知道，那是'不怕啥'的拼音字头嘛。缩写，知道不？意思是 100 米内传输没啥问题。"小个子这奇特又有点儿胡诌的解释让小闫忍不住笑了起来，连忙纠正："不，不。bps 是英文 bits per second 的缩写。不是……"常鸿抢着说："是——位/秒。"说罢像等待确认似的看着小闫。小闫点点头，拍拍常鸿的肩膀："孺子可教也！"常鸿得意地学着小闫的口气，也拍拍小个子说："还敢蒙我！——孺子需学也！"

"使用双绞线联网时，双绞线与网卡等其他网络设备连接时，都需要用 RJ - 45 接头——也叫水晶头，和 RJ - 45 插座，也叫信息口。"（见图 26 - 2）。小闫指着路由器说："我们刚才用的就是双绞线和水晶头。"小个子低声说："在实验室也见过，不过没有注意。"常鸿也低声回应："你小子平时净注意水晶肉了。对，还有咱班女生头上的水晶发卡。嘻嘻。"

(a)   (b)

图 26 - 2　水晶头和信息口

a. RJ - 45 接头；b. RJ - 45 插座

小闫又说："光纤，目前最常用的传输介质，它实际上是像头发丝那样细的玻璃纤维，外包一层折射率较低的材料。多股光纤加上护套组成光缆。光纤与导电传输介质的根本区别是，它用光束传输信息，而不是电信号。

"所以，光纤有很高的传输率，可达到几百 Mbps，而且不会受到电磁的干扰，通常用于高速网和主干网。现在许多城市已经做到光纤入户了。

"当然，利用光缆连接网络，两端都必须连接光/电转换器——把光信号转换成电信号；另外还需要一些其他辅助设备。光缆的安装和维护比较困难，需要专用的设备。"

常鸿神秘地说："听说，咱们这里也正准备光纤入户呢。到时候上网速度就快多了。"小个子不失时机地调侃他："那你要记好了，千万别把光纤当电线，拧巴拧巴就接在一起了。"

常鸿不服气地看了一下小个子说："还有同轴电缆呢。认真听。"不料小个子却很自豪地说："同轴电缆我见过。几年前，我爸爸接了一个小区的网络工程，用的就是同轴电缆。我跟着玩儿，还捡了不少叔叔们切下来的小段电缆呢。最外层是塑料管似的东西，再往里是一层细铁丝网，然后是一层软乎乎的绝缘材料，中心是一根铜线。用电工刀剥开，取出明晃晃的铜线，做成自行车、小鸟的造型，可好玩儿了。"

听到这里，常鸿心里泛起一种莫名的不快：你爸爸不就是个包工头吗，还装网络专家不成。于是不阴不阳地说："你爸真有远见，那么早就让你上网络实践课了。哈哈。"小个子听出了这话不是正经味道，就低声说："你小子这嘴呀！就是法国香水抹上去也会变臭的。"

一旁的小闫听着，担心他们争论起来，马上说同轴电缆就是他说的那个样子，说着顺手检索到一张图片指给他们看。

"那玩意儿挺重的。"小个子感到老师肯定了他的说法，很得意，"我看到几个叔叔扛着一段电缆使劲地往前拖，死沉死沉的！"小闫又补充道："1 千米长的同轴电缆大约 4 吨重，而同样长度的光纤只有 60 千克。此外，同轴电缆需要大量的贵重金属铜和铅，而光纤的原料就是我们常见的沙子（石英），地球上到处都是。所以，同轴电缆在早期组网时使用，现在大都用光纤和双绞线了。"

"好了。"小闫抬起头看着两个小伙子说，"现在我们知道：许多的计算机和打印机、扫描仪之类的设备，用传输介质连接起来，距离远的用光纤或同轴电缆，近的用双绞线，这样就构成了计算机网络。实际上，远方的网上，还有许多路由器、网关等设备在负责数据的有效传输。我们身边的计算机或其他设备，则通过网卡或其他接口设备与网络连接。我们接触最多的就是所在单位的局域网了，比如你们学校的校园网。"

听到局域网，半天没说话的常鸿便抢着插话："这个，知道。还有城域网和广域网。"小个子却不以为然地说："这个，哈哈，连幼儿园大班里的小孩儿都知道。"

小个子十分夸张的话，让常鸿很不服气，正要与之理论，小闫却有意提前开了口："常鸿说的是按网络覆盖区域大小对网络的分类，实际上还有许多对网络分类的方法，比如依据网络拓扑结构分类。"

为了避免这位同学"头疼"，小闫连忙在纸上写出"拓扑"二字并主动地解释道："'拓扑'很学术，也很数学。拓扑学的产生还有个很有名的故事呢。"两个小伙子一听"故事"，四只眼睛立刻亮了起来。小闫也就顺势讲起故事来：

"有个地方叫哥尼斯堡，一条河横贯其中，河中有两个小岛，河上修了七座桥，把河岸和两个岛连接起来，成了个散步的好地方。一天有人提出：能不能从每座桥上只走一遍，最后又回到原来的地方呢？

"后来有人就这个问题请教当时的大数学家欧拉。欧拉把两座小岛和河的两岸分别看作四个点，而把七座桥看作这四个点之间的连线。这样问题就简化成了能不能一笔就把这个图形画出来。

"这就是著名的哥尼斯堡七桥问题，后来就产生了几何学的一个分支——拓扑学。"

小闫又把话题转回来，带着强调的语气说："拓扑学并不关心研究对象的长短、大小、面积、体积等度量，而关心它们之间的连接关系。同样，忽略网络中的具体设备，而把一个设备看作一个节点，把通信线路看作节点之间的连线，一个计算机网络就可以抽象为节点和连线组成的几何图形，人们称之为网络的拓扑结构。"

两个小家伙聚精会神地听着，不料惯性使他们不知不觉地大致明白了这个"很数学"的网络拓扑概念。小个子大着胆子说："网络拓扑结构，就是网络的样子，或者形状，对吗？"常鸿却回答："当然可以那样理解，本来就是嘛。不过写书的人，是不舍得用'按照网络形状分类'这样的话的，估计是怕有损书稿的'理论高度'吧。嘻嘻。"

小闫还没写过书，又没有小家伙们随意评论的自由，苦笑了一下说："常见的网络拓扑结构有：总线型、环型、星型、网状型，当然，一个网络也可能包含多种拓扑结构，那就是混合型了。

"网络拓扑结构对网络的可靠性、可维护性，甚至网络要采用的技术、实施费用都有重大的影响。实际设计时要综合考虑，选择适当的拓扑结构。"

小闫拿起水杯喝了一口，小个子连忙给添了些水，顺势问道："老师，那七座桥究竟能不能一趟走完呀？""啊，还记着呢！"小闫放下水杯："欧拉经过分析得出结论——不可能每座桥只走一遍，最后回到原来的位置。因为那样的图形不符合一笔能够画出来的条件。"

常鸿却在盯着几个网络拓扑图发呆，突然抬起头来，满脸不解地问道："从网上的一个节点到另一节点，好像有很多通路，数据到底沿着那条路走呢？还有……"小个子也附和着："是呀，条条大路通罗马嘛！""这个问题好。"小闫不失时机地鼓励着，"这个问题属于网络数据交换技术，哈哈，是个专业问题。不过，原理还是可以理解的。简单说来就是——

"网上的计算机之间进行通信，总是要传送数据的，通常把数据传输过程称为数据交换。数据交换分为电路交换、分组交换和报文交换。分组交换更适合计算机网络。

"采用分组交换时，先把计算机要发送的数据分成固定大小的段，叫作数据报，并在报头加上数据的来源地址、编号和目的地等信息，就像把信装入写明地址的信封一样。这些数据报经过一个个路由器的引导，就像经过一个个邮局，最后到达目的地。然后，再把收到的数据报一个个打开，按编号组装成原来的数据。当然，如果缺少某一段，还可以重发。

"传输时，不需要建立固定的线路连接，一个节点收到数据报后先保存起来，然后根据网络当时的情况，如是否有空或正常，选择适当的链路传向下一个节点，所以这种方式叫作存储转发。甚至属于同一数据的不同数据报可以经不同的路径到达目的地。这样可以动态地分配传输带宽，提高了线路的利用率。"

小个子插话："就像汶川地震时，一边的公路坏了，救灾物资可以绕道另一边运过去一样，对吧？"

小闫点点头，停顿了一下，问："你们听过马季先生的相声《打电话》吧？"

小个子："听过，听过！一个叫啰唆的人打公用电话约未婚妻看戏，告诉接电话的耗子：我未婚妻是女的……她的身份证号是1234567899876……前后啰唆了两个钟头。"

"后面排队打电话的人干着急也没有办法，恨不得把他扔到下水道里去。哈哈。"常鸿补充着，突然好像想起了什么，"打电话就是独占通信线路的，他不放下电话，别人就无法使用这条线路。对吧？"

"这种方式叫作电路交换，独占线路，线路利用率低是其明显缺点。"小闫点头肯定，"报文交换和分组交换差不多，只是以整个报文为传送单位，延迟比分组交换更大一些。

"此外，需要说明的是：传输过程中许多操作都是由路由器和一组叫网络协议的软件等完成的。TCP/IP协议就是重要的一组协议。

"哦，——协议，简单说来就像城市里的交通规则一样。它规定了计算机等电子设备如何连接到互联网上和数据如何在这些设备之间传输的规则。"（见图26-3）。

小闫终于舒了一口气说："小伙子们，现在还觉着计算机网络离我们很远吗？"

常鸿高兴地说："好多了，好……"

突然，门开了，常璎兴冲冲地走了进来。

常鸿连忙起身迎接，并小声说："闫大哥来半天了，还给咱家装了个无线路由器。"常璎朝小闫寒暄了两句，小闫便就此做结束语，说："以后你们到大学里会有网络专业课的，我这个学教育专业的也说不了那么详细。今天就到这儿吧。"

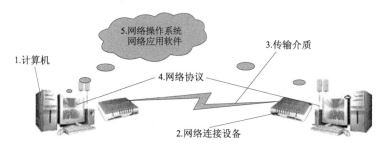

图 26 - 3　计算机网络的组成

常璎来到电脑桌边，小闫礼貌而殷勤地搬过椅子放到她的身后。

"一本的分数线下来了！"常璎刚坐下就从一个精美的棕色手提包里掏出笔记本来，"文科：557 分，理科：540 分。常鸿——有希望！"

小闫连忙向常鸿祝贺。常鸿一阵兴奋，但这种兴奋的心情只是一闪而过，很快就消失了。他心里知道，自己的分数只有算上加分才刚刚超过一本分数线，况且还不知道爸爸的秘书是否把他的加分理由说得足够充分……

常鸿不愿意姐姐看出自己的担心，更不想让这个姐夫候选人闫兄知道，便主动转向小个子："怎么样，差不多吧？"小个子却一脸坦然，满不在乎地说："我那点儿底子你还不知道，就是二本，恐怕也是项链用作金腰带——差一大截子！"

一句笑话又把常鸿的心情拉回正常的状态，他充满关切地问："有什么打算？"小个子平静地说："如果能上大专也行，实在不行我爸就让我和他一起做生意了。"小个子的平静让小闫有些意外，甚至觉着这个小个子一下子高大起来了——竟有如此客观面对现实的心态。于是破例调侃道："那倒真的可以挣'月元'了！"

常鸿总是很关心冬毅的动向，因为那家伙的去向涉及自己的自尊，也关乎姐姐和闫兄的未来，于是问道："冬毅、冬毅怎么样？"

"超过一本线不少，报了北京的一个农业大学。"常璎脱口而出，突然又觉着有点儿不妥，立刻补充道，"听说。"

常鸿带着一丝轻蔑的微笑说："倒是很适合他。种黄瓜、栽大葱、掰玉米呀，都是他的长项，不用学就会的，说不定还能提前毕业呢！"

常璎听罢满心的不高兴，但当着小闫又不好意思训斥弟弟，只是重重地说："种地怎么了？！水稻专家、科学院院士袁隆平老先生也种地，都贡献到世界上去了。你给人家提鞋恐怕都不够格呢！"

小闫一见连忙打圆场："常鸿也是随便说说的。况且让一个未来的大学生提携院士本来就不可能嘛！"小个子扑哧一笑："闫老师，您理解错了。我们这儿说的'提鞋'，是指给人当侍从。啊，对了，是秘书、掂包儿的意思。"

对于常鸿，父亲表面上的严厉实际上早被鞠家唯一孙子的概念冲淡了，至于妈妈对他的娇惯简直就是十几年一贯制了。在大城市里读书期间，常璎亲眼看到一些富家子弟是如何糊弄学业、挥霍金钱和尴尬毕业的，所以对弟弟的毛病越发担心起来。常鸿就要去上大学了，这种担心很快又变成了不安，不禁深情地看着弟弟说："常鸿，你很快就要到大城市去上学了，我真的担心你能不能适应大学生活，和同学们的相处会不会有问题。"常鸿感到了姐姐的认真，不知道说什么好，只是认真地听着。常璎又说："在咱这个小小的昆阳城里，你的条件还算不错，同学们甚至有的老师也让你三分，但是在大城市里……"常璎本想说一句饭桌上的调侃名言："见到房产商才知道自己钱少，进到北京城才知道自己官小。"话到嘴边又改口了："你要改掉自己任性、不谦虚的毛病，学会独立面对学习、生活、交往等问题。——啊，这方面，我觉着馆爷是过来人，也许他能给你一些有益的建议，有机会带你去和老爷子聊聊。愿意吗？"

常鸿听姐姐说要带他去向馆爷请教，很是不快，一脸无所谓地脱口道："噢，就那个退休老头儿？切——"他知道自己和小个子与冬毅、夏莹他们的争斗屡屡被动，八成是那个老头儿给他们出的主意。在菜园坡上三脚猫他们阻止冬毅时，要不是那老家伙意外出现，冬毅肯定会迟到而被取消参赛资格的。于是抬头看看小个子，希望得到他及时的舆论支持。

不料小个子低着头，似乎毫无反应。"怎么了，小个子？"常鸿低声问。小个子抬起头来，才看到他一脸惭愧，两眼泪花，嗫嚅地说："没什么。只是很羡慕你。"

常鸿拍拍他的肩膀："别，别，哥们儿，复读，明年你也能考上的。"

"不，不是。"小个子摇摇头说，"羡慕你有个好姐姐，这样关心你！"

小个子的情绪突变，让几个人都有些意外，一时来不及想出合适的话安慰他。小个子则想到自己的高考结果、平时家里的情况，又亲眼看到常璎姐对常鸿的关切，百感交集，禁不住把自己多年的委屈和反思说了出来。

小个子家里三口人。爸爸常年忙生意，妈妈经常忙麻将，连家长会都没有参加过几次，更不舍得花时间过问他的学习和思想情况了。

有一次，小个子放学回家。堂屋里正当中放着一张方桌，沉闷的洗牌声夹杂着叔叔、阿姨们毫无约束的笑声充满了整个屋子，而厨房里却安静得连一点儿做饭的动静也没有。妈妈从麻将桌上抓起一把零钱塞给他说："儿子，去对面饭馆吃吧，吃点儿好的。吃完赶紧回来做作业。"

小个子很不服气地说："你们大人打麻将，让我做作业，这，这公平吗?!"妈妈一听，气不打一处来："什么? 俺们是缺你吃了，还是亏你穿了? 还不知足! 要是像你们班那个冬什么，冬毅，他娘成年病歪歪的，连学费都得自己抓挠，你就得劲了?!"

话到这里，另外三个人，虽感触不同，却心里都生出几分酸楚。小个子平复了一下心情，突然十分懊悔地说："我们，我，平时瞧不起冬毅，有时候还对他冷嘲热讽，想起来真是不该呀，不该! 其实，我们都有缺憾，而他拥有的某些东西也许比我们的更珍贵!"

小闫认真地听着，如果说刚才小个子面对高考结果的心态让自己欣赏的话，现在他能在这个时候坦诚地反思，倒是使自己感动了。他似乎不舍得打断小个子的话，只是轻轻地说："小伙子，你能这样想，真好! 很有深度。"

小个子平时在学校没有犯过大错，但也没获过什么奖励，连老师的口头表扬也很少，在这个也许是自己学生生涯的倒计时的时刻，意外地受到老师的赞扬，他心里平静了许多。他微微一笑，转向常鸿说："常鸿，你有常璎大姐，愿意直截了当地批评和督促，在这个家家都是独生子女的年代，简直是老天赐你的福分!"常鸿也觉得小个子似乎突然长大了，竟然也满口的道理，便不无感慨地点点头。小个子又说："我就这样了。你老兄聪明，能干，口才又好。——要记住大姐的话，到大学里努力学习知识，注意提高素质，将来会有大出息的!"最后，小个子竟用课本上的一句文言文开了个玩笑："苟富贵，勿相忘!"

大家终于从有些沉重的气氛中走了出来。小个子要走了，常鸿也借口要送他，把大厅留给了需要的人——小闫和姐姐。

这正是：

拓扑从不论大小，网络却能破时空；
路由择路便投递，有线无线皆传情！

　　分手时，小个子郑重其事地提醒常鸿："哥们儿，谢师宴，早点儿准备好，这是大事！"不料这事却在常鸿家里引起一个美丽的风波。

　　欲知后事如何，且听下回分解。

第二十七回

谢师宴几家各喜悲，农家院馆爷说大学

终于到了七月。

那年的昆阳城格外的热，盼着大学录取通知书的学子和家长们更是热得坐立不安。扇着扇子，吃着冰棍，还觉着这些天钟表慢得叫人讨厌。

这一天，南大街的一个胡同里突然鞭炮齐鸣，一个五十多岁的爷们儿，一边用竹竿儿挑着燃放的爆竹，一边大声喊着："考上了——，俺孩子考上了！"

邻居探出头看看说："真不易呀！复读两年，总算考上了。要不老王兄弟恐怕过不了今年的春节。"邻居刚刚把脚收回门里，老王已经了跑过来，一边往他手里塞着黄金叶香烟，一边说："考上了，考上了！咱孩子考上了。"说完，又小跑着赶到胡同口，见人就给敬烟，也不管认识与否，而且不断重复着"咱孩子考上了"的话，完全忘记了自己竟光着膀子。

之后，又有几家陆续收到了大学录取通知书。他们都以不同的方式表示着自家的骄傲，有的在门口挂上了红绸子，有的竟像婆媳妇一样在门前挂上了红灯笼，上面还贴着硕大的金色喜字。

昆阳中学校园，由于前些时候组织学生高考，加上正值暑假，安静了好长一段时间。这天也突然热闹起来，校门口高高地挂起了鲜红的横幅——热烈庆祝我校学生再次考入清华大学！学生、家长和学校的所有头面人物都在横幅下照相，还不断地变换着姿势和组合方式。那大概是孩子们第一次高兴地实用"组合"理论了。

常鸿的录取通知书是学校专门派人送到家里来的。

他妈妈欢天喜地，拍着大腿直笑。上街买菜遇到熟人，对方刚说了个"祝"字，她就立马说："电子专业，最先进的！"熟悉的姐妹们也开她的玩笑："嫂

子，这几天你的胸脯挺得都超过九十八度了！哈哈。真是先生得志、孩子出息，羡慕死妹子了。"

这几天，常鸿的妈妈说得最多的是谢师宴，她多次强调："要办出与咱家相应的气氛来，至少要比王局长儿子的婚礼更隆重些！"鞠局长则习惯性地挥着手说："要注意影响的，低调一些的好。"妈妈也一挥手说："我不管！实际上，咱家就代表着昆阳文化的水平哩！"常璎只是在一旁捂着嘴笑。

另外几家，家长们的心却似乎仍滞留在去年的冬天。

落榜学生的家长们，本来是孩子没有考好，却觉着像是自己犯了政治错误一样，躲着熟人走路。遇到不知趣的朋友问起孩子的事，就搪塞道："还，还没有来通知哩。"背地里，却开始带着礼物去找老师，想提前拿到复读的名额。

城西王庄，王富贵的老家。一个小院子门口坐着一个中年男子，王老三。一把几处开裂的芭蕉扇，一件布满汗渍的背心，一盒简装的香烟，都强烈地展示着那人的务实原则。他斜眼看着王富贵的家门，自言自语地论述着自己的见识："我早就说，大学是那么好进的？你看看，上完高中不还是要回来种地吗？还不如早点去打工合算呢。人的命，天注定，没那钩嘴就别想吃那瓢食儿！"

王富贵他爹，站在自己高大的门楼下，狠狠地吐了一口唾沫，转身走进院子，嘴里低声骂道："王老三，你等着，老子玩儿给你看看……"

冬毅的录取通知也拿到了，而且是第一志愿——北京农业大学。

一阵惊喜，他急切地读着通知书。祝贺的话不多，但让人感到温馨和鼓舞。心里笑道：大学就是大学，连通知书都文绉绉的，话也真是好听。当读到入学须知时，那些数字却使他出了一身冷汗——粗略算了一下，乖乖！竟超过了万元。

冬毅把通知塞进书包，慢慢地往家走，不断盘算着怎么告诉母亲，能不让她老人家着急。可是走进了院子还没有想出个合适的说辞，最后还是决定先让老娘高兴高兴，至于能不能上得起，再说。

"娘。"冬毅朝着正在缝补衣服的母亲叫了一声。

"咋样儿，有信儿了吗？"母亲抬头急切地看着儿子。

冬毅只是淡淡地说："考上了，还是个我喜欢的大学，在北京那边儿。"

"咦——！"老人连忙欠身，顺着冬毅的搀扶站了起来，大声说："苍天有眼！老天爷总算睁眼了！"母亲慢慢站稳，两鬓白发围着的脸上和残缺牙齿的口边布满了多年来少见的高兴和满足，两滴热泪填满了眼角下深深的皱纹。不料过了一会儿却低声说："咳！就是有点儿远。能不能跟人家说说，换到山上去读。"

冬毅知道娘说的"山上"是指附近的一个煤炭城市平顶山市，离家只有几十里路。他苦笑了一下说："娘，那是国家定的，不能随便换的。"

母亲突然取下挂在墙上的一只长方形的提兜说："走，快去给你爹说说！"

冬毅知道这是母亲多年的习惯，凡遇大事，无论悲喜，都要到父亲坟前念叨念叨。说是商量，可回来后该怎么作难，还是她一人扛着。于是，冬毅走到桌前，使劲地拉了几下才拉开抽屉，从底层拿出几张灰白色的烧纸，待要找香时，却发现只剩下两根了。一旁的母亲说："不够三炷，就拿一炷吧。有香就灵，有香就灵啊！"

坟地离村子不远。

在农村，坟也颇有讲究的，一定程度上代表着家族的地位。有钱的人家，会有石碑，后来改用水泥的，样子却更精致；人口多的人家，坟头会很丰满，因为常有子孙扫墓、添土。冬毅爹的坟又矮又小，一看就知道这门人的逝者和生者都遭遇了"经济危机"。

不过，自冬毅成为村里第一个大学生后，常有带着老式铜丝墨镜的风水先生来这里转悠，然后就用很少人能听得懂的理论给人们讲解这块阴宅的奇特——虽然人丁不怎么旺，但定要出几辈大学生的。说得多了，人们似乎也就慢慢地信了。十几年后，冬毅的母亲安享晚年之后，也葬在这里，冬毅也算有了出息。村里的人就更相信这块坟地的传说了，不少人家把自己的老人就近埋葬，还有的年轻人干脆把房子盖在了坟地不远的地方。

后来一个大学生来当村干部，却给乡亲们说了句实话：说这块坟地如何如何，未必是真，但是这里葬着一位了不起的母亲，却是真的！她千辛万苦，供孩子读书，而且从不动摇。如果乡亲们记着这位曾经的六奶奶，也许对大家的子孙会有好处的。

这是后话。

再说冬毅和母亲来到父亲坟前，冬毅捧了些土，插香点燃，磕了三个头。母亲便盘腿坐在地上，对着坟头诉说起来：

"孩子考上大学了，还是北京那边儿的，虽说远了点儿，还真不赖。将来孩子还学农业，你也别挑剔。他喜欢农业，这两年咱家的菜就种得不错，还用了些新门道，孩子说是叫什么科学种田。"

说着说着，母亲话题一转，由汇报变成了批评："你这老东西，那么早连屁股也不拍一下就走了，不知道这几年俺娘儿俩是咋过的……"说到苦处，母亲竟失声痛哭起来。

哭声惊动了那边在棉花地里干活的憨嫂，她抬起头来朝这边看："哟，六婶儿，是不是又遇上什么难事了？"说着，放下手里的活儿，和二哥一起跑了过来。

"六婶儿，这不过年不过节的，咋来坟上伤心哩。"憨嫂伸手拉起老人安慰着，"有难事儿给媳妇说说，伤心对您身体不好。"

母亲掸掉身上的土："不是的。今儿俺是高兴的。你兄弟考上大学了，还是北京的！俺俩来对他爹说说。"

憨嫂一听，也顾不得搀扶老人了，一拍大腿叫道："哎呀，天大的好事呀！"顺手指着那根孤独的却烧得挺旺的香，"你看，咱家的坟上也冒青烟了！哈哈。我这就回去告诉乡亲们。"

母亲破涕为笑。二哥让母亲和憨嫂坐上架子车朝村里飞快走去。一路上，憨嫂还不停地做着拍良心的动作，不断地宣讲好人好报、九九八十一难之后修成正果的经典理论。末了，大声吩咐二哥："老二，后晌儿去弄点儿菜，明儿早上我就进城卖菜，不喊萝卜、荆芥，就喊：俺那卖菜孩儿兄弟——冬毅，考上大学了。嘻嘻。"

谁也没想到，冬毅考取大学的消息，竟是这样传遍了昆阳大街小巷。

在昆阳县城的时间河流里，大学录取通知的洪峰刚过，谢师宴的潮头跟着就来了。大小饭店都推出了不同档次的谢师宴，并重新用吉祥话给菜肴命名：鱼类的菜就叫：龙门鲤鱼；禽类的，无论翅膀大小就叫：出山凤凰；就连点心也要摆成阶梯状，名曰：步步高。

有一家饭店门口还用硕大的字写出了对联：

冬也读夏也念喜遇跳龙门，教诲情知遇恩勿忘谢师宴。

有个语文老师路过，好奇地驻足细看，摇着印有古诗的折扇轻声诵念。突然，仰天长叹一声，身子也晃了两下。旁边的一个年轻人连忙过来扶住："怎么了，老先生，为何长叹？"那老人连感谢都没来得及，只是说："饭店的人文才都如此了得！看来明年竞聘上岗，我等压力何其大也！"那年轻人却不以为然地抬手指给老人看，但见横批：这儿最便宜。两个人便一起哈哈大笑起来。

教育局发了个文件，大概意思是倡导节约，不要大办谢师宴。正在接听家长感谢电话的校长快速浏览之后，淡淡地说："放假了。这样吧，给全校教职工群发邮件，认真执行。"还特意补充了一句："包括临时工。"办公室的老王拿着文件认真执行去了。

常鸿妈本想早点儿办个风风光光的谢师宴，但为了带头执行教育局的文件精神，加之好一些的饭店谢师宴都预订到下一周了，只好耽搁下来。

夏莹默默关注着冬毅的录取情况，也最先听到大街上的传闻，于是立刻打电话给秋成，要去馆爷家里报喜。春妮自然不能少。三人骑车路经南大街邮局门口时，被常璎叫住。秋成难以抑制心中的高兴，还没停稳车子就告诉她："冬毅的录取通知书来了，北京农业大学！我们这就去告诉关爷爷。听说村里还要演场电影为他庆贺呢！"

常璎极力抑制着满心的高兴，但那惊喜还是悄悄地涌上了她那白皙的两颊，红得比胭脂还好看。夏莹看得清楚，便低声对秋成说："没人把你当哑巴卖了。快走！"匆匆打完招呼，三辆车子便飞向东边去了。

下午，秋成和馆爷四人老早就来到了辉河湾——冬毅家住的村子。

辉河在村后绕了个大弯儿，成了个不大的河套。这里，土地肥沃，水源充足，又离县城不远，村子里到处都显现着富足。水泥铺成的街道，两旁坐落着高低不齐、样式各异的新式房屋。不远处还有几座漂亮的二层楼。右手一个小院子却显得格外突出，三间草房，土垒院墙，墙头被雨水冲刷出许多沟壑，活像水土保持不佳的黄土高原地貌模型。两扇高龄的木制大门，上面脱落了两条木板，好像是里外可以相互透视的门镜。只有院子里的两棵桑树十分茂盛。要是城里来的记者，八成会把这个院子当成村史展览馆——故意留下的十几年前的老屋，用以验证村子的巨大变化。

秋成让春妮陪关老先生坐在道旁的石头上歇息，自己和夏莹推着车子进村去找。秋成径直走到那扇高龄大门前，抬手就要敲门。夏莹说："是这儿吗？"秋成头也不回说："估计是。因为——只有冬毅老兄才配住这样的院子。"说话间街上走来一个中年妇女，马尾长发，黑红脸膛，一身健壮，左胳膊上挎着一只沉甸甸的篮子。

"小伙子，找谁呀？"她满脸笑容地问道。

"冬毅。大姐，我们找冬毅。"秋成转脸回答。

"冬毅，有客了！"中年妇女推开门大声叫着，又转身对夏莹说，"冬毅的同学吧？"夏莹点点头。不料她又说："这妹子，真，真，真美丽呀！城里的，一定是城里的。哈哈！"夏莹满脸通红，连忙对秋成说，她去接关爷爷他们。

人逢喜事精神爽，冬毅娘这几天感到身体也好多了，穿着一身严重褪色却洗得干干净净的斜襟布褂迎了出来。那妇女则隔墙高声喊着："老二，搬张桌子和几把椅子过来。等着用，快点儿！"

不一会儿，老二过来并把桌椅在那棵像大伞一样的桑树下摆好，冬毅娘又用抹布擦了两遍。这时夏莹也领着馆爷、春妮进来，寒暄之后各自坐下。冬毅娘忙说："他嫂子，快烧茶，鸡蛋在桌子上的罐儿里。"憨嫂答应着，转身又低声对老二吩咐着，只听到最后两个字：快去。

秋成像个小大人一样给冬毅娘逐一介绍。说到馆爷时，冬毅娘欠身站起，躬身感谢道："听冬毅多次说到您老人家！"又对几个孩子说，"你们都是冬毅的好朋友，谢谢你们的帮助，就连我这老太婆生病也让你们费心了。"

憨嫂是个麻利人，不一会儿就用一个古老的托盘端来四只大碗。还主动介绍起来："俺这儿正儿八经的待客规矩是鸡蛋茶。一般来客，放一个鸡蛋；娘家亲戚，放两个；贵客进门，才放三个呢。嘻嘻。"

馆爷一眼就注意到了那个托盘，一件漆器老物件。他知道那是早年殷实人家上饭菜用的。传至今日，说明冬毅的先辈们或曾是名门望族。难怪，冬毅娘识字不多，却言语不惊，彬彬有礼，孤儿寡母，还严守着浓厚传统色彩的家教。

夏莹和春妮看着碗里三个硕大的荷包蛋，知道自己此刻享受的是 VIP 待遇，心里觉着好笑，但还是腼腆地低着头没说话。秋成已不再拘束，就调皮地问憨嫂："要是放五个呢？"

"那就不是贵客了。哈哈。招待媒婆才用五个呢！"憨嫂咯咯地笑着，趁着收拾桌子还讲了个经典案例。

王媒婆到一个男子家说亲，人家按照风俗一碗卧了五个荷包蛋。王媒婆心情好，一下子全吃了。回去对女孩儿说：撑得她三天没有吃下饭，连吃了三包酵母片才缓过劲儿来。还说那家的父母和男子都老实得像条板凳，就是骑到他们头上也不会动一动的。唯一没有挑剔的就是红包还比较厚。那女孩儿听罢没怎么调查就嫁了过去。后来才明白过来，王媒婆是用反话为男方加了不少分，实在高明。打那以后，当地人就不叫她王媒婆，而是"媒婆王"了。

秋成和春妮哈哈大笑起来，夏莹也差点把喝的水喷出来。

大门吱的一声开了，冬毅放下篮子，快步走近桌子恭敬地说："关爷爷，你们来了。"二哥顺手提起重重的篮子走进了厨房。秋成朝着冬毅的右胸轻轻地捅了一下："你这厮，好不懂事理，金榜题名了，却像鬼子进村一样，悄悄地干活。莫非怕我等寻你讨酒吃不成！""难得你来！"冬毅坐下忙说，"给你们准备好了，全是新鲜的，有机的，在城里很少吃到的。"说着话，冬毅又深情地看了夏莹一下，也向春妮点头致意。

"西瓜来喽——"憨嫂托着托盘，老远就叫着，一边摆放西瓜，一边说，"刚从井里捞出来的，又沙，又甜，又爽口。"

夏莹轻轻地尝了一口，的确口感奇妙，忍不住问冬毅："你们这儿的西瓜是在井里种的？"馆爷抹了一下嘴，微笑着没说话。冬毅却认真地解释："是把摘下来的西瓜拴好放进井里，或打一桶井水放进去，既能降温又不失水。这是农家人的祖传秘方。"春妮不住地点头称赞："真的耶，凉凉的，甜甜的，是比放冰箱里口感好多了。"

秋成一连吃了两块，抬起头来若有所思，突然问："大学，大学。冬毅老兄，你想象中的大学是什么样儿呢？"冬毅又把西瓜放到各人面前说："还没去呢，哪知道什么样子。"夏莹趁势说："爷爷是老大学生，还不赶快请教。"

关老先生对贫家子弟有着特殊的爱怜，大概是与他自己的经历有关。冬毅考上了大学，他打心眼儿里高兴，似乎再次验证了他多次说过的苦难也是财富的道理。本来也要对冬毅交代些上大学要注意的问题，于是，掏出手绢擦了擦手就说了起来：

"清华大学的一位老校长曾说过：'大学者，非谓有大楼之谓也，有大师之谓也。'意思是：所谓大学，并不是有高大的楼房校舍就叫大学，更重要的是要有优秀的教师和良好的教育方法。这样说仿佛还是有些深奥，不妨做个比较吧。

"小学里，孩子们像是放在特殊环境里的'小鸡'，老师和家长把煮熟的小米放在他们面前，还轻轻地抚摸着，哄着吃进去。中学里，学生变成了半大个子的'鸡'，有人强行地往嘴里塞知识，俗称'填鸭'。当然，这不是提倡的方法，但多数'养鸡人'的本意是希望他们能长得胖一些，在过独木桥时不至于过早地被挤下去。

"大学里，则是把一群经过筛选的'鸡'，放养在一个富有营养的山坡上，不会有人往你嘴里填'饲料'了，而是要靠自己觅食，尤其是山上的蚱蜢、昆虫之类的高蛋白营养，非要自己努力寻找才能吃到的。

"所以，大学是一个以培养人才为宗旨的特殊场所，除了传授基础理论、基本技能，更重要的是培养良好的学习方法、研究方法、思维方法和学术道德，等等。她像一个灼热的炉子，里面的管理者、教书人和学习者都像是一块块白薯，相互影响着、烘烤着，慢慢地被一种看不见的能量烤成了美味的食物。人们通常把那种能量称为：学风、学术氛围。人们接受的精华则是智慧。

"哈哈。如果汲取这种能量太少，就可能变成半生不熟的'白薯'，就不大惹人喜欢了。"

"啊！知道考上大学很难，原来上好大学也不容易呀。"秋成忍不住又问道，"那，该怎样上大学呢？"

"这个问题向来都是讨论的热点，却没有固定答案。"关老先生端起碗来喝了一口水，说，"我这个老头儿，更不能给出完整的解释。不过，我想给冬毅讲几个大学里的小故事。——哈哈，这贵宾级的鸡蛋茶，也不能白喝的。"

"'我不点名。'——第一个故事。"馆爷真的很高兴，又神采奕奕地讲了起来：

"入大学后第一节课。宽敞的阶梯教室里坐满了还没有来得及认识的同学们。老师在黑板上写上自己的名字，同学们一阵窃窃私语。大概是因为那名字和他们手中教材的作者一样。

"老师开门见山，讲起了这门课的绪论。突然一位同学起立问道：'老师，您，您不点名吗？'老师迟疑了一下说：'谢谢！我不点名。因为大班人多，点名太费时间；另外，所有的课表公开，按时到指定教室上课是每个学生的自觉行为。如果通过点名督促你们上课，就像要求护士长饭前洗手一样——有失尊重。哈哈。'

"同学们有的发笑，有的鼓掌。老师双手向下挥了挥，接着告诉大家，作业也是自觉完成的，说着又在黑板上写出一个网址，让大家以后就把作业按时发到这个教学平台上。老师还佯装埋怨道，这个管理软件还不够人性化，平时从不催交作业，但却认真地记录各人提交作业的情况，并以此参与期末成绩的评定。

"坐在前排的一个同学小声说：'那不是秋后算账吗？'老师却戏言道：'不，不是的。因为，实际上七月初就算账了。秋天还没来呢。哈哈！'

"老师提前讲完了课，似乎是专门留下两分钟讲些大学的习惯。

"大学里提倡自我管理。你们的课表上绝没有"物理自习""化学自习"那样刻板的安排，旨在让学生有更多的自主时间，去图书馆、实验室，或者到操场上消耗一下过剩的青春活力。另外一个目的就是培养学生的责任感和自我约束能力。

"那老师挺有趣，还唱着《白毛女》里的唱词提醒大家：'北风那个吹，雪花那个飘，雪花飘飘，上课时间到。——被窝里的春天实在好，不下决心走不

了。应该怎么办，你我都知道！'

"自我管理也有不足，使部分同学把大学里的'管理宽松'误解为'可以放松'，还总结出一些惊世骇俗的雷人警句，什么：玩小学，苦中学，混大学；不挂科就不是大学生，云云。

"这些嘛，就像'$3^2 = 6$'一样，第一眼看以为是对的，不过，稍加思考就知道是错的。——所以，适应大学环境，是你们面对的第一个问题！

"这次同学们没有笑，倒是暗自吃了一惊。原来，这些"警句"真有人给他们说过。

"下课了，有个学生走上讲台，三下两下擦净黑板，然后有些拘谨地说：'老师，您说的——似乎有道理。不过听人说，大学毕业生还没有农民工挣钱多，想起这个，学习就提不起精神了。'

"那老师沉思良久，慢慢地说：'这个问题比较复杂。不过，我们都是学工的，不妨用反证法解一下：难道我们不努力学习，毕业时就能比农民工挣得多了吗？'

"听到有人讨论这个问题，又有几个同学靠了过来。老师却看看手表说：'一会儿你们还要上课，有机会再讨论吧。今天我先表明两个观点：一是无论什么时候，努力都比松懈更有希望！二是如有韩信的真才实学，何愁萧何不来追你！'

"旁边一个同学好像还比较认同，笑着说：'而且不用月下骑马，直接就把邀请函发到你的邮箱里了。哈哈！'"

"尝尝鲜吧！"厨房门口又传来了憨嫂的叫声。她端着装得满满的托盘小心翼翼地朝这边走来。毛豆、花生、豌豆、芋头、紫薯，还有老玉米，一会儿就摆了满满一桌子；然后又指着两个盘子说："这是俺冬毅兄弟试种的新产品——粉太郎西红柿，真像玛瑙珠子；那是什么'四姊妹'，不光样子可人，名字也格外好听。"

"三姊妹菜苔。"冬毅纠正着。不料憨嫂却说："今儿个呀，就叫它'四姊妹'，图个吉庆。你看你们四个同学，多像四个兄弟姐妹呀！"秋成拿了一个西红柿放到嘴里说："不要紧，过两年冬毅老兄和我们那个，谁，关系升升级，不就成'三姊妹'了吗？"憨嫂似乎也听出了些意思，咯咯地笑着："好，好。那以后就多种些，等你们'三姊妹'再来。"说罢又去忙活了。

既高兴又不好意思，夏莹两颊泛着绯红。她伸手从春妮的背后要去惩戒秋成，春妮却伸手从背后挡着，装着没事的样子说："快吃，快吃。一会儿爷爷还有故事要讲呢。"

馆爷拿起一个芋头慢慢地剥着，好像不舍得一口吃下去似的，慢慢地说："好东西呀！低产量，高蛋白，质地细腻，口感独特，大地所赐也！"秋成一听也来了兴致："大地赐美食，先生讲道理，通知送佳音，吾羡冬毅兄之幸矣！"

夏莹不失时机，立刻报复他刚才的调皮："者也先生，你小子比谁吃得都多，更没有少听，得了便宜还卖乖！"说得大家也陪着秋成笑了起来。

关老先生看着孩子们高兴的样子说："我再说个'卖书'吧，一个真实的故事。

"每年毕业前后，大学校园里都会出现临时的跳蚤市场，多在马路边或操场上。衣物、用具，五花八门，最多的还是学生们自己用过的书籍。同宿舍的张、王两个同学，也去好奇地体验一把练摊儿的滋味，另外也想减少托运的东西，把闲置物件变成急用的现钱。

"心直口快的小王同学见有人走近，就大声招呼：'正规教材，九成新的。过来看看，看看！'一个穿着白裙子的姑娘蹲下翻了翻书说：'的确和新书差不多。'小王连忙补充道：'那当然，除了专业编号和名字，没有写过一个字，连重点都没舍得画的。'姑娘点点头，却转身拿起了张同学的一本书来。翻开一看，一脸诧异。原来，差不多每页的空白处，都有一段钢笔字，甚至还贴有大小不同的纸条。像是课堂笔记，又像是对某个问题的注释，也有参考文献等。字迹清楚，书写流利。女孩好像忘记了是在选购，竟一页一页地看了起来。

"'书是旧了点儿，但也是心爱之物。'小张同学又轻声说，'如果你感兴趣的话，就留下两元钱做纪念，把书拿走吧。''白裙子'翻过封底看了看定价，抬起头来客气地说：'学长，给您原价。送给我吧！'小王在一旁听得清清楚楚：什么？'原价''送给我'而不是'卖给我'。心中骂道：'这傻丫头，出全价买本破书好像还占了便宜似的——有病！'他实在不解，忍不住问道：'哎，这位同学，那本书旧成那个样子，您出全价，我这本几乎还是新的，你却不买。请……请赐教！'

"'白裙子'站起身来认真地说：'那本书虽旧，却有两个功能——教材和笔记，信息量甚至远远超过了二者的总和。所以，我喜欢，请他送给我。'说着按全价将钱付给了小张，又转过身来说：'你这本书，我还是要买的，将来我也会在上面做笔记，不过是你出价的半价。嘻嘻。'笑着付给他半价的半价，还多了一角。王同学突然像头受了刺激的牛一样，瞪大了眼睛没好气地说：'多一角，退给你。半价的半价就够麻烦的了，多这一角，老人家我就更不会算账了！哈哈。拿去，拿去。''白裙子'站起身，咯咯地笑着走了。

"见那同学走远了，小王拍了一下小张的后脑勺叫道：'大白天，你秋翁遇仙，我老王见鬼了！怪哉，怪哉！'"

冬毅一直认真地听着，不单因为是故事，更重要的是与大学有关。他问道："在课本上做笔记，行吗？"

"无所谓行不行，达到目的就行。"馆爷笑笑又说，"只记那些课本上没有的、你觉着需要的内容，既可以减少记录量，又便于携带。如果书上有看不懂的地方，也许旁边就记有老师的讲解呢。还是可取的。"

冬毅点点头："还可以省些记录本。"

夏莹也接着说："现在老师讲课都用多媒体了，课件也不难得到，这种记笔记的形式就更可行了。"

春妮突然闻到一种陌生而诱人的香味，就推了一下秋成。秋成循着飘香的方向，看到憨嫂提着一个精致的小壶从屋里走过来，就站起来调皮地说："大姐，可不能给我们喝少年不宜的饮料呀。"憨嫂一边摆放酒杯一边解释："这是米酒，也叫黄酒，家里自制的。又养人，又好喝。"

冬毅端起酒杯，并没有多说什么，只是恭恭敬敬地给馆爷和同学们敬酒。那米酒存放多年，香气淡雅，酸甜可口，既不像白酒那样浓烈，又独具普通饮料所无法比拟的绵柔。秋成慢慢饮下，连叫："好酒，好酒！"

憨嫂又给大家斟满，说："这黄酒舒筋活络，祛风散寒，能治不少病呢。前年，我坐月子，肚子不舒服，婶子给我端去一小碗，在热水里温了，喝下去就好多了。婶子说，做黄酒费时费工，又要细心，比一九五八年炼一炉生铁都费工夫呢。所以，很金贵。可今天，哈哈，老婶子却把酒坛子都抱出来了。"

大家都给馆爷敬酒，老人家不知不觉喝了好几杯。三分酒力，七分感受，老先生十分动情地说："冬毅，上大学，爷爷放心。不过，我还要交代一点：要注意文字素养。高中时都忙着准备高考，似乎学语文也只是为了写作文、考大学。其实，文字素养是阅读、陈述、交流等应用的基础。在大学里更是重要，从读书报告、实验报告、毕业论文，到个人简历、求职申请等，都与文字素养密切相关，而且素养高低，影响明显。再继续学习嘛，那就要求文以载道喽！"

冬毅看着馆爷，不住地点头。对面的秋成也有些酒力引发的豪迈了，他几次重复："记住了爷爷的话。"还闹着要冬毅把录取通知书拿出来看看，想提前见识一下。

不料冬毅却说："没问题。不过你要教教我们怎么能做个梦就学会电脑操作？"

秋成一听哈哈大笑："那只是个传说，你老兄也相信？"停了一会儿又很认真地说："不过有个秘密可以告诉你——我真的有个宝贝，VR 学习机。"众人一听都一齐用好奇的眼光看着他，连馆爷也只是轻声说了个"VR——虚拟现实"，等着秋成继续爆料。

"VR 学习机还真好，无论提出什么问题，它都能给你呈现一种身临其境的感觉，使问题变得直观、易懂。"秋成很得意地解释着，"我用它看过加速度的实验，逼真、方便，而且理解了，那些公式就好记多了。"

冬毅从屋里拿出通知书，馆爷、夏莹和春妮依次浏览了一下，最后递给了秋成。秋成翻了翻，突然站起来，学着唱戏的样子唱道："联络图！我为——你，朝思暮想，今日如愿醉心肠——"逗得大家都笑了起来。夏莹还指着秋成对春妮说："看来这饮料，的确少年不宜！好端端的孩子，给喝成座山雕了。哈哈！"

秋成把录取通知书小心地递给冬毅说："老兄，你此刻就是这样的心情吧！"不料冬毅却苦笑着说："不是醉心肠，而是愁断肠啊。呵呵。"冬毅朝厨房看了看，好像生怕母亲听到似的，低声说："我粗略算过，入学费用近万元，对我家不是个小数目；另外，我要是上学去了，谁来照顾母亲？可又不能直接跟俺娘这样说！这两天，我一直在想，还没想出个可行的办法呢。"

其实，冬毅不想与馆爷和好友们说到这个话题，果然，话一出口，连周围的空气也显得沉重了许多。夏莹却坚定地说："你又来了，是不是又不想上学了？不能那样，办法总会有的。"冬毅仰天看着，半天没有说话。

突然，大门推开，进来一个五十多岁的男子，手里提着一个重重的提包，一身不大合体的西服，显得有点儿别扭。从门口望出去，还能看到一辆白色的面包车停在外边。

"这是冬毅家吧。冬毅娘在家吗？"男子问道，声音压得很低。

冬毅娘把客人让进屋里，示意冬毅继续招待馆爷他们。

"亲戚？"春妮问冬毅，冬毅摇了摇头。见有客人来，秋成起身从自行车上解下两个兜子，说："老兄，本来带了些东西和你一起吃的，爷爷还特意买了两只烧鸡呢。没想到大娘和憨嫂给办了个蟠桃会……"说着把香肠、啤酒、水果，都放在桌子上，又说，"让大娘和憨嫂她们吃吧。"夏莹却轻轻地拉拉春妮，小声说："等一下！别说话。"并悄悄地关注着屋里的动静。

屋子里。

来人转了九道弯，最后终于说出了来意："冬毅考上了大学，可学费那么多，肯定对您也是个作难的事儿；再说，孩子上学去了，谁来照顾您呢？不如给孩子早点儿娶个媳妇，安心过日子。"客人还指了指自己的手提包说："十万块现钱给您，录取通知书转让给我。两家都有好处，真是双赢的好事哩。"

冬母一听，淡淡地笑笑说："前朝里有卖儿卖女的，如今也有人偷着买媳妇的，可这转让上大学，还是头一回听说。再说了，您这偷梁换柱也不成呀。"客人却说："嗨，老姐姐，只要您娘儿俩不说出去，剩下的事情我来办。俗话说，有钱能使鬼推磨嘛。"

大概是后面的话刺激了这位母亲，她忍不住提高了声音："你犯法俺管不着，不过实话对你说吧，孩子的前程是我的命，不卖！给座金山也不卖！"男子见老人如此坚决，只好起身走出屋子，忽然又转回来拿走了那装满礼物的提包，冷冷地说："还真有嫌钱咬手的！"

大门外，一声粗声粗气："富贵，坐好，走了！"一阵发动机的声音，很快消失在远处。

富贵？冬毅猜想：只有富贵他爹才能想出这样的办法来。

天不早了，馆爷他们要回去了。冬毅和母亲、憨嫂送出大门老远，还不舍得回去。冬毅娘拉着夏莹的手，没说什么，却很久不舍得放开。临走时夏莹很认真地说："大娘，通知书不能卖，人也不能卖！"说话间还深情地看了冬毅一眼。

常鸿妈妈再也不能等待下去了，和先生商定这周末在家里举办谢师宴，由一家饭店以外卖形式送来菜肴，酒水自备；对外发言原则：低调，小型，私人聚会；口头邀请，不发请柬。常鸿妈邀请相关人员，常璎去请馆爷。

下班后，常璎来到馆爷家，客客气气地请他周末去家里坐坐，希望能在常鸿上大学之前，给他一些指导。顺便还说起了其他几个考取的学生，自然也说到了冬毅。馆爷也说起昨天去过冬毅家，感到冬毅娘是个性格坚强、明白事理的老人；还说冬毅面对学费压力的同时，更多的是担心母亲无人照顾。不禁感叹家贫出孝子，感同身受，十分同情。常璎仔细地听着，并在默默地盘算着怎样帮助冬毅。

馆爷对鞠局长是尊重的，更知道常璎是个通情达理的姑娘。但也知道，自己的话常鸿未必听得进去，于是婉转地说："常鸿那孩子，聪明，开朗，不少长处。希望进入大学后，尽快培养专业兴趣，树立学习目标，勇于钻研，持之以恒。"常璎点着头，仔细地听着。馆爷稍停一下又说："另外，要客观地看待家庭条件，和同学友好相处，相互尊重，取长补短，不要让优越的条件带来负面作用。当然，如果遇到一些对自己不尊重的情况时，也要学会谅解。因为，这是有可能的。"末了，馆爷又客气地感谢局长夫妇的邀请，表示周末有事，就不去打扰了。

周日傍晚，常鸿家大厅里坐满了客人；常鸿的伯父和姥姥家的几位亲戚、昆阳中学教务处的李副主任、任高三课的付老师。小闫，既是客人又负责招待。常鸿穿着一身崭新的衣服，除了年纪小了点儿，活像个新郎官儿。妈妈顶着一张乐开了花的脸，前后张罗。常璎不时拿出手机和饭店联络。

鸡鸭鱼肉，大菜小吃，摆满了两张桌子。鞠局长站起来对大家说："各位老师、亲朋，常鸿考上了大学，今天请大家来家里小聚，聊表谢意，尤其感谢老师们多年来对常鸿的教育。哈哈，不是谢师宴。请各位吃好，喝好。"

局长刚刚坐下，旁边的李副主任就低声汇报："王校长本来也要来的，昨天甘悟——考上清华的那个，他父母硬把校长、主任和几位老师拉走了。两台车，直奔市里去了，说是吃个饭后顺便到西边几个景点儿转转。校长交代我，一定要来这里，并给您汇报一下。"

局长点点头，吩咐上酒。常璎、舅舅几个内亲把好几个酒瓶放了上来。和常鸿挨着坐的大伯无意间扫了一下酒瓶，但见什么二锅头呀、大曲呀，除了"宝丰"俩字还有些名气外，没一个是名牌，连瓶子高低都不一样，简直就是杂牌军，还没穿军装。

行伍出身一向豪爽的大伯朝常鸿爸说："二弟，家里没酒也不吭一声，让孩子去我那儿拿呀。"李副主任也看了一眼杂牌军，心中暗想："这局长也真够抠儿的。就这酒，还谢师呢！"

常鸿爸却不慌不忙地站起来，给大哥、李副主任、付老师分别斟满酒，慢慢地说："大哥，您先陪老师们喝着，不够了再拿吧。"刚刚斟过三杯，说话间浓郁的香气立刻飘满了整个屋子。没等二弟敬酒词说完，大伯端起酒杯一闻说："怪了，二弟，你这大曲咋那么多茅台味呀！""哥，您没看今天来的是什么人，咱县最高学府的老师呀。有他们的书香，白开水也会变成好酒的。"局长得意地笑着，又一个一个地给他们敬起酒来。

李副主任一杯下肚，便心知肚明，连忙站起来抢先给局长敬酒："今年咱县高考成绩斐然，是上级领导有方，局长您辛苦了。而且，还如此低调，这个，这个，简直是'调低'了。领导艺术啊，艺术！佩服，佩服！"

"今天，您两位老师是主角，别客气。我们都是家长。"局长说罢又让常鸿给大伯和老师们敬酒。常鸿走到李主任和付老师身边，说了一大堆早已准备好的敬语，最后说："请两位恩师接受学生的敬意，满饮此杯！"局长在一旁满意地看着。

常鸿又回到大伯身边，给他斟满酒："大伯您最疼我。咱就'感情深，一口闷'了。祝您老身体健康，万寿无疆！"大伯高兴地哈哈大笑起来："你小子行啊，酒文化也知道不少了。"大伯连饮三杯，把常鸿拉回座位上说："孩子！你考上了大学，我半夜都笑醒了几回。大伯要送你个礼物，喜欢啥？说！"常璎听了一边给伯父斟酒，一边说："大伯呀，常鸿什么也不缺，笔记本电脑、手机、电子词典都有。您老就别为他操心了。"

话音刚落，常鸿却带着三分撒娇似的说："谢谢大伯！iPhone……"

"常鸿！"常璎连忙制止。大伯似乎并没听懂，忙问："什么？爱什么风？老伯还真不知道是什么呢。"

常璎连忙解释："iPhone，苹果手机，四五千呢，高档电子商品，大学生，没必要。"

常鸿爸基本上是同意女儿的意见的，但又不愿意姐弟俩当着客人争论起来，就端起酒杯和李副主任、付老师轻轻地碰了一下，把话题岔开："常鸿就要去大城市上学了，趁此机会烦请两位老师再指导指导，免得他在大学里走弯路。"

茅台酒虽被临时屈就在普通酒瓶里，但其深厚的鼓动力却丝毫未减，李副主任擦了一把略显涨红的脸，说："大学是人生成长的重要阶段，也是系统学习专业知识的开端。所以，无论怎么说，学习应该是大学生的首要任务。

"大学不但传授宽厚的基础知识，更注重培养学生认知科学的意识和解决问题的能力。我理解，前者主要通过讲授教材来实现，后者则需要其他渠道，比如图书馆、实验室、学术报告和网络、媒体等才能获得。而且，后者的学习更需要自觉、主动和思考。

"建议常鸿到学校安定下来之后，要及早了解学校各种学习设施，尽快掌握使用方法。比如，各大学都有自己的内部无线电台，只要领取专用耳机，就可以随时学习外语等。要尽早享受大学的先进设施和学术气氛。"

李主任喝了口水，又改用严肃的口气说："大学的环境，大学的生活，都是很美好的，甚至连诱惑都是美丽的。但是，必须要增强自控能力！"

"的确！否则，结果也很可悲。"很少说话的付老师，突然认真地附和一句。李副主任顺势把任务交给了他："老付，说两句，别光喝大曲呀。"

付老师点点头说："我有个亲戚家住农村，父母辛辛苦苦供他读书，中学阶段他也十分刻苦，除了回家拿东西，连校门都很少出。终于考上了大学。

"到了大学，他惊奇地发现，父母再也不来唠叨了，老师似乎也不像中学那样催交作业了。大有'解放了'的感觉。他突发奇想：前几年都很少看电影，为什么不补补课呢？中学老师严令禁止的游戏，也许很有趣的……

"就这样，他看了许多电影，后来又迷上了游戏。第三个学期，发现自己竟挂掉了七科，老爹给的学费也花得精光。羞愧难当，一下子崩溃了——他一咬牙自己退学了！"

付老师有些激动，十分懊悔地说："那孩子回到家来，跪在爹娘面前，直打自己的脑袋。我也觉着很是内疚，为什么不早点儿提醒他呢？后来，连去他家走亲戚都不好意思了。唉！

"还好，那孩子决定先去南方打工，然后再考一次。即使那样，也耽误了三年。三年啊！"

这几句话，让大家的心情都有些沉重。李副主任有意扭转一下气氛，便主动插话："其实，还有不少诱惑，不过抵制也并非很难。最简单的办法就是：树立目标，自我调整。就像咱在大路上骑车子一样，目标是向目的地前进，车把向右偏了，咱就向左调整一下。如果看到旁边路沟里有只小兔，就径直追了过去，那就是咱老家说的'二百五'了。哈哈，学名叫'傻子'。"

一句虽然蹩脚的比喻，倒把大家都逗笑了。

家庭聚会结束了。

常鸿躺在自己的床上，心想："付老师一定还有话没有直说。家境不好的学生，放松要求，尚且会误入歧途，而自己是不会缺钱花的，自然那种风险就更大了。他又一次隐隐感到对大学生生活的茫然。

常璎帮助妈妈收拾完家什，回到自己的房间休息，但一些思绪仍在脑子里萦绕：冬毅考上了大学，却要为学费着急，而常鸿等连想都不用想，父母早已为他准备好了；冬毅要上大学了，担心的是无法照顾母亲，而常鸿想的是让伯父和亲友们送些什么礼物；同样的年纪，同样的事情，为什么想法会有如此大的差异？

能帮助冬毅做些什么呢……

第二天刚上班，常璎便来到教育局局长办公室。爸爸一见有点儿惊讶地问："璎子，有什么事吗？"常璎认真地说："是公事，要到您办公室汇报。"爸爸笑着坐下来，听她说。

常璎看着父亲，满脸认真，从谢师宴说起，提到有的家长为不在县里办谢师宴，而驾车"出境"，有的家长为避免不良影响，宁可把茅台包装成普通大曲待客。但这些家庭面临的只是不宜张扬的道义约束，而不会有上大学的学费、生活费等经济压力。有多少人想过，有一些家庭的孩子考上了大学，大喜却成了大忧——为高额学费心急如焚。

"您是咱县的教育长官，有权力、有义务关心这些家庭。"常璎深情地看着爸爸，又说，"我县学子能顺利入学，来日成才报国，对您和昆阳地方领导来说，将是功德一件。倘若有些考生因拿不起学费而弃学，您将会终生遗憾，不，是内疚！"

局长一阵思索，拿起电话通知秘书：请示县政府办公室，能否和教育局联合发文，要求基层政府密切关注今年考取各类大学的学生。家庭困难者，为其出具经济困难证明，如确有路费困难者，以资助或信贷形式予以解决。确保所有学生到校报到。

放下电话，父亲看着常璎赞赏道："俺璎子成熟了！能这样考虑问题，我很高兴。"说罢伸手出手来戏言道："常璎同志，谢谢你的提醒！"

"爸——"常璎走近爸爸，像小孩子撒娇一样说道，"还有一件私事，请您帮忙。"然后轻声要求为冬毅开个家庭困难证明。

"那个卖菜上学的孩子，听说了，还有些小名气呢。"

"常鸿的同班同学。很不错的小伙子。"

爸爸顺手写了张条子说："去找秘书小李吧。"

"谢谢领导！"常璎笑着跑出了办公室。

八月的下旬，好像一天只有十二个小时似的，很快就过去了。不少新生在规定的报到时间的前几天就出发了，说是要看看学校所在的城市。常鸿也是这样安排的。

冬毅这天也要登程报到去了。

中午，凉州阁的梁老板开着店里的电动三轮车来到冬毅家，带着冬毅娘、憨嫂和行李来到东关马路边上，那是长途汽车停靠的地方。秋成、夏莹、春妮，还有常璎等，早在那里等候了。

秋成提着个塑料袋递给冬毅说："关爷爷给你的牛津英汉词典，还有实验室张老师给的一些办公纸，说是可以演算用。"冬毅取出词典，里面有一个信封。摸了一下，抽出了信纸却把信封交还了秋成："已经打听到了，学校有'绿色通道'，可以申请贷款交学费的。钱就不用了，替我谢谢爷爷！词典，我喜欢。"

说话间汽车到站了，售票员叫嚷着指挥人们上下车。梁老板抢步上车给司机师傅耳语几句，连忙下车对冬毅说："说好了，一会儿直接上车。记着，快到终点站时，车会停下一会儿，你下车就是了。"冬毅娘眼里含着泪水，不断地重复着："好好读书，别惦记我。——常写信回来。"

汽车发动了，司机师傅伸出头来调侃："梁老板，又有孩子上大学了，哈哈。"老板得意地高声回应着："是外甥，外甥。下次路过到店里吃饭啊！"

冬毅分别和夏莹、春妮、常璎道别。夏莹也不说话，把个信封生生地塞进了冬毅的书包里。常璎则干脆把手绢裹着的一沓东西扔在刚刚踏进车门的冬毅脚下，着急地叫着："捡起来，快捡起来！"

汽车缓缓地开动了，冬毅探出半个身子叫着："小莹，常璎姐，姐——回去吧！"又把信封和手绢裹着的东西扔给了追着汽车跑在最前面的秋成。

这正是：
头上共日月，脚下各自行；
奋斗路沧桑，成功途中迎。

冬毅进京求学，不料路上就使他大为震撼。
欲知何事，且看下回分解。

第二十八回
移动互联连身边，随地随时识信息

长途汽车终于进了郑州市区，向右一转停了下来。司机师傅朝冬毅轻声说："小子，下车吧，向西不远就是火车站。"

冬毅收回张望的目光，连忙道谢，下车。哇！高楼林立，车水马龙，人群熙攘，第一次进大城市的他，有点儿不知所措。他定了定神，心想：识字，怕什么！鼻子下面还有嘴，不行就问呗。于是，用那桑木扁担挑起行李沿着马路边朝车站走去。

火车站，售票厅，进站口……冬毅左手拎着包袱，右手竖提扁担，随着人流慢慢地向月台挪动。不一会儿，人流停了下来，原来是一辆售货车调头挡住了去路。冬毅弯腰放下包袱，起身时突然看见：一把长得出奇的镊子伸进了前面那个女孩儿的口袋，轻轻一提，把一个粉红色的手机从蓝色裙子里夹了出来，轻轻地落到了另一只手中。悄无声息，熟练非常。啊，偷东西！冬毅来不及多想，一把抓住了那只手。"干什么！"那人转过身来低声说。此时冬毅才看清楚：那人头戴白色休闲帽，身穿方格黄衬衫，一个很洋气的年轻人。"你——在干什么？"冬毅反问。"休闲帽"挣扎了两下，没有挣脱，突然用另一只手拿过手机竟朝冬毅口袋里塞去。这一招儿，冬毅万万没有想到，也更使他怒火中烧：还想嫁祸！他向右一闪，松开左手，顺势一掌推向"休闲帽"的右肩。那人噔、噔、噔地向后退了几步，眼看要跌下月台。说时迟，那时快，冬毅右手一抬，伸出扁担啪的一声搭住了他的左肩。"休闲帽"好不容易站稳，连朝冬毅拱手："大哥，服了，大哥！"

蓝裙子女孩儿听到动静，转身一看，那"休闲帽"手里握着一个粉红色的手机。她摸了一下口袋，"啊"了一声，冲向"休闲帽"劈手夺了过来，正要抓住他，那小子却一弯腰冲上了天桥。

突然，火车一声长鸣，月台上响起了急促的铃声，车厢门口的列车员着急地喊着：快上来，快上来！要开车了！蓝裙子姑娘顾不得致谢，催促冬毅上车。冬毅迟疑着："我，我不是这个车厢。""上去再说！来不及了！"姑娘拖着拉杆箱，提着手提包，在后面硬把冬毅赶上了车厢。

"左转。我爸给我买了个卧铺。"姑娘在后面充满得意地说。冬毅心里纳闷：火车上还用得着"窝棚"吗？又不怕下雨。姑娘找到座位，冬毅帮她放好行李，转身告别。"蓝裙子"却一脸诚恳地说："别着急，歇一会儿再走不迟。"说着抢过冬毅的扁担放在行李架上，转身要他坐下。冬毅把自己的行李放在地上，擦了一把额头上的汗水，无意间看到对面一个五十多岁的阿姨，斜靠在窗子旁边悠闲地翻着书。他心里暗自发笑：看来这个小床铺是属于一个人的，想坐就坐，想卧就卧，哪里是什么"窝棚"啊。咳，刚进城就露怯。

姑娘朝冬毅说："大哥请稍等，我先给家里报个平安。"便在手机上点点画画，然后对着手机说："老爸，我已经上火车了，放心吧。女——儿"说罢，把手机往旁边一推，转向冬毅。冬毅连忙说："不着急。怎么不等你爸爸说话就挂了？""他有微信，一会儿会看到的。"说着，姑娘从棕色挎包中拿出一个精致的钱包，抽出几张大钞递向冬毅，"多亏大哥帮我要回了手机，要不与家里失联，可就惨了。谢谢！——请笑纳。""呵呵，那是应该的。"冬毅一边躲闪，一边指着钞票说，"'笑'是可以的，'纳'是不可以的。哈哈！"姑娘忍不住咯咯地笑了起来。

笑声惊动了对面的阿姨，她向下拉了一下眼镜，轻声问道："大学生？"

"对不起，阿姨，打扰您了。"姑娘看着她说，"准字牌儿的。明天报到，北京邮电大学。"

"我学农，北京农业大学遗传育种专业。"冬毅似乎没弄清她在问谁，也礼貌地回应着。

阿姨一连说了两个"好孩子"，还抬起头来又仔细地看了冬毅一遍。蓝裙子姑娘更是惊奇地睁大了眼睛，下意识地收回拿着钞票的手，好一阵才说："失敬，失敬。我以为你是……""北漂的农民工。没关系。"冬毅指着自己的上衣笑笑说，"我本来就是个农民。您，您还高看了我一个字呢，多了个'工'字。哈哈！"冬毅又幽了一默，姑娘也爽朗地笑着改了口："同学好。我叫蓝馨怡。认识你很高兴。""李冬毅。幸会。"冬毅也规范地回答着。

"也给家里报个平安吧。"姑娘笑着提醒。冬毅从书包里掏出一个黑色的手机，腼腆地说："我刚有这玩意儿，只会打电话、发短信。"姑娘接过手机诡秘地一笑说："我知道你不会微信。刚才我'按住说话'时，你还以为我打电话呢！嘻嘻！你看，本同学教你！"便大大方方地讲了起来：

"智能手机、笔记本、PDA（掌上电脑）和平板电脑都属于智能终端，它们是支持微信等移动服务的实体，像电脑是运行程序的硬件一样。你这款手机，hTC，应该能用微信的。

"微信嘛，其实就是一个软件，一种新的支持智能终端即时通信的服务程序。哈哈，为了尊重它的发明者，应该说明：是由腾讯公司2011年推出的。主要功能是通过网络快速发送免费语音短信、视频、图片和文字，还可以使用'摇一摇''漂流瓶''朋友圈''公众平台''语音记事本'等服务。"

"用过QQ吧？"看到冬毅点头，姑娘说，"微信的用法和QQ差不多。第一次使用需要注册。可以用QQ号注册或邮箱账号注册。你用手机号注册吧，现在推荐的方式。"

但见她点击"微信"弹出微信登录界面，选择"创建新帐号"，依次按照提示输入手机号码、密码和昵称，纤指一点："OK！微信号是你在系统中唯一的标识，好友可以通过微信号搜索到你，记住了，只能修改一次；昵称嘛，就是微信号的别名，比一串号码好记，便于好友识别。现在您的昵称是：反扒大侠，哈哈。——可以改的。""不敢当！太夸张了。"冬毅看了一下，不好意思地说，"改成'卖菜郎'吧，我的朋友们一看就知道是我。嘻嘻。"姑娘却笑笑说："不妥，不妥。人家还以为你像戏里的'卖油郎'一样，想娶个既漂亮又有钱的媳妇呢！哈哈！"冬毅脸红了一下，少顷镇定下来，说道："那就'桑木扁担'，俺家祖传的。朋友们也知道的。"

"点击'微信'，用注册的微信号登录。"姑娘说，"找个你的朋友，用他的手机号查找，试试。"冬毅顺口说："136……"然后看着手机急切地等待着，不知会发生什么。她点击"添加好友"，在搜索框中输入手机号码，轻轻一点，一会儿就出现了一个头像。"者也先生！"冬毅不禁惊叫了一声。待对方加上好友后，姑娘把手机递到冬毅面前，指着下面的输入框说："打字。可以聊天了。"冬毅好不容易输完一句话："者也先生，你好。我是冬毅。"屏幕上立刻出现回答："冬毅老兄，有微信了！真是三日，不，一日不见当刮目相看啊！"几句问候过后，蓝馨怡点击屏幕下方的声音符号，轻按"按住说话"按钮，出现了一个话筒图标，然后小声对冬毅说："说话。这样多方便。"不料冬毅却说："听到了吗？"姑娘轻点返回来的语音标记，手机立刻说起话来："哈哈！老兄是不是不大相信科学？声声入耳呀！你稍等，我让夏莹她们一起和你说话。嘻嘻。"冬毅吃惊地说："真好！原来声音也能像短信一样发出去。这就是——""语音短信。比短信快吧，而且不要钱！如果你不想声张，也可以把说的话翻译成文字短信。"蓝馨怡得意地说，突然又问，"你的朋友，复姓'者也'？怪怪的。"冬毅摇摇头说："不。他呀，很有意思的家伙，酷爱古文，满口之乎者也，我们就送他那个雅号。他的名字叫秋成。""啊，秋成。"姑娘重复着。

"秋成！"不料这个普通的名字，立刻引起了对面阿姨的关注。她连忙抬起头来，看着冬毅搭话："小伙子，哪里人？""河南昆阳。"冬毅恭敬地答道，"一个不大的县城。"

"昆阳古县衙，很有名的。"

"是，有许多故事呢。可惜我不熟悉历史，要是我那个同学秋成在，他会给您讲很多很多有意思的事情。他很健谈。"

"哦，是吗？说说他，好吗？秋成。"

"我们是好朋友。他比我低一年级，喜欢阅读，尤其是经典名著、文言文章；说话之乎者也，出口成章；个子不高，却聪明过人，仗义乐善。老师也很喜欢他。最近他用文言写了一篇作文《游昆阳县衙有感》，先是在班上作为范文，后又在网上发表，引起了一所大学中文系的注意，已经邀请他参加明年特招了。

"前几天，还告诉了我们一个秘密，他有一台什么虚拟学习机，可以学习许多东西。他学习起来非常投入，对着录音机学单词、听歌曲，都会泪流满面……"

冬毅正说得起劲，忽然听蓝馨怡说："阿姨，您，您怎么流泪了？哪里不舒服吗？"

阿姨合起已经半天没有翻页的书本，苦笑了一下："老了，一见风就流泪。"说着，起身关上了车窗。冬毅仔细看着阿姨，脸上还留有尚没擦干的泪痕，心里一阵懊悔：是自己哪儿说得不妥了呢？突然看见桌上那本书 *Mobile Communication*，就干咳一声："对不起，阿姨，我扯远了。能不能请您给我们说说移动通信，呵呵，基础知识的，深了我也听不懂。看您读的书，一定是这行的专家。"

蓝馨怡也连忙附和。两个年轻人哪里知道，那阿姨此时心里正在翻江倒海，好多年前的事情又一幕幕浮上心头。还好，冬毅无意间的介绍，倒使她知道了自己朝思暮想的秋成的概况，而且不知不觉地把眼前的冬毅当成了小秋成，一股爱怜之情在心中油然而生。

"哦，我不是搞通信专业的，只是移动通信已成为当下的技术热点，也就关注一下。跟你们两个孩子聊聊还凑合，深层的问题就不行了。"阿姨用纸巾擦了一下眼睛，便不紧不慢地说了起来：

"互联网，就是 Internet，已经让大家享受了许多方便，比如电子邮件。可是人们还是感到不满足，你一定有过这样的经历：想发一封邮件，就要从操场跑回机房用微机操作。这就像高速公路上的车很快，可田野或山冈上的人，必须艰难步行到车站才能乘坐。能不能在任何时间、任何地点都能进行通信呢？很多关于'顺风耳'的童话，早已道出了人类的这种美好愿望。"

"多修些马路呗。"蓝馨怡顺口小声说。冬毅却着急地说："不行，不行。都修成马路了，我在哪儿种菜呀？"阿姨笑笑，接着说：

"电台、手机等无线设备实现了这个愿望。现在你们随便就可以"长江，长江，我是黄河"地叫了。因为无线通信可以在移动过程中进行，这种通信过程中任意一方或者双方可以移动的通信方式就是移动通信，它是利用无线电波传输信息的。

"移动通信技术按照其发展历程可划分为三代。而人们使用最多的移动通信设备当数手机了，所以我们不妨简单地说一说。手机至今也分为三代。第一代（1G）手机是用模拟信号传输的，主要功能是语音通话。记得当时，手机几乎是富有的象征，使用者大多是一手拿手机，一手叉着腰，大声地宣读着自己的话语，周围则是一群羡慕和忌妒的看客。第二代（2G）手机采用数字传输技术，主要功能是通话、短信和一些娱乐功能，使用的人已相当多了。与 2G 相比，第三代（3G）手机增加了智能信号处理和支持高速数据传输的能力，功能也更加丰富。与平板电脑、个人数字助理（PDA）等智能终端一样，手机几乎就是一台电脑，而且便于携带，现在大部分人身上都带着一个手机。

"所以，希望将移动通信与互联网结合起来就成了自然的事情，这二者结合的产物就是移动互联网（Mobile Internet，简称 MI）。有了移动互联网，你无须再从操场跑回微机旁收发电子邮件，拿出手机直接操作就 OK 了。"

听到这里，冬毅惊奇地看着阿姨说："就是说，有了移动互联网，手机就把朋友聚集在了身旁，随时随地都可以交换信息。可惜不能握手。嘻嘻。""不！还能献花呢！不过，只能用表情符号。同学老兄，是不是又可惜了？哈哈。"

阿姨倒是认真地说:"如果说互联网是高速公路,手机就像随身携带的一个神奇的飞行器一样,无论你身在何处,随时都能把我们送上高速公路。"

蓝馨怡也说:"是这个道理!原来只知道方便多了。"

"呵呵。道理嘛,还有不少呢。"阿姨看了一下他们又接着说,"比如,那飞行器冒冒失失地把手机产生的移动通信信息带上了互联网,也存在两个系统'交通规则'不同的问题。同样,从互联网下来的信息,'乘坐'飞行器到手机上,也存在这个问题。"

"那怎么办呢?"两个年轻人几乎同时问道。

阿姨笑笑说:"协议。网络协议,你们一定知道的。简单来说,协议就是一套规则。互联网协议规定了计算机等电子设备连接到计算机网上,以及数据在设备之间传输的规则。比如大名鼎鼎的 TCP/IP 协议等。

"为了使移动通信网、互联网不同类型的网络能够顺利通信,WAP 论坛于 1998 年公布了无线应用协议——WAP(Wireless Application Protocol)。简单地说就是,该协议定义了无线移动设备与网络中的固定服务器进行通信的标准方式,以便移动设备方便地访问以统一的内容格式表示的互联网的信息。"

阿姨又认真地画了张草图,比较了互联网和移动互联网进行信息搜索的模式与区别(见图 28 - 1)。

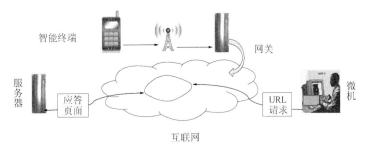

图 28 – 1　互联网与移动互联网的工作模式

"图中，网关是移动通信网和互联网之间的桥梁，它有两个主要功能：一是把智能终端发出的请求转换成互联网协议形式的请求，以便进入互联网；二是把内容编码转换成压缩编码格式，以减少无线网络上数据的传输量。这样一来，手机就可以使用互联网的信息了。

"我们知道，微机是用浏览器浏览网页的。同样，手机要浏览网页也需要浏览器，叫微浏览器。此外，手机要更好地发挥智能功能、使用流行的应用软件，也需要安装操作系统，当然是微操作系统了。我们常在手机上看到'文件夹''下载'等图标，那就是微操作系统的功劳。

"所以，当下的智能手机已成为集移动电话与电脑于一身的新型终端设备。像拍照、地理定位、'摇一摇'、'扫一扫'等功能还是电脑所没有的，更重要的是它可以随身携带，几乎变成了我们的一个'器官'。——移动互联网将会进一步改变我们的……"

"冬毅，你的那个同学上微信了！"突然，蓝馨怡叫道，原来她无意间看到他的手机上出现了红点提示。阿姨也笑笑："那你们再聊一会儿吧。"末了，还不忘正式地结束自己的讲解："移动互联网将会进一步改变我们的——世界！"

冬毅朝阿姨微笑了一下，马上加入了秋成他们的群聊。

秋成：我把小莹子和春妮都加进来了，老兄请说吧。

春妮：到学校安置好后，要告诉我们一声。

夏莹：路上还顺利吧？

冬毅一一回答，可蓝馨怡似乎又觉得慢了，就顺手按下了"按住说话"按钮，还小声说："说话，说话。"没有注意，竟把自己的话也发了过去。秋成一听，立刻反问道："怎么变成大姑娘了？"冬毅连忙解释，可还是有些支吾："是，是同桌。"春妮又问道："同桌？女生？！"冬毅这才意识到又用错了词，连忙说："火车上的，车上的'同桌'。"

蓝馨怡窃笑着压低声音说："你的同学还真厉害，防空识别区快赶上西方国家了。哈哈！给他发个照片，验明正身。"说着抄起手机就要拍照，冬毅连忙摆手，接过手机却朝着自己的扁担"咔嚓"一声。然后点击屏幕下方那个像两个方块叠加的按钮，打开微信窗口，依次点击"＋""图片"，选择刚刚拍照的扁担，发了过去。蓝馨不解地看着冬毅，喃喃地说："给他们一扁担吗，难道？"冬毅却认真地说："他们懂的！"

手机里立刻传来一阵笑声，夹着秋成的调皮："冬毅老兄，夏莹、春妮，我们都在'关注'着你呢！哈哈。"稍后是夏莹那无法掩饰的关切声音："别太俭省了，身体要紧！"接着是一阵哽咽。冬毅："放心吧。别……"

冬毅点击"我"→"设置"→"退出"，结束了微信对话。"好感人啊！简直是个微电影。"蓝馨怡抽出一片纸巾，点了点眼睛问，"girlfriend？——至少是'同学＋＋'。你懂的。"冬毅腼腆地笑笑，轻轻地摇摇头。他们谁也没有注意，对面阿姨也一直在认真地听着，还不时地露出微笑。

蓝馨怡明白了，冬毅这棵壮实的小松树，已经有人做了记号，还设了个很大的"防空识别区"。她反倒觉得平静了许多，便又大大方方地主动给他介绍了手机的许多新功能：

"手机上网，像用微机上网冲浪一样，也是手机最常用的功能。装上微浏览器，就能随时随地浏览网页。"说着，她打开 UC 浏览器，点"百度"北京天气预报，得意地说："明天，多云，报到时不会很热。还有，如果你路不熟，可以上网看北京电子地图，查找乘车路线。"冬毅点点头。

"二维码扫描，一个很神奇的应用。所谓二维码扫描是指用智能手机快捷地获取二维码图片中的信息，并用于手机其他功能。比如，用装有摄像头的手机，启动二维码扫描软件，当出现平时拍照的状态时，将手机（背面）对准二维码并使其出现在方框中，软件就会自动识别，能看到一条横线向下缓缓移动，识别成功后会有声响，并转换成网络链接。

"二维码扫描的好处是可以免去马拉松式的网址输入过程，快速登录网页。目前，二维码扫描已经用在软件下载、名片交换、社区交友等方面。"

说着，蓝馨怡转脸看了一下冬毅说："老兄，勤工俭学就别做传统名片的生意了，估计很快就要淘汰了。"冬毅却满脸自信地说："我喜欢卖菜，客户多，投资少。嘻嘻。"蓝姑娘并没有吃惊，又讲了起来：

"最有意思的是'摇一摇'。如果你感到孤独，可以打开微信点击'发现'→'摇一摇'按钮，然后轻摇手机，只听得沙沙作响，过一会儿就有可能显示出一群人来，他们都是附近也在摇动手机的人。如果愿意的话，就可以和他或她打招呼，或许可以聊上一阵子呢，而且是不收费的。"

冬毅听了，迟疑了一下，抬起头问道："那样——可以吗？觉得有点儿像在空旷的山野上，一个陌生人对你说：请跟我来。"蓝馨怡深沉地说："应该说，这也是一种文化，只能靠自己识别了。"

她又扼要地介绍了手机 QQ、手机邮箱、微博和地理位置信息服务等，最后说："你用过微机，这些都不是个事儿。"

冬毅指了指桌上那只精美的水杯，示意她喝水休息一会儿。不料蓝馨怡却话题一转："我喝水，就该你讲讲了。"

"我？只会讲卖菜，呵呵。"

"好！就讲你那卖菜的扁担。我觉着：你的朋友们一看到扁担照片，就认可了，一定有故事的！"姑娘好奇地催促着。

"好吧。算是答谢你给我讲手机！"冬毅轻咳一声，小声说了起来：

"这扁担是俺爹的爷爷，我们那儿也叫太公留下的。太公以烧炭为生，常挑着木炭到县城去卖，就特制了这条扁担。两端套上铁壳，既可以防止磨损，也是不引人注意的利器；两头向里三寸许，各有一个小孔，插上木条可以防止绳索滑落，拔掉木条，呵呵，就成了两端带刃的长矛。为了防身，太公还学了几路拳脚。

"当年的县令有个公子，迷上了《聊斋志异》，常幻想能结识一个狐狸美人。那年清明，公子带着点心和一个仆人出城踏青。城西南有个黄洋坡，方圆十里，一片荒草，行人稀少。可叹那公子，没有遇到一个狐妹子，却撞上了一公一母两只饿狼。

"慌乱之中，主仆二人爬上旁边的一个草垛。两只狼就坐在不远处，四只绿色的眼睛死死地盯着他们。仆人试着把食盒里的鸡鸭鱼肉一点儿一点儿地扔过去，可母狼舔了舔摇摇头，似乎是说：太腻，还是'新鲜'的好！不料过了一会儿，公狼悄悄地跑向远方了。正在仆人与母狼'谈判'的时候，那公狼已经绕到了草垛后面，远远地就开始加速，要从身后跃上草垛，实施偷袭。

"正好我太公扛着扁担打此路过，见此情景，大喝一声，操起扁担向公狼冲去。那公狼转身腾空而起向他扑来，太公连忙半蹲在地，手持扁担斜对着恶狼，等它下落。"噗"的一声，那带刃的扁担深深地刺进了公狼的前胸。它惨叫一声，一瘸一拐地逃跑了。太公刚刚站起，忽觉身后一阵冷风，不好，可已经来不及转身了，便顺势将扁担向后一戳。又是一声惨叫，同时，太公突然感到背上一阵剧痛。原来，那只母狼听到伙伴的叫声，从太公身后袭来，虽被扁担重伤后胯，但锋利的前爪已狠狠地抓进了他的脊背。

"这时几匹快马从远处飞奔而来，老远就听到'少爷，少爷'的喊声。"

"后来呢？"姑娘忍不住问道。

"后来，这扁担就传下来了。"冬毅平静地说。

"不是，不是这个。没有给你太公个见义勇为的称号什么的？"

"哈哈，那时候还不知道有没有这个词呢。倒是县令免去了太公的赋税，从此家里日子也好过多了。"冬毅停了一下说，"从那以后，家里便立了个规矩：扁担只传给兄弟中最勤劳、能善行的一个。接受时要行跪拜之礼，高声诵念：靠劳动立身，助危难之人。"

蓝姑娘突然惊奇地说："啊，我在车站上就纳闷，眼看那小偷就要跌下月台，你扁担一伸就拉住了他。原来是这样！有意思。"

"罪不该——罪不该摔嘛。"

"那少爷要是带个手机就好了。哈哈。你太公也不会被恶狼咬伤了。"

"打110？救援摩托立马就到！哈哈。真有你的。那时候谁知道手机什么样儿，就是现在，我们也很难想象移动互联网会怎么发展呢！"

对面的阿姨，虽捧着那本 *Mobile Communication* 却没有看，听着冬毅的故事和两个年轻人的对话，又忍不住插话：

"是呀，对于移动互联网，当下人们的认识还相当肤浅，就像瞎子摸象一样。商家看它是个莫大的商机，技术人员看它是个开发平台，用户看的却是它是否真的方便。哈哈，比如在外打工的人，不会关心什么'标准'的出现，而是怎样能和千里之外的家人说几句心里话，还要少花钱。信不信，哲学家也许正在研究移动互联网对人类思维模式的影响呢！"

"阿姨，那——您在想什么呢？"蓝馨怡忽闪着大眼睛好奇地问。

"呵呵。我，我在想，"阿姨看着姑娘认真地说，"移动互联网极大地缩短了人们获取信息的距离，似乎使人类一下子进化了好几代！"冬毅也看着阿姨问："信息的获取距离？怎么理解？"阿姨放下书本认真地解释起来：

"距离，已被赋予许多新的含义。人们常说，天津离北京也就不到一个小时的火车，张三家到单位骑车约十五分钟等；文字处理中常说字符串 A 和 B 的编辑距离是 3。我们不妨把人们获得一个信息所需时间的总和称为信息的'获取距离'。比如，古时候驿马传递官府公文需要两天；现在邮寄一封传统信件需要一周；从操场去办公室接收电子邮件，步行时间加上电脑操作共需几分钟；用手机接收一个短信，只要一秒。几近零的获取距离，这一事实会像互联网一样进一步改变我们的世界，人们会变得更智慧，一切都有可能!"

最后，阿姨竟看着姑娘问道："你们不要想些什么吗？比如移动互联网对教育的影响？"蓝馨怡迟疑了一阵，不无无奈地说："考试，毕业；再考试，再毕业，N 次循环后，——过日子。哈哈，到时候再说吧。"

窗外突然亮了起来，"新乡火车站"几个蓝色的大字在不停地闪动着。冬毅第一次看到这样的外景，一阵惊奇后站起身来说："不早了，我该去我的座位了。"说着就要和她们告别。不料阿姨却说："傻孩子，你的座儿早被别人合法占领了。很快就到北京了，到这边坐吧，让那姑娘休息一会儿。"

冬毅不好意思地挪过来慢慢坐下，不由自主地盯着桌上的那本书。阿姨笑着把书推到他面前："浏览一下，挺有意思的。"冬毅翻开目录，一堆专业名词朝他笑着，虽不懂却大概知道是些关于移动互联网的概念、技术和未来发展之类的。翻开书本，还有从未见过的精美图片，尤其是那些什么"可穿戴设备"更使他惊奇不已。

火车在平稳而有节奏地轻轻晃动着，一天奔波所积累的疲倦迅速地在体内扩散着，冬毅不知不觉地伏在桌子上进入了梦的世界——好大、好美、好奇怪的大学校园!

一位满脸和蔼的老师递给他一张卡，交代说凭它可以到不同的地方参观。

冬毅来到一所大屋子门前，学着别人的样子把卡朝墙上的方块上一贴，"嘀"的一声门开了。迎面几个大字：计算机学院欢迎您的参与。正面一个屏幕上流光溢彩，有些线条在闪烁，有些小点在流动……音箱里传出清晰的旁白：指令就是这样在 CPU 中执行的。那边的一块空地上，一群人围着在看电耗子走迷宫，三三两两地在讨论程序编写什么的。冬毅暗想：原来这里是这样学计算机的!

冬毅走出屋子，看到太阳下几个人在热烈地讨论着，每个人都戴着一顶奇怪的草帽。帽子上展开一个硕大的玻璃片，闪闪发光。他走过去恭恭敬敬地问：

"请问学长这是什么？""草帽型太阳能充电器。我们小组研发的！"一个男生得意地回答，说着又拿出万用表测试，看到表针晃动，高兴地大叫："电流！电流！"然后又抬起头来主动给冬毅介绍："这帽子上有许多半导体光电二极管，太阳光照到光电二极管上，它们就会把太阳的光能变成电能，产生电流。带着这顶帽子旅行，可以随时给手机等设备充电。当然，还能遮阳。"

冬毅挠着头问："呵，冬天或下雨就靠不住了，是吧？"不料旁边的一位女生立刻指着自己的靴子说："穿这个呀，步行充电靴。冬天谁还戴草帽呀。"说罢，她快速地转了两圈，靴子上的小灯便慢慢地亮了起来。"看见了吧！"她停下来十分自豪地说，"我行走时，重力作用于靴子中的发电机制，并把产生的电能存储起来，就可以随时给手机充电了。就你这大个子，每天上下楼，踩得楼梯咚咚直响，浪费了多少能源呀！哈哈。"冬毅也被她逗笑了，说："不过，发明姐，做成鞋子就会便宜多了。"那个男生却说："创意。关键在创意！——哎，那边有个讲座，'后信息时代的教育'，建议你去听听。"冬毅道谢，告别。没走多远又听到那女生叫道："小同学，以后给你做个充电凉鞋。半价。——一只！哈哈哈。"

沿着路标的指引，冬毅在一幢高高的大楼里找到了讲座教室——教育学院多功能厅。一个并不大的房间，却布置得十分精致：投影机、摄像机、麦克风、信息口样样俱全，还有许多一时难以分辨的线路，都在阐述着房间功能之丰富。奇怪的是只有三五人散坐在里面，他们面前都放着平板电脑、手机，不少人头上、腕上都戴着奇形怪状的佩件。冬毅暗想：也许那就是所谓的可穿戴设备吧？或许他们还穿着充电靴子呢？他慢慢地走近一个同学，礼貌地点点头然后轻轻坐下。

讲台上一个中年教师，胸前挂着一个精致的手机，课桌上放着一个 iPad。他摆弄了一下手机，大声说："不在教室的同学们请注意。注意：请打开你们的终端，加入 2020 群。开始上课！"讲课了，身边那位同学的终端清晰地传出老师的声音和图像，有时他也关闭或重放：

"同学们：后信息时代，缺的不是知识，而是创意！

"资料多多，随手都可以下载；手段多样，手机、电脑，互补、并用。所以，我不打算给你们讲解知识的细节，而是着重介绍思维方法、课程或专业的知识结构、发展概况与趋势、成功和失败的典型案例等。

"但是，资料、知识的丰富存在和几近零的获取距离，并不表明那就是你自己的。还要通过学习、思维变成自己理解的，至少是自己了解的。课可以少听，或偶尔不听，但学习是不能停的。”

冬毅仔细地听着，虽还不大理解，却已非常明白：这与中学的学习形式和目的截然不同！他走出教室，坐在对面花园的一张路椅上，不由自主地想着：大学？大学该怎么上？不一会儿，并肩走来两个人，那女生和男生一起看着男生手里的手机，两条分别来自两人耳朵上的导线把他们变成了临时连体儿。女生轻轻地咂了两口西瓜，然后用类舞蹈动作递到男生嘴边。男生“哇唔”一口，女生埋怨道：“不愧是研究带宽的，你一口比我三口的传输量都大。”“嘻嘻。对不起。”男孩儿不好意思地解释，“不过，是你把西瓜‘路由’到我嘴边的，而且位置也太合适了，所以……”他们刚刚坐下，手机里又传出一个声音：“001308号终端，在干吗呢？给我们也路由一块儿来！哈哈。”男孩儿突然惊叫：“坏了，没关手机！直播了！”

突然，车厢里一阵骚动，冬毅从梦中醒来。抬头见不少人已开始整理行李，喇叭里说着：“北京西站就要到了，北京是我们伟大祖国的首都……”

告别阿姨和蓝馨怡，冬毅随着人流走出了车站。举目望去，一派繁华，他几乎分不清哪些是未来的梦想，哪些是眼前的现实，但他清楚地意识到：世界真大，知识如海。只有努力才能弥补自己的不足，只有坚持才能发挥自己的优势！他挑起行李，朝着新的始发站走去。

这正是：

民族文化传正勇，移动互联桥未来。

大学智慧酿创意，来日效国展智才。

欲知大学的冬毅、冬毅的大学如何，请看下部——《电脑外传之二》。

后　记
——众筹暖人心

　　《电脑外传》出版众筹已经结束，但我的心久久难平。借此出版之际，诚恳地向大家说：

　　感谢众筹平台这个新生事物。她是一种进步，彰显着平等。无论名家或吾辈草根都可以在平台上说明自己的想法，进而可能得到民众的支持。那里更多的是真诚和友情。

　　更感谢《电脑外传》众筹的支持者！素昧平生，凭着感觉和信任，伸出了支持的手。记得有位女士，她支援了千元，短信与其沟通，她只说了一句话：我只希望我的女儿将来能遇到更多更好的老师。深深感动之余，我更感到一份责任。

　　我的朋友、同事支持踊跃，更有甚者无偿支持，只留下一片热诚。

　　我衷心希望《电脑外传》的出版，能像一块流动的丰碑，传播诸位支持者的善良！他们是：

余正涛	尹继豪	陈　浩	刘　杰	胡威予	王　涛	林培光
吕晓慧	杨　凯	玉德俊	李振华	任威隆	刘　涛	滕怡然
张　锋	李子剑	朱　俭	金广绪	魏楚元	王函石	蒋　智
庄　东	申艳超	李志晓	李永濠	梁　涛	康海燕	夏　天
高清华	荣岳成	纪东忠	王丽萍	李清正	樊富春	陈　宇
张玉华	陈　康	郭　军	李　岩	任　帅	李　丽	杜瑞岭
李维银	李文博	张　奇	袁　力	李　超	徐晓霞	苏　超
贾可亮	胡淑兰	虞校辉	弓哲昊	王知非	刘小明	程秀超
刘桂花	赵文娟	刘　毅	计卫星	李　懿	高玉金	王　芳

许进忠	刘畅	卢江涛	尹德春	王一拙	陈若愚	卢顿
周潇潇	董雅萱	王美英	张俊雄	左琦	张爱秀	李奇
余海滨	方蕾	和霄雯	王继辉	鲍习洋	俞宙	张杨
曾齐	李晓明	陈天宇	张仕京	朱保庆	涂涛	周方婷
蔡俊熙	康涛	郑为	金福生	杨德全	郭斌	高原
杨焕星	范瀚云	朱琳琳	江小天	郭佳敏	刘小磊	方秋均
王蓉	姜鹏	魏立晨	周珍旺	张奉樑	任正平	苏先生
傅继彬	付勇	柴立地	杨小龙	周湘明	吴敏辉	陈默
蔡琪刚	胡攀	白云	王仲清	冀勇庆	何先生	井长杰
舒忠宇	晋文涛	陈云	方钊	谷明杰	张鑫	杨晨
王敬民	吕行健	宋进养	王力功	韩翔宇	湛强	高良斌
于超	莫松桥	李运锋	潘佶	斯文哲	孙致学	董旭
张志毅	何尹丹	赵禹茜	祁舵	尹明均	陈福明	郑斯间
杨浩	周先生	林玲	雷致远	任慧	邓擘	敖长刚
刘婧	刘晓晖	张敏	赵艳芳	郭鹤鸣	张育志	程先生
曹兵	张正文	陶兴华	肖喜华	黄海燕	马进驹	黎伟华
康美迪	刘祥瑞					

愿天下好人一生平安，互助之风四季拂煦！

作者
2015 年 4 月